Axel Koch

Change mich am Arsch

W0076814

Axel Koch

CHANGE MICH AM ARSCH

Wie Unternehmen ihre Mitarbeiter
und sich selbst kaputtverändern

ECON

Econ ist ein Verlag der Ullstein Buchverlage GmbH

ISBN 978-3-430-20245-9

Lektorat: Gerd König, Berlin
Gesetzt aus der Aldus und Myriad bei L42 AG, Berlin
Druck und Bindung: CPI books GmbH, Leck
Printed in Germany

Inhalt

Einleitung 7

1. Rechtsrum, linksrum: 11
   Das Leiden am Veränderungstempo

2. Schneller als der eigene Schatten: 40
   Die Treiber der Veränderung

3. Die Folgen des Veränderungskarussells: 65
   Flexibel sei der Mensch, biegsam und gut

4. Das Baumarkt-Prinzip: 108
   Wer nicht passt, wird passend gemacht

5. Das mörderische Spiel mit dem Leben: 160
   Der Veränderungs-Kollaps

6. Über den Wolken: Change von oben 202

7. Im Einklang mit dem Ich: 228
   Die Veränderungs-Balance

Nachwort von Prof. Dr. Myriam N. Bechtoldt 285

Anmerkungen 291

Einleitung

Es ist, als ob eine Raupe langsam zwischen zwei Buchdeckeln zerdrückt wird. Kleine Kinder haben ja leider manchmal solche Einfälle. In einer Ecke des Gartens hockend wird der kleine Max von der Experimentierfreude gepackt: Wollen wir doch mal sehen, wie der kleine grüne Organismus auf den zunehmenden Druck reagiert! Ist ja irre, wie sich der zähe kleine Leib dehnen lässt. Wie Kaugummi. Oder Knete. Und dann diese lustigen zappelnden Stummelbeinchen, die immer mehr Mühe haben, sich zu bewegen. Was wird wohl passieren, wenn ich den Druck weiter erhöhe? Nur noch ein kleines bisschen mehr …

»Max, lass sofort das arme Tier frei!« Das gequälte Geschöpf hat Glück: Die Mutter verhindert die bevorstehende Schandtat gerade noch rechtzeitig.

Sie finden das eklig? Tierquälerei? Ab zum Psychologen mit dem kleinen Sadisten?

In den Unternehmen geschieht tagtäglich genau das. Nur dass es dabei nicht um Raupen geht, sondern um Menschen wie Sie und mich. Der Druck wird nicht durch zwei Buchdeckel erzeugt, die jemand zusammendrückt, sondern durch immer mehr Change-Prozesse.

Und die Führungskräfte, die diese Prozesse anstoßen und gnadenlos vorantreiben, pfeift leider niemand zurück.

Vermutlich sind Sie mittendrin. Sie spüren den ständigen Anpassungsdruck jeden Tag. Keine Zeit zum Durchatmen. Eine Veränderung jagt die andere. Wie oft haben Sie schon gedacht:

Was soll der ganze Scheiß! Ich habe keine Lust mehr! Vielleicht kennen Sie auch das Gefühl, in einer Change-Endlosschleife zu stecken: Gerade wussten Sie noch, wo es langgeht, schon kommt wieder etwas Neues um die Ecke. Und Sie fragen sich: Wie komme ich da noch mit? Wie lange halte ich das alles eigentlich aus?

Das sind berechtigte Fragen. Das zunehmende Change-Tempo ist gefährlich, weil es Menschen nicht guttut. Nicht einmal denen, die grundsätzlich flexibel und veränderungsbereit sind.

In diesem Buch werden Sie Menschen kennenlernen, die mir ihre Geschichte erzählt haben. Sie haben mir berichtet, was sie bei Change-Prozessen erlebt und erlitten haben. Um ihre Identität zu schützen, treten sie nicht unter ihrem Klarnamen auf. Ihre Erfahrungen dagegen spiegeln die auf vielfältige Weise erschreckende, bedrückende und manchmal einfach nur verrückte Change-Realität in den Firmen wider, über die bisher nicht öffentlich gesprochen wird.

Dieses Buch möchte all den Change-Opfern erstmals eine Stimme geben. Wie viele dieser Schicksale gibt es? Tausende? Zehntausende? Millionen gar? Es ist schwer zu sagen, denn diese Statistik will niemand erstellen. Es gibt keine genauen Zahlen, wie viele Menschen faktisch Schaden am Change nehmen. Sie lesen höchstens mal etwas darüber, wie mal wieder im Rahmen von Umstrukturierungen Arbeitsplätze abgebaut werden. Doch was ist mit all den anderen? Wie ergeht es der weitaus größeren Zahl von Menschen, die in den Firmen bleiben? Wie erleben sie den vielbeschworenen permanenten Wandel?

Ich möchte sichtbar machen, was diesen Mitarbeitern so alles widerfährt. Die Recherchen für dieses Buch lassen eine ungeheure Dunkelziffer von Change-Opfern vermuten, die größtenteils unentdeckt vor sich hin leiden. Ich finde diesen Zustand nicht länger haltbar. Für mich ist die Situation vergleichbar mit der Dunkelziffer von häuslicher Gewalt: Jeder weiß, es sieht schlimm aus. Jeder ahnt, dass die Dimensionen weitaus größer sind, als die offiziellen Meldungen es andeuten. Doch es wird der Mantel des Schweigens darübergehüllt.

Besonders bedauerlich finde ich, dass viele Change-Opfer im Stillen leiden. Ihnen fehlt das Ventil. Oft glauben sie, es ginge nur ihnen allein so, und alle anderen kämen zurecht. Sie schweigen und beißen die Zähne zusammen, weil sie glauben funktionieren zu müssen. Denn da ist diese Angst, dass ihre Chefs oder Kollegen sie als »Querulant«, »Jammerlappen« oder auch »Change-Bremse« abstempeln. Schlimmer noch: Der Chef könnte auf die Idee kommen, sich von ihnen zu trennen, weil sie nicht flexibel genug und belastbar sind.

Dieses Buch ist ein Appell, genau hinzuschauen, was in unseren Unternehmen vor sich geht, und nicht mehr die Augen vor der Realität zu verschließen. Ich möchte dazu beitragen und auch Sie ermutigen, dieses Thema in die öffentliche Diskussion zu tragen. Helfen Sie mit, die Mechanismen zu enttarnen, die Sie kaputtverändern. Denn die Auswirkungen dessen, was gerade täglich von Aachen bis Zwiesel geschieht, sind weder für Sie persönlich noch für unsere Wirtschaft und Gesellschaft folgenlos.

Doch ich habe auch eine gute Nachricht für Sie: Sie sind dem Change-Horror nicht hilflos ausgeliefert. Sie können etwas tun. Dazu finden Sie in diesem Buch Rat. Sie lernen die psychologischen Mechanismen kennen, die Sie in eine krankmachende Veränderungsfalle tappen lassen. Wie Sie erfahren werden, spielen dabei häufig ausgerechnet hochgelobte Tugenden und Wertsysteme in unserem Arbeitsleben eine tragische Rolle, an die wir bisher alle glaubten.

Im Mittelpunkt des Buches stehen zwei Fragen: Wie viel Veränderung können Sie als Mensch überhaupt aushalten? Und was passiert, wenn die Grenze überschritten ist?

Machen wir uns nichts vor: Eigentlich ist der Mensch ein Gewohnheitstier. Unserem Gehirn haben wir eine eingebaute Change-Aversion zu verdanken. Es liebt die Routine und die

Wiederholung, weil das viel kraftsparender ist, als ständig neue neuronale Verbindungen aufzubauen.

Wenn wir ständig mit Veränderungen konfrontiert sind, ist das für unser Gehirn so, als wenn Sie mit Ihrem Auto mit Vollgas auf einer Buckelpiste fahren und dabei mal nach rechts und mal nach links geschaukelt werden. Gerade, wenn Sie denken, dass es nun wieder ruhiger läuft, haut die nächste Bodenwelle Sie so richtig aus dem Sitz. Jedes Mal müssen Sie gegensteuern, um noch auf der Fahrbahn zu bleiben. Wie schön wäre es dagegen, auf einer glatten Straße einfach nur dahinzufahren!

Doch diese glatten Straßen sind in der Arbeitswelt ein Wunschtraum. Die Change-Buckelpiste ist die Realität, der wir täglich ausgesetzt sind. Und sie wirft sehr viele Menschen voll aus der Bahn.

1 Rechtsrum, linksrum: Das Leiden am Veränderungstempo

Ich habe alles für diese Firma gegeben, und jetzt nimmt sie mir alles.

Brigitte atmet durch, um die Fasson zu wahren. Sie will sich keine Blöße geben. Mit den Zähnen beißt sie sich auf die Lippen und malträtiert sie, bis es wehtut.

Mit ihrem Chef sitzt sie gerade in einem dieser typischen kleinen Sitzungszimmer. Gefängniszelle wäre die richtige Bezeichnung für dieses Kabuff, das ihr die Luft zum Atmen nimmt. Weiße Wände, weißer Tisch, weiße grelle Neonleuchten an der Decke, weißes Flipchart. Weiße Lamellen, die wie Gitterstäbe anmuten, vor dem einzigen, winzigen, weiß gerahmten Fenster.

Und Brigitte: grau. Nicht auf dem Kopf – noch nicht –, sondern im Gemüt. So grau wie der Teppich unter ihren Füßen, der möglicherweise auch mal weiß war. Nachdem ihr Chef die Katze aus dem Sack gelassen hat, wo künftig ihr Platz im Organigramm sein wird und was ihre Aufgaben sein werden, fühlt auch sie sich irgendwie schmutzig. Ein Change-Prozess kann wie ein Fahrradunfall sein: Kurz nicht aufgepasst, und schon ist man unter die Räder geraten. Brigitte hätte nie gedacht, dass ihr das passieren würde.

Ihre Gedanken kreisen in Endlosschleifen: Warum steckt man mich jetzt in so eine Tätigkeit? Warum darf ich nicht mehr das machen, was eigentlich mein Steckenpferd ist? Anscheinend habe ich meinen Job jahrelang falsch gemacht, sonst würde das ja wohl nicht passieren.

Die Verbitterung sitzt tief. In Gedanken geht sie die letzten 15 Jahre durch, seit sie für das Lebensmittelunternehmen arbeitet. Ich habe mir nie etwas zu Schulden kommen lassen. Ich war immer verlässlich. Immer engagiert. Viel Lob für meine Arbeit. Und jetzt dieser Bruch. Brigitte ist völlig perplex. Sie fühlt sich degradiert. Nicht die geringste Wertschätzung ist zu spüren für all das, was sie geleistet hat. Mistkerl.

Die Stimme des Mistkerls holt sie zurück in den Raum: »Lassen Sie uns darüber sprechen, wie es für Sie weitergeht.« Er klingt so nüchtern, als ginge es um die Ausarbeitung einer Excel-Tabelle und nicht um ihr Leben. Begreift er das überhaupt? Ihr Leben!

»Was heißt ›weitergeht‹?«, fragt sie mit ausdrucksloser Tonlage. »Die neue Tätigkeit ist ein totaler Rückschritt. Das ist so, als ob Sie ab morgen als Putzfrau arbeiten.«

Ihr Chef zeigt keine Regung. Warum eigentlich nicht? Der Mann ist wie eine Mumie. Er hätte sich doch bestimmt mehr für sie einsetzen können. Ja klar, Brigitte, als ob!, weist sie sich selbst zurecht. Fast mitleidig mustert sie diesen farblosen Brillenträger vor ihr am Tisch in seinem grauen Sakko. Wenn er sich damit auf diesen Teppich legt, wird er unsichtbar.

Brigitte weiß genau: Die neue Arbeit wird sie keinesfalls ausfüllen. Nur noch einfache Tätigkeiten. Kein Blick mehr über den eigenen Tellerrand. Wieso wollen die mein Know-how nicht nutzen? Wieso nur? Die Frage hämmert in ihrem Kopf wie ein Löffel auf einem weichgekochten Frühstücksei. Zurzeit ist sie noch für den Support von Anwendern zuständig, die Unterstützung bei der Nutzung einer speziellen ERP-Software brauchen, mit der im Unternehmen die Geschäftsprozesse gesteuert werden. Eine inhaltlich, menschlich anspruchsvolle und sehr dankbare Arbeit, die sie gern macht. Gemacht hat, korrigiert sie sich. Jetzt nicht mehr. Warum nochmal?

»Die Dinge sind, wie sie sind«, versucht ihr Chef die Diskussion zu beenden. »Ich habe ja gerade schon deutlich gesagt, dass wir über das ›Warum‹ nicht sprechen müssen. Die Entscheidung steht. Lassen Sie uns nach vorn schauen.«

Für dich vielleicht, du gefühlloser Sandsack! Brigitte fühlt sich hilflos. Doch sie wird hier weder ausflippen noch rumheulen. So ist sie nicht. Diese beschissene Neustrukturierung. Logisch nachvollziehbar ist es ja, dass nach einer Fusion alles neu geordnet werden muss. Sie erinnert sich an die Betriebsversammlung vor einem Jahr, bei der die Firmenleitung die grobe Richtung für diesen Prozess angedeutet hatte.

Danach war lange nichts passiert. Dann machten die Organigramme die Runde und brachten Aufschluss, wie die neue Struktur genau aussehen würde. Jeder Mitarbeiter konnte sich das anschauen, doch keiner wusste, was das für ihn persönlich bedeuten würde. Dafür waren die Personalgespräche da, die kürzlich begonnen hatten.

Einige von Brigittes Kollegen hatten das Ganze schon hinter sich. Manche kamen erleichtert heraus, die anderen mit so langen Gesichtern, dass sie beim Gehen hätten drauftreten können. Diese Mitarbeiter hatte der Change mit voller Wucht getroffen. Sei es, weil sich ihre Tätigkeiten und Aufgaben stark wandelten, oder weil ihnen eine Versetzung an einen anderen Standort bevorstand. Mit denen, die ihr näherstanden, hatte sie sich ausgetauscht, um sich ein Bild von der Lage zu machen, bevor sie selbst zum Gespräch gebeten wurde.

Bis eben war sie überzeugt gewesen, dass es für sie gut ausgehen würde. Sie hatte sich mit ihrer bisherigen Stellenbeschreibung gut in dem neuen Organigramm wiedergefunden. Wie konnte ich nur so blauäugig sein?, hadert sie nun mit sich selbst. Wie konnte ich das nicht kommen sehen?

Sie schiebt die Gedanken weg und versucht sich auf das Gespräch zu fokussieren: »Ja, ich habe da noch diverse Fragen«, entgegnet sie ihrem Chef so frostig, dass selbst die legendäre Schneekönigin aus dem Märchen vor Kälte gezittert hätte. »Ich kann mir gar nicht genau vorstellen, wie das alles funktionieren soll. Wie stellen Sie sich das vor? Wann geht es los? Wie soll die Übergabe ablaufen?«

Ihr Chef wirkt froh, dass sie ihm hier keine Szene macht, und ignoriert die klirrende Beziehungskälte. Dienstbeflissen erläutert er den groben Ablauf und räumt ein: »Sie haben recht, manche Details haben wir im Vorfeld bei den ganzen Planungen gar nicht auf dem Schirm gehabt. Ich spreche mit meinen Kollegen aus dem Führungskreis noch einmal darüber.« Doch was nützt es Brigitte, wenn die Übergabe noch ein bisschen reibungsloser verläuft? Sie muss ihren Posten räumen und einen beziehen, den sie nicht haben will. Ihre Einwände gegen die Versetzung verhallen wirkungslos im Weiß dieser Folterkammer von einem Besprechungsraum. Die Entscheidung steht. Und Brigitte wankt.

Nach einer Stunde ist das Gespräch vorbei. Ihr Tag ist gelaufen. Auf die Arbeit kann sie sich nicht mehr richtig konzentrieren. Sie spricht noch mit ein paar Kollegen und erntet Trost. Mehr geht nicht. Mehr als ein paar warme Worte hat niemand für sie. Woher auch? Viele von ihnen kämpfen genauso mit sich und der Situation.

Dann geht es endlich nach Hause. Eine Stunde Autofahrt. Ach ja, die Fahrerei: auch so eine Kerbe in ihrem Lebensbaum. Früher musste sie zur Arbeit nur ums Eck. Bis vor ein paar Jahren schon einmal ein Change-Prozess zugeschlagen hatte. In der Region gab es damals noch mehrere Firmenstandorte. Ihren hatten sie geschlossen. Seitdem hat sie diesen langen Arbeitsweg. Eine Stunde hin, eine Stunde zurück. Doch sie hat sich daran gewöhnt. Die Autofahrt hat auch Vorteile. Sie gibt ihr genügend Zeit, die Ereignisse eines Tages Revue passieren zu lassen. So auch heute.

Was soll ich nur tun? Ihr Blick fixiert angestrengt die Fahrbahn. Links und rechts huschen im Halbdunkel Bäume am Fahrbahnrand vorbei. Unheimlich, diese dunklen Äste. Wie gierige Kraken, die sie packen und in den Abgrund ziehen wollen. Unwillkürlich schaudert sie.

Soll ich kündigen? Aber wo bewerbe ich mich dann? Sie wohnt im ländlichen Bereich. Hier gibt es nur wenige Betriebe, die überhaupt in Frage kommen. Vielleicht sollte ich umschulen, um mehr Chancen zu haben? Oder umziehen? Will ich überhaupt in eine andere Stadt ziehen? Was ist mit meiner Familie?

Ihr Sicherheitsbedürfnis meldet sich zu Wort: Aber was, wenn das alles nicht klappt! Oh Gott, wie soll ich meine Rechnungen bezahlen? In der Firma kenne ich mich wenigstens aus. Also doch lieber den Wechsel aushalten? Genau. Stell dich nicht so an, Brigitte, sagt sie sich. Du musst offen sein für Neues! Dann tust du eben, was von dir verlangt wird. Fängst du eben wieder bei null an und kämpfst noch einmal von Neuem um die Anerkennung von Vorgesetzten und Kollegen.

Aber dieser Job lastet dich doch nicht aus, Herrgott, das weißt du genau!, schimpft die andere Stimme in ihr. So fahren sie zu dritt durch die Landschaft: Brigitte, das Engelchen und das Teufelchen auf ihren Schultern. Nur wer hier wer ist, ist noch nicht so klar.

Brigitte starrt durch die Frontscheibe in die Finsternis, die sich mittlerweile über die Landschaft gelegt hat. Sie hört den Motor brummen. Selbst dieses vertraute Geräusch kann sie heute nicht beruhigen. Sie fühlt sich macht- und hilflos. Wie soll es bloß weitergehen?

Plötzlich spürt sie, wie der Ärger in ihr hochkommt. Von einer Sekunde auf die nächste bricht er aus ihr heraus wie eine Glutfontäne aus Lava und Gas aus einem Vulkan. Sie lässt die Fensterscheibe runter und hält ihr Gesicht in den Fahrtwind. »Warum tut ihr mir das an?«, schreit sie in die Nacht. »Changt mich doch am Arsch!«

Vielleicht quälen Sie auch gerade solche Erfahrungen wie Brigitte. In einer solchen Situation die richtige Entscheidung zu treffen, ist wirklich nicht leicht. Es geht um viel, und gefühlt um alles.

Brigitte hat sich schließlich entschlossen, erst einmal im Unternehmen zu bleiben und die Versetzung mitzumachen. Vielleicht wird es ja nicht so schlimm wie befürchtet. Vielleicht gewöhnt sie sich irgendwann an die neue Stelle.

Viel wahrscheinlicher ist allerdings, dass es bald den nächsten

Change in ihrem Unternehmen geben wird. Auch der aktuelle Veränderungsprozess ist schließlich nicht der erste. Sie kennt die Dynamik in ihrer Firma. Bisher hat es sie nur noch nie so hart erwischt wie dieses Mal. Ihre Hoffnung ist, dass früher oder später ein anderes Türchen für sie im Unternehmen aufgeht. Und die Hoffnung stirbt schließlich zuletzt.

Brigittes Beispiel spiegelt sehr gut wider, was in den meisten Unternehmen früher oder später abläuft: Es gibt immer mehr Veränderung in immer kürzerer Zeit. In dem Punkt sind sich die Betroffenen und auch die Personalverantwortlichen einig, die ich für dieses Buch interviewt habe. Irgendwo im Unternehmen rumort es eigentlich immer – mal mehr, mal weniger intensiv. Ob in einzelnen Abteilungen oder gleich in der ganzen Firma: Irgendein Change ist immer.

Verschiedene Studien, auf die ich in diesem Kapitel noch zu sprechen komme, zeigen zudem, dass sich der Wandel inzwischen tatsächlich schon selbst wandelt. So mächtig ist das Eigenleben, das der Change-Wahn inzwischen entwickelt hat.

Wie steht es in Ihrem Unternehmen? Ich will nicht hoffen, dass Sie einen solchen Veränderungsmarathon durchmachen, wie Margit ihn erlebt.

Abzählreim statt Einbeziehung: Ene, mene, muh – und wo sitzt du?

»Oh nein«, entfährt es Margit leise, als sie die Tür zu ihrem Großraumbüro öffnet. Ihr Blick verharrt auf ihrem Arbeitsplatz. Schon auf dem Weg zur Arbeit hatte sie heute dieses ungute Gefühl. Immer wieder ploppte der Gedanke auf: Hoffentlich erwischt es mich heute nicht schon wieder.

Seit gut einem Jahr arbeitet sie für den technischen Dienstleister.

Großraumbüro. Arbeitsinseln. Bildschirmarbeitsplatz mit Headset. Sie ist Mitarbeiterin des Service-Centers und nimmt Schadensmeldungen per Telefon an. Die Frage ist nur, an welchem Platz sie dabei sitzt.

Und tatsächlich: Auf ihrem Drehstuhl – da, wo sie gestern noch gearbeitet hat – sitzt ein anderer Kollege und ist bereits mitten in einem Telefonat.

Unterbrechen wäre jetzt eine Todsünde. Fragend zieht sie die Schultern hoch und schaut hilfesuchend in die Runde. Marion aus der benachbarten Tischgruppe macht winkende Bewegungen, als würde sie einen Jumbojet einweisen. »O.k., verstehe«, flüstert Margit nickend. Sie kennt das ja schon. Ihr Arbeitsplatz ist jetzt anscheinend zwei Räume weiter den Flur runter. Wo sind denn jetzt meine Privatsachen? Suchend blickt sie sich um. Ah, da hinten. Bereits gestapelt. Das Foto von Mann und Kind, die Vase, die Unterlagen, die Tafel Schokolade; was man eben so an seinem Arbeitsplatz hat, um ein kleines bisschen Privatsphäre zu schaffen. Durch wessen Finger ihre persönlichen Dinge wohl dieses Mal wieder gegangen sind?

Zügig setzt sie sich in Bewegung und erreicht die neue Arbeitsinsel. Ganz neue Gesichter. Mal wieder. Um sich erst mal vorzustellen und die Atmosphäre zu testen, bleibt ihr keine Zeit. Schnell im System einloggen. Wer fragt, riskiert Ärger.

Margits Erfahrungen sind für viele Unternehmen typisch: Wenn die Situation es erfordert, wird einfach schnell mal umstrukturiert: Platzwechsel. Aufgabenwechsel. Teamwechsel. Angekündigt wird so etwas oft schon gar nicht mehr. Bei den Mitarbeitern hinterlässt das natürlich den Eindruck, als würde ihr Chef sie als Schachfiguren betrachten, die es strategisch ins Feld zu führen gilt. Von einem Zug auf den nächsten kann die Strategie gewechselt werden. Nach dem Motto: Wenn ich auf der linken Hälfte des Spielfeldrands einen Läufer brauche, dann stelle ich ihn eben da hin. Und wenn ich ihn opfern muss, dann opfere ich ihn eben.

Erläuterungen, Einbindung, Mitspracherecht – Fehlanzeige. All das kommt bei fast allen kleineren, aber auch bei größeren Veränderungsprozessen typischerweise zu kurz, wie verschiedene Change-Management-Studien zeigen.[1,2] Der Laden muss laufen. Keine Zeit für lange Erklärungen oder Einweisungen. Wozu auch? Der Mitarbeiter merkt doch, was los ist. Ist doch selbsterklärend, wenn plötzlich ein anderer auf dem Stuhl in deiner Abteilung sitzt, den du gestern noch belegt hast.

In der Tat wundern viele sich schon längst nicht mehr. Das heißt allerdings nicht, dass es den Mitarbeitern nicht gewaltig stinken und auf die Motivation drücken würde.

Das ist die Welt, in der Margit und ihre Kollegen leben. Fast täglich grüßt das Veränderungskarussell. Der Change ist immer und überall. Margit erzählt mir: »Du sitzt da und arbeitest. Und dann hörst du aus dem Nebenraum so ganz typische Geräusche, wenn Telefon- und Netzwerkkabel abgeklickt werden. Dann ein Hin- und Hergeschiebe. Und dann weißt du schon, dass da wieder ein Arbeitsplatz zusammengeräumt wird. Innerhalb von acht Wochen sind manche bereits dreimal umgezogen, in einen anderen Raum, eine andere Etage, eine andere Abteilung.«

Für die Mitarbeiter ist das alles unvorhersehbar und kommt aus heiterem Himmel. Margit beschreibt das so: »Plötzlich kommt der Teamleiter rein und sagt: Du. Und du. Und du.« Einer ihrer Kollegen hat es einmal an einen Mastgeflügel-Betrieb erinnert: Die Hühnchen sitzen nichtsahnend in ihrem Gehege. Und dann kommt der Landwirt und greift sich einfach ein paar heraus. »Wir haben noch Glück«, hat der Kollege mal gewitzelt. »Denn wenn wir Hühnchen wären, hätte in diesem Moment unser letztes Stündlein geschlagen.«

Den Hals abgeschnitten bekommen die Mitarbeiter in diesen Gesprächen zwar nicht, aber die Botschaft ist auch keine erfreuliche: »Ihr zieht im versetzten Abstand von einer halben Stunde um. Ach übrigens, ihr habt jetzt auch andere Aufgaben. Ihr macht jetzt das und das andere nicht mehr.« Und schon bekommen sie einen neuen Platz zugewiesen, im Zweifel in einem anderen Team, einer anderen Abteilung und mit einer anderen Tätigkeitsbeschreibung.

Die Mitarbeiter in Margits Firma reagieren ganz unterschiedlich darauf. Dem einen oder anderen schwillt der Kamm: »Aber ich kenn mich doch jetzt gerade mit den Bearbeitungsmasken aus. Ich weiß jetzt gerade gut Bescheid. Und jetzt schon wieder umlernen?« Andere ergeben sich kleinlaut ihrem Schicksal: »Ach Gott, das jetzt auch noch … Na ja, es hilft ja nichts.«

Margit berichtet, wie sich bei solchen Aktionen die Gedanken in den Köpfen der Kollegen (und hinter vorgehaltener Hand in der Teeküche) überschlagen. »Warum werde ich plötzlich degradiert? Ist es vielleicht, weil mein Arbeitsvertrag ausläuft?« Daran wird das Problem schon erkennbar: Die Hintergründe dieser Scharaden kennt eigentlich niemand so richtig. »Der Arbeitgeber macht das vermutlich in der Hoffnung, dass die Arbeitsabläufe danach strukturierter sind und durch den Effizienzgewinn Geld gespart wird.« Offizielle Aussagen dazu gibt es aber nicht. Alles reine Vermutungen, genährt aus Gesprächsfetzen, die die Mitarbeiter irgendwo aufschnappen. Mal auf dem Flur, mal aus Telefonaten ihres Teamleiters, die sie zufällig mithören. Aber eigentlich weiß niemand irgendetwas genau.

Die Ahnung der Mitarbeiter stimmt natürlich: In der Regel geht es bei solchen Prozessen darum, Geld zu sparen. Kostensenkung, Effizienzsteigerung, Prozessoptimierung: Das sind zentrale Gründe, wieso es immer wieder Veränderung in den Unternehmen gibt. Aber auch Wachstumsinitiativen, technologische Innovationen oder veränderte Unternehmensstrategien sind Treiber des Wandels, wie aus einer Studie der Unternehmensberatung Capgemini aus dem Jahr 2015 hervorgeht.[3]

Ein Veränderungstempo, wie es Margit und ihre Kollegen erleben, bedeutet eine ständige Anpassungsleistung. Jeder fliegende Wechsel kostet zusätzliche Arbeit und Energie. Für viele ist das Stress pur. Denn immer stehen drohend die Fragen im Raum: Werde ich die neuen Aufgaben bewältigen? Wie funktioniert es mit den neuen Kollegen oder dem Chef? Was ist, wenn ich es nicht schaffe und den Erwartungen nicht gerecht werde? Wie lange wird die Situation so bleiben? Was kommt als Nächstes?

Das Beispiel von Margit macht eine Besonderheit deutlich, unter der alle Mitarbeiter leiden, die Veränderungsprozesse in ihren Unternehmen erleben. Keiner von ihnen hat sich selbst dazu entschieden. Change passiert, weil die Firmenleitung oder andere Manager im Unternehmen dafür eine Notwendigkeit sehen. Der Change steht eines Tages vor Ihrer Tür wie ein Postpaket. Nur, dass Sie es nicht bestellt haben.

Und damit erleben Sie einen Kontrollverlust. Das ist psychologisch gesehen problematisch, weil Menschen normalerweise nach Beeinflussbarkeit und Kontrolle streben. Richtig schwierig wird so eine Situation aber erst dann, wenn eine Bedrohung hinzukommt. Ein extremes, aber typisches Beispiel für diese Konstellation ist Folter. Wenn Sie beispielsweise gefesselt sind und irgendwer auf Ihrem Körper brennende Zigaretten ausdrückt, haben Sie keinen Einfluss auf die Situation und empfinden die Bedrohung deshalb als mindestens genauso existentiell wie die Schmerzen an sich. Noch eine Stufe härter ist es, wenn Sie obendrein nicht vorhersehen können, wann Ihr Peiniger auf Sie losgeht.

Die Bedrohung durch Change ist natürlich nicht so direkt wie ein solches Szenario. Doch die Unberechenbarkeit des Wandels in vielen Unternehmen ist so ähnlich, als wenn Sie in einem Erdbebengebiet leben. Sie wissen, irgendwann kann etwas passieren. Nur nicht, wann und wie stark. Für das Gefühl der Bedrohung macht es natürlich einen gravierenden Unterschied, ob

Sie alle paar Wochen ein Erdbeben erleben – sprich ein hohes Veränderungstempo haben – oder etwa nur alle fünf oder zehn Jahre. Und dann spielt auch eine große Rolle, ob es ein leichtes Erdbeben – sprich ein leichter Change – ist, nach dem nur ein paar Dachschindeln am Boden liegen, oder ein starkes Erdbeben, das gleich das ganze Haus plattmacht.

Studien zum Kontrollerleben bei Menschen verdeutlichen, dass sich bedrohliche, nicht vorhersehbare und nicht beeinflussbare Situationen nachhaltig auf die Motivation, die Stimmungslage und auch auf Lernprozesse auswirken.[4] Das bedeutet: Sie haben keine Lust mehr zu handeln und verkriechen sich niedergeschlagen in einer Ecke. Selbst, wenn Sie doch etwas tun könnten, um Ihre Lage zu verbessern, probieren Sie es gar nicht mehr aus, weil Sie denken, es bringt ohnehin nichts. Punktuell löst solch eine Situation Stressreaktionen aus; mittel- und langfristig können Menschen dadurch psychisch und körperlich krank werden.

Psychologisch gesehen sind Change-Prozesse genau solche bedrohlichen, nicht genau vorhersehbaren und nicht beeinflussbaren Situationen. Also harter Tobak für das Gehirn und den Rest des Körpers. Verkauft wird Veränderung in der Regel jedoch als positive Chance. Für die Mitarbeiter fühlt sich das meistens jedoch ganz anders an.

Betrachten wir einmal ein reales Beispiel für einen der beliebtesten Change-Anlässe in deutschen Unternehmen – einen Blockbuster sozusagen, der in den letzten Jahren gleich serienweise im Programm steht. Die Wahrscheinlichkeit ist groß, dass Sie selbst schon so etwas erlebt haben. Wenn diese Art von Change ein Unternehmen heimsucht, wird der Scherz über den Mastflügelbetrieb plötzlich bitterer Ernst. Für manch einen schlägt dann nämlich tatsächlich das letzte Stündchen im Unternehmen. Sie ahnen es vielleicht schon: Die Rede ist von Reorganisationen, auch Restrukturierungen genannt.

Schlankheitskur: Sparen bis zur Wespentaille

Der Schock sitzt tief. Fabian kann nicht glauben, was er da gerade von seinem Chef, dem Leiter der Lohn- und Gehaltsabrechnung, gehört hat. Seine Kollegen rechts und links neben ihm im Besprechungsraum sitzen apathisch da wie nach einem schweren Unglück. Als wäre gerade ein Laster in den Besprechungsraum gerast.

Ein Großteil der Abteilung soll in wenigen Monaten nach Rumänien ausgelagert werden. Neun Stellen fallen dann weg. Fabians auch. Nur noch ein paar Abrechnungsspezialisten werden am deutschen Standort des Konzerns verbleiben.

Er weiß nicht, was er denken soll. Seine Gehirnwindungen sind im Leerlauf. Doch dann formen sich erste Zusammenhänge. Erst vor ein paar Monaten sind auch Teile der Buchhaltung nach Rumänien gegangen. Dass es ihn und seine Kollegen auch treffen könnte, war ihm damals überhaupt nicht in den Sinn gekommen. Wer weiß, was die noch alles auslagern!

»Wir versuchen für Sie alle neue Plätze im Unternehmen zu finden«, hört er seinen Chef sagen. Es hätte beruhigend wirken können, wenn nicht noch ein Nachsatz gekommen wäre: »Ich kann es aber nicht versprechen.«

Es ist früher Vormittag, als alle wieder im Büro an ihren Schreibtischen sitzen. Die Stimmung hat etwas von einem Lazarett, findet Fabian. Die einen weinen, die anderen sitzen mit verhärteten Mienen und starren Blicken herum. Die älteren Kollegen bilden gerade ein Grüppchen und versinken in Endzeitstimmung. Gesprächsfetzen dringen an sein Ohr: »Uns will doch keiner mehr … « oder »Ich habe am Arbeitsmarkt überhaupt keine Chance in meinem Alter …« Einer spricht frustriert aus, was viele denken: »Bestimmt bieten die uns Jobs an, die kein anderer machen will.« Auf Arbeit hat heute niemand mehr Lust. Auch Fabian nicht. Wozu auch?

Plötzlich hört er ganz in seiner Nähe leises Weinen. Es kommt von seiner etwa gleichaltrigen Kollegin Britta, die in Tränen aufgelöst nach vorne gebeugt an ihrem Schreibtisch sitzt, die Stirn in die Hände gelegt. Er rollt mit seinem Drehstuhl zu ihr hinüber und versucht mit ihr ins Gespräch zu kommen: »Was für eine Scheißsituation, was?«

»So ein Lügner«, schluchzt sie aus ihrer halbliegenden Körperhaltung hervor. »Ich war erst vor ein paar Wochen bei unserem Chef und habe extra gefragt, ob irgendwas geplant ist. Ob mein Arbeitsplatz in Gefahr ist. Ich hatte nämlich eine interessante Stelle in Aussicht, auf die ich mich sonst beworben hätte. Aber er hat nein gesagt. Alles bestens, Britta. Was für ein Beschiss.«

»Vielleicht wusste er damals noch nicht, was kommt. Der kriegt ja vermutlich auch nur die Order von oben.«

»Das kannst du mir nicht erzählen.« Britta richtet sich empört auf, und Fabian sieht Schlieren von verschmierter Schminke in ihrem Gesicht. »Der hat bestimmt einen Maulkorb verpasst gekriegt und durfte nichts sagen. Ich hätte hier längst weg sein sollen. Die können mich mal.«

»Na, wir werden schon unterkommen. Hier oder woanders. Wir sind ja noch jung«, versucht Fabian die Situation zu entspannen, obwohl ihm eigentlich gar nicht danach zumute ist. Es fällt ihm schwer mit anzusehen, wie elend seiner Kollegin zumute ist. Und dabei geht es ihm selbst eigentlich schon schlecht genug.

Change ist manchmal langwierig. Zunächst herrscht danach für einige Wochen wieder normales Arbeiten. Doch dann kommt erneut Unruhe auf. Er und seine Kollegen haben nämlich erfahren, dass die neuen rumänischen Kollegen für eine gewisse Zeit in ihr Team nach Deutschland kommen werden. »Wir sollten die einarbeiten«, erinnert sich Fabian später im Gespräch mit mir. »Das war völlig unsensibel. Erst sägen sie uns ab, und dann sollen wir diesen Leuten, die uns den Job wegnehmen, auch noch zeigen, wie die Arbeit geht. Wir haben uns da alle tierisch drüber aufgeregt. Es hat aber keinen interessiert. Unser Chef hat's einfach durchgezogen.«

Im weiteren Verlauf zeigt sich, dass die Firma tatsächlich bemüht ist, die überflüssigen Mitarbeiter anderweitig unterzubringen. Doch der richtige Traumjob ist nicht dabei. Sie kommen in Bereiche, wo sie eigentlich nicht so gern arbeiten wollten, fasst Fabian zusammen. Seine ältere Kollegin Ilona tut ihm besonders leid. Denn sie hat nur noch wenige Jahre bis zur Rente und bekommt einen neuen Job im Lagerbereich, wo sie sich fortan um die Wareneingabe kümmert. Ein öder Job, der ihr überhaupt nicht liegt. Doch sie bleibt, weil sie in ihrem Alter keine Alternative sieht.

Fabian dagegen macht es wie die meisten seiner jüngeren Kollegen. Er kehrt der Firma den Rücken und bewirbt sich weg. Er hat die Schnauze voll. Das Letzte, was er noch mitbekommt, ist, dass es in der Zusammenarbeit zwischen den verbliebenen Abrechnungsspezialisten und den rumänischen Kollegen stark knirscht. Die Wegveränderten müssen Fehler ausbügeln, die die neuen Kollegen machen. Die Prozesse dauern länger. In Summe läuft es für sie auf doppelte und dreifache Arbeit hinaus. Von wegen Effizienzgewinn! Die Unzufriedenheit ist groß, und von Einsparungseffekten durch das Outsourcing kann noch lange Zeit später keine Rede sein.

Doch über solche typischen Nebenwirkungen des Outsourcings wie dem erhöhten Kommunikations- und Koordinationsaufwand oder der Demotivation der eigenen Mitarbeiter[5] sprechen die Befürworter solcher Restrukturierungsmaßnahmen nicht, jedenfalls nie offen. Vielmehr steht im Fokus, Geld zu sparen. Besonders, wenn Unternehmensaufgaben ins Ausland verlagert werden, winken oft hohe Einsparungssummen, weil die Lohnkosten niedriger sind. Also setzen die Firmen externe

Dienstleister im Ausland ein oder gründen Tochtergesellschaften. Die Unternehmensberatung A. T. Kearney hat sogar ein Ranking der beliebtesten Outsourcing-Länder veröffentlicht. Ganz vorn liegen Indien und China. Doch auch von Rumänien ist in der Auswertung von 2016 die Rede. Das Land ist aufgrund der niedrigen Arbeitskosten, kompetenter IT-Fachleute und der Nähe zu den westeuropäischen Metropolen sehr beliebt bei den Sparfüchsen in den Chefetagen.[6]

Insgesamt liegt Outsourcing als eine Form der Restrukturierung voll im Trend. Sechs von zehn Entscheidern erhoffen sich laut der Trendstudie Outsourcing 2013 durch Outsourcing-Maßnahmen Kosteneinsparungen von 20 bis über 50 Prozent.[7] 86 Prozent der 200 befragten Entscheider aus verschiedenen Firmen und Branchen stuften das Thema als wichtig ein, und mehr als die Hälfte von ihnen sah die Outsourcing-Möglichkeiten bisher als nur mittelmäßig oder gar nicht ausgeschöpft an.[8]

Kurzum: Beim Outsourcing geht noch was. Deshalb ist auch mit einem weiteren Anstieg von derartig begründeten Change-Prozessen zu rechnen.

Wo gehobelt wird, da fallen Späne. Im Fall der Lohn- und Gehaltsabrechnung in Fabians Unternehmen sind es ja »nur« neun Mitarbeiter, die es getroffen hat. Im Vergleich zu anderen Firmen ist das praktisch eine homöopathische Dosis. Fast täglich können wir in der Zeitung schließlich von Restrukturierungen und Personalabbau in irgendeinem Unternehmen lesen. Hier mal 2000, da mal 7000 Eingesparte. So viele Mitarbeiter will in den nächsten Jahren etwa Siemens entlassen und in diesem Zuge gleich zwei ganze Werke in Ostdeutschland schließen. Ein Großteil davon entfällt auf die Kraftwerks-Sparte, die aufgrund der Energiewende massiv zurückgebaut wird – eine typische Wandelerscheinung, wie sie uns seit einigen Jahren immer wieder in den Nachrichten begegnet.[9] In solchen Schlagzeilen geht es immer gleich um Tausende. Über kleinere Zahlen wird erst gar nicht geschrieben.

Vielleicht ertappen Sie sich auch manchmal dabei, wie Sie über diese Zahlen gedankenlos hinweglesen. Zum einen, weil wir uns inzwischen daran gewöhnt haben – schlimm genug. Zum anderen kommen solche Größenordnungen auch sehr abstrakt daher. Vergessen wir nicht: Hinter jeder einzelnen Zahl steckt ein Mensch, den der Change zwingt, sich an die neuen Gegebenheiten anzupassen. Wer bleibt, wie im Beispiel die ältere Mitarbeiterin Ilona, muss sich auf die veränderten Aufgaben umstellen und so manche Kröte schlucken. Wer geht, wie Fabian, muss sich gleich auf eine komplett neue Firma einstellen und sich dort beweisen, möglicherweise verbunden mit einem Ortswechsel, Pendelei und anderen persönlichen Herausforderungen.

Egal, wie gut das ausgeht – früher oder später geht das Drama von vorn los: Die nächste Restrukturierung kommt. Denn diese Form von Change gehört zu den häufigsten Veränderungsprozessen. Dabei reicht das Spektrum von einfachen Prozessoptimierungen bis hin zu wellenartig immer wieder ablaufenden Kostensenkungsprogrammen oder auch Sanierungen. Immer geht es dabei darum, Zeit und Kosten zu sparen und Abläufe zu optimieren.

Wie viele solcher Restrukturierungen gibt es jedes Jahr in Deutschland? Zahlen sind schwer zu finden. Im Stressreport Deutschland der Bundesanstalt für Arbeitsschutz und Arbeitsmedizin aus dem Jahr 2012 kommt zum Ausdruck, dass besonders größere Unternehmen häufig in Restrukturierungsprozessen stecken. Etwa jedes zweite Großunternehmen ist im Durchschnitt betroffen. Neben der Industrie sind vor allem auch Dienstleistungsbranchen wie die Finanzbranche, Transport und Verkehr, die Kommunikationsbranche sowie allgemeine Dienstleistungen von Restrukturierung geprägt.[10]

Restrukturierungen sind in den meisten Fällen untrennbar verbunden mit dem Einsatz von Unternehmensberatern. Besonders wenn ein Name fällt, geht ein angstvolles Raunen durch die Firmenräume: McKinsey.

Denn die Begegnung mit den schlipstragenden Beratern in ihren gestärkten weißen Hemden und dunklen Anzügen ist für zahlreiche Beschäftigte so ähnlich, als wenn sie einen hungrigen Königstiger in freier Wildbahn treffen. Nicht grundlos, denn ihre Erfahrung zeigt: Wo die »Mackies« durchgehen, sind hinterher die Prozesse glatt und effizient – und die Menschen häufig am Ende ihrer Nerven. Und manche haben womöglich ihr Leben verloren. Nicht das ganze, aber das Arbeitsleben, wie sie es kannten, weil Personal abgebaut wurde.

Falls Sie es noch nicht mit McKinsey zu tun bekommen haben – das kann ja noch kommen. Denn das Unternehmen gehört mit weltweit rund 14 000 Beratern zu den größten Beratungsfirmen.[11] Top-Manager holen die Beratergruppe gern ins Haus, um die Kosten runterzufahren und die Effizienz zu steigern.

So geschehen beim führenden dänischen Energieunternehmen Elsam. In einer Publikation von McKinsey wird das Tochterunternehmen Elsam Kraft mit 500 Windmühlen und 27 Kraftwerken als sehr profitables Vorzeigebeispiel für einen typischen Restrukturierungsprozess genannt. Innerhalb von fünf Jahren sank die Zahl der Konzernbeschäftigten um 35 Prozent auf heute 1200 Mitarbeiter. Und gleichzeitig erwirtschaftet das Werk den Löwenanteil des Konzernumsatzes.[12]

Der Hintergrund für die Restrukturierungsprozesse war bei Elsam die sogenannte Liberalisierung des Energiemarktes, die auch Deutschland betrifft. Bis 1998 lagen die Energiemärkte, also sowohl der Strommarkt als auch der Gasmarkt, noch in staatlicher Hand.[13] Danach kam die Wende, die dazu beigetragen hat, dass Sie heute Ihren Energieversorger frei wählen dürfen – freier Wettbewerb also. Das hatte zur Folge, dass sich die Firmen besser aufstellen mussten, in Dänemark wie auch hierzulande. In der McKinsey-Publikation kommt der CEO von Elsam Kraft, Niels Bergh-Hansen, zu Wort: »Als ich 1992 ins Kraftwerk Ensted kam, arbeiteten dort 440 Menschen, im Jahr 2000, als es mit der Deregulierung des Energiemarktes so richtig losging, waren es noch 200.« Weiter heißt es: »Hätte mich damals jemand gefragt, ob man noch mehr Leute einsparen kann, hätte ich das für unmöglich erklärt. Heute sind wir 135 Mitarbeiter, und das Kraftwerk läuft noch immer.« Das Ende der Fahnenstange bei der Reduzierung der Beschäftigtenzahl sei damit jedoch wohl noch immer nicht erreicht.[14]

Aus dem Mund des Firmenchefs klingt das nach einer echten Erfolgsstory. Denn dem Unternehmen geht es offenbar gut. Wenn Sie zu den wegrationalisierten Mitarbeitern gehören, sieht die Welt natürlich nicht so rosig aus.

Doch wie ergeht es eigentlich den Mitarbeitern, die nach solchen Reorganisationen weiter im Unternehmen verbleiben?

Darüber hören Sie als Außenstehender nie etwas. Vielleicht, weil es dann nicht mehr nach einer Erfolgsstory aussehen würde. Etwas Licht ins Dunkel bringt hier eine Studie des Instituts für angewandte Innovationsforschung Bochum. Die Forscher nahmen 286 Change-Prozesse in Unternehmen unter die Lupe. Von den befragten Fach- und Führungskräften sagte etwa ein Drittel, dass Zusagen von der Unternehmensleitung nicht eingehalten wurden. Außerdem stellten 90 Prozent der Firmenchefs die Reorganisation als Erfolg dar, während die Mitarbeiter das ganz anders sahen. So akzeptierte die Belegschaft in 54 Prozent der Fälle die Ergebnisse der Veränderungen nicht. Bei 43 Prozent verschlechterte sich auch die Identifikation mit dem Arbeitgeber.

Erschütternd daran finde ich, dass 89 Prozent der Beschäftigten die Zukunft des Unternehmens eigentlich am Herzen lag. Doch wenn Sie sich die Geschichte von Fabian und seinen Kollegen vor Augen halten, dann ist gut nachvollziehbar, wie solch eine positive Grundhaltung durch einen Change-Prozess schnell verlorengehen kann. Und mit jeder negativen Erfahrung sinkt die Bereitschaft für weitere Veränderungen. Die verständliche Befürchtung ist, dass es wieder zum eigenen Nachteil abläuft.

Doch nicht nur das: Der ganze Wandel bringt die Firmen meistens gar nicht wirklich weiter. Laut Bain & Company haben die meisten Umstrukturierungen keine nennenswerten Ergebnissteigerungen zur Folge. Zu diesem Schluss kommt die Unternehmensberatung nach der Betrachtung von 57 Umstrukturierungen zwischen den Jahren 2000 und [15]2006. Auch wenn diese Analyse schon ein paar Jahre zurückliegt, spiegelt sie doch ein gängiges Meinungsbild wider, wonach viele Change-Prozesse unterm Strich nicht erfolgreich sind.

Doch wieso jagt dann trotzdem ein Change-Prozess den anderen? Irgendetwas müssen sich die Führungsetagen doch dabei denken! Hier kommt ein überraschender Mechanismus zum Tragen, der Ihnen gewiss schon aufgefallen ist: Es liegt voll im Trend, dass die Manager in den höheren Positionen immer schneller wechseln. Dieser Trend trägt enorm zum Veränderungstempo bei – denn jeder neue Chef bringt natürlich seine ganz eigenen neuen Ideen mit.

Und damit beginnen für Sie als Mitarbeiter die bangen Fragen.

Personalkarussell: Ein neuer Chef ist wie ein neues Leben

Wie wird der neue Chef wohl sein? Wird er sich in seinem Büro verschanzen und nur ab und zu mal rauskommen, um uns Aufgaben zuzurufen? Oder ist er eher der gesprächige Typ, der sein ganzes Privatleben über der Abteilung ausbreitet und einen von der Arbeit abhält? Oder vielleicht so einer, der »Management by Helicobacter« macht?

Ja, Sie haben richtig gelesen. Nicht »Management by Helicopter« – was für viele Mitarbeiter schlimm genug ist. Nach dem Motto: Kurz Staub aufwirbeln und dann mit großem Getöse wieder abfliegen. Nein, »Management by Helicobacter«. Das sind die Chefs, die bei Ihnen eine chronische Magenschleimhautentzündung auslösen und damit dieselbe Wirkung haben wie das berüchtigte spiralförmig gewundene Helicobakter-Bakterium im Magen. Denn diese Spezies Chef macht alles anders als der Vorgänger und dreht den Laden um 180 Grad. Und Sie bekommen vor lauter Rotation ein Schleudertrauma.

Einer der ungezählten Betroffenen ist der Marketingmitarbeiter Gerald aus einer Bank. Als in seinem Unternehmen ein neuer Chef einrückte, war im Vorfeld nur durchgedrungen: Der Neue sollte frischen Wind reinbringen. Was das konkret bedeuten sollte, wusste erst einmal niemand. Und dann war er eines Tages da. Gerald und seine sieben Kollegen fanden sich in gespannter Erwartung im Besprechungsraum ein.

»Guten Morgen, mein Name ist Jochen Wenger. Ich freue mich auf die Zusammenarbeit mit euch. Ist es okay, wenn wir gleich zum Du übergehen? Ich bin Jochen.« Er schaut aufmunternd in die Runde. Lockerer Typ, denkt Gerald und mustert ihn. So jemanden hatten sie hier noch nie. Lila-gelb kleingemustertes Karo-Hemd. Große Hornbrille. Dichte, nach links gegelte Haartolle. Kurzer, gepflegter Vollbart. Dunkelblaue Jeans. Bisschen unkonventionell, der Gute – heißen diese Typen heute nicht Hipster? Na ja, warum nicht? Scheint ja ganz umgänglich zu sein. Zu Abwechslung mal einer, mit dem ich glatt privat ein Bier trinken würde. Gerald schätzt ihn Mitte 40 – nicht weit von seinem eigenen Alter entfernt. Und so nickt er zustimmend auf die Frage nach dem »Du«. Alle anderen auch, mit unterschiedlichen Begeisterungsgraden.

»Prima«, freut sich Jochen. »Ich habe viel mit euch vor. Wir werden hier mal die verkrusteten Strukturen freipusten und mit neuen Strategien und Kampagnen die Kunden begeistern. Die ganze Klaviatur des Marketing-Mix. Ich war bisher bei verschiedenen Kommunikationsagenturen tätig und bringe daher Erfahrungen aus vielen Projekten mit, die uns hier künftig helfen werden.« Aufbruchstimmung geht durch den Raum. Seine Euphorie elektrisiert die Mitarbeiter.

»Klingt gut. Was stellst du dir denn genau vor?«, will Gerald neugierig wissen. Er merkt, dass sein Chef große Pläne hat. Ihm scheint es nicht schnell genug losgehen zu können – da hat er doch bestimmt einen konkreten Plan in der Tasche. Ganz hibbelig wirkt er, wie er da vor ihnen am Ende des großen ovalen Besprechungstisches steht. Aber was hat er vor?

»Wir werden in der nächsten Zeit ein grundlegendes Konzept machen, wie hier künftig die Post abgeht. Macht euch auch gleich mal Gedanken, was wir besser machen können. Ihr seid ja erfahrene Leute, wie ich weiß. Wir müssen viel kreativer werden. Innovative Ansätze fahren. Uns von den anderen Banken abheben. Eine echte Customer Experience schaffen.«

Und das war's. Mehr sagt er heute nicht zu dem Thema. Denn jetzt will er endlich sein Team näher kennenlernen. Jeder soll sich vorstellen. Danach ist die erste Begegnung auch schon zu Ende.

Doch in den Büros gibt es danach noch einen regen Austausch unter den Kollegen: »Weißt du, was der vorhat?«, fragt Gerald seine Kollegin Marion. »Das waren doch nur Worthülsen.« Sie schüttelt den Kopf. »Keine Ahnung. Irgend so ein Change-Konzept halt.« Und so geht es auch den anderen Kollegen, wie sich in Tür- und Angelgesprächen herausstellt. Eine gewisse Ratlosigkeit herrscht vor. Warten wir also ab, denkt sich Gerald. Der muss ja noch konkreter werden mit seinen Plänen. Was sollen wir denn sonst umsetzen?

Doch in den nächsten Wochen kommt kein Licht ins Dunkel. Gerald fragt bei einem der nächsten Teammeetings erneut nach. Doch als Antwort bekommt er nur:

»Ihr seid doch alle Fachleute. Entwickelt ein Konzept. Bringt mal eure Ideen ein. Ich bin doch hier nicht die Mutti. Wer von euch kann einen ersten Entwurf machen und sich drum kümmern?« Die Blicke der Kollegen richten sich plötzlich gen Zimmerdecke oder Laminat-Fußboden. Keiner hat Lust, diesen Auftrag zu übernehmen. Gerald geht es auch so. Das ist alles so schwammig. Und so meldet er sich zu Wort.

»Aber ich finde es schwierig, ein Konzept zu machen, wenn ich gar nicht einschätzen kann, was du vorhast. Was schwebt dir denn vor? Du hast ja von deinen ganzen Erfahrungen mit solchen Dingen gesprochen.«

»Na, was ich gesagt habe. Innovativer Auftritt. Kreativ querdenken. Die Möglichkeiten voll ausschöpfen. Die ganzen Kanäle bespielen.«

Gerald ist frustriert. Was ist das denn? Der klingt mit seinen wolkigen Reden ja wie ein Politiker. Wirft nur markige Schlagworte und Allgemeinplätze in den Raum, zu denen jeder prinzipiell ja sagen kann. Glaubt der wirklich, dass jemand so einen flachen Impuls freiwillig aufnimmt und dabei noch »Hurra« brüllt? Mit einer vagen Idee ist es bestimmt nicht getan, wenn sich hier etwas tun soll. So wird das nichts mit der Veränderung, denkt Gerald und beginnt seine Meinung von Jochen zu korrigieren: Kein Macher, der Mann.

Im Team gärt es. Die Unzufriedenheit wächst. Die Zusammenarbeit mit dem neuen Chef kommt nicht in Gang. Einige Kollegen im Team suchen auch das Vieraugengespräch mit Jochen. Doch auch dabei kommt nichts Konkretes heraus, und es verändert sich nichts. Bei einem Teammeeting prallen schließlich die Fronten aufeinander, als Jochen sagt:

»Denkt doch mal auf der grünen Wiese. Ihr seid alle so gefangen in euren tausend Regeln.«

»Wir haben uns die ganzen Regeln ja nicht ausgedacht. Als Bank haben wir einfach auch gesetzliche Regularien zu beachten«, versucht Gerald die Situation zu erklären. Doch er spürt bei seinem Chef null Bereitschaft, sich mit den Bedingungen des Unternehmens auseinanderzusetzen. Er scheint einfach nicht zu verstehen, dass es hier anders läuft als in seiner Agenturwelt. Er kann die Situation kaum noch ertragen. Und so fasst er sich ein Herz: »Wir haben hier ein ernsthaftes Kommunikationsproblem. Wir verstehen nicht, was du von uns willst. Wie sollen die Veränderungen aussehen?« Er weiß, seine Kollegen stehen voll hinter ihm.

»Nein, wir haben überhaupt keine Probleme«, fährt ihn Jochen scharf an, der schon längst nicht mehr die Bierkumpel-Mentalität vom ersten Treffen ausstrahlt. »Die Richtung ist glasklar. Ihr müsst jetzt einfach mal anfangen, euren Job zu machen, und konzeptionell arbeiten. Wer von euch ein Problem damit hat, der kann gern woanders sein Glück suchen.«

Die Ansage sitzt. Damit ist jedes weitere Gespräch vom Tisch gewischt. Dialog ist hier unerwünscht.

Für Gerald ist in diesem Moment klar: Ich bewerbe mich weg. Ich schmeiße hier alles hin. So ein Spinner! Der weiß nur, was er nicht will – nämlich alles, was jetzt ist. Lösungen hat der keine. Soll er doch zurückgehen in seine blöde Agenturwelt, wenn da alles besser ist.

In der nächsten Zeit merkt Gerald, wie sich die Stimmung im Team ändert. Die Luft ist raus. Frust und Resignation machen sich breit. Eine Schande, denkt er. Wir waren ein so gut eingespieltes Team. Eine gute Mischung der Altersgruppen, Männer, Frauen, verschiedene Erfahrungslevel. Jeder wusste, was er kann, und hat sich gern eingebracht. Und jetzt, nach knapp drei Monaten mit dem Neuen, bricht hier alles zusammen. Jetzt werden hier einfach Aufgaben in die Luft geworfen, die keiner versteht. Jeder soll alles machen. Es gibt keine festen Zuständigkeiten, jeder soll auf Abruf alle Arbeiten erledigen können. Das macht alles überhaupt keinen Sinn so.

Doch als er anfängt, sich nach einer neuen Stelle umzuschauen, merkt er, dass ihm die Bank doch ganz schön am Herzen liegt und er sich schwer mit der Vorstellung tut, sein bisheriges Leben für einen neuen Job über den Haufen werfen zu müssen. Auch in der Stadt, in der er so gern wohnt, würde er gern bleiben. Ich muss wohl lernen, mit der ganzen Situation entspannter umzugehen, sagt er sich. Die Zeit wird es lösen. Bald werden die da oben merken, dass der Neue nichts zu bieten hat. Man hat ja schon viele Führungskräfte kommen und gehen sehen in dieser Branche. Warum sollte es dieses Mal anders sein. Und so lange halte ich das einfach aus. Nicht meine Aufgabe, die Verantwortung für die Entscheidungen der Großkopferten zu übernehmen. Ich kriege ja mein Geld. Die werden schon sehen, was sie davon haben. All das wird vorbeiziehen, und dann kommt wieder jemand anders.

Von diesem Tag an lacht Gerald innerlich nur noch, wenn sein Chef wieder mit einer seiner blumigen Ansagen daherkommt. Er macht einfach sein eigenes Ding und schaut dem Treiben zu, ohne sich zu engagieren.

Mit dieser Haltung hält er sich nun seit anderthalb Jahren ganz gut über Wasser. Und er glaubt fest daran, ein Ende abzusehen: Lange kann es nicht mehr dauern, bis ein neuer Chef kommt.

Können Sie verstehen, dass Gerald sein Engagement an den Nagel gehängt hat? Ich schon. Was in dieser Bank passiert ist, wirkt schon grob fahrlässig. Es kann nicht im Sinne eines Unternehmens sein, wenn ein neuer Chef innerhalb kürzester Zeit die Motivation und Leistungsfreude in einem Team zugrunde richtet. Wie dringend nötig eine Veränderung auch sein mag: Wenn niemand bereit ist, sie mitzutragen, kann sie auch nicht erfolgreich sein.

Laut Geralds Erzählung fehlt dem neuen Marketingchef die Antenne für die alte Kultur im Unternehmen. Das ist etwas, was ich im Zuge meiner Beratungspraxis immer wieder feststellen konnte: Führungskräfte sind oft nur in ihrer eigenen Welt unterwegs und schaffen es nicht, eine Brücke zu ihren Mitarbeitern zu bauen. Jochen hat sich nicht einmal die Mühe gemacht, die

Sicht der Mitarbeiter zu hinterfragen, geschweige denn verstehen zu wollen. Alles falsch hier, und ihr auch! Diese Haltung begegnet mir auch bei der Entwicklung von Führungskräften immer wieder: Die meisten Chefs machen gern Statements und argumentieren aus ihrer Sicht. Fragen stellen und hinhören liegt ihnen dagegen weniger.

Es ist so ähnlich, als würden Sie einem Arzt Ihr Leid klagen: »Ich habe Bauchweh.« Doch der Mediziner sieht Sie nur scharf an und sagt: »Alles klar. Blinddarm muss raus. Der Nächste bitte.« Dass Ihnen vielleicht nur ein Furz quergesessen hat, wird der nie erfahren. Er hat nicht näher nachgefragt, geschweige denn Sie mal gründlich untersucht. So wie es viele Vorgesetzte auch versäumen, das zu tun. Und auch das kann schmerzhafte Folgen haben.

Führungskräfte wie Jochen haben nur ihre Erfolgsvorgaben im Kopf. Sie kennen die Welt der Mitarbeiter nicht. Dabei zeigen sowohl die Forschung als auch die Praxis immer wieder, dass Chefs auf diese Weise kaum ein Team hinter sich bringen. Wenn es dagegen gelingt, eine attraktive Vision und konkrete Vorstellungen für die Zusammenarbeit zu formulieren, sind die meisten Mitarbeiter auch gern bereit, Veränderungen mitzugehen.

Die Geschichte von Gerald ist ein Klassiker unter den missglückten Change-Prozessen. Dem Marketingchef ist es nicht gelungen, bei der bestehenden Firmenkultur anzudocken und die Mitarbeiter zu neuen Ufern mitzunehmen. Und deshalb wird er auch auf Dauer keine erfolgreichen Veränderungen umsetzen können.

Change geht immer nur mit den Mitarbeitern. Deshalb heißen sie ja Mitarbeiter.

Erfolglose Führung und schlechte Ergebnisse sind ein zentraler Grund, wieso sich das Personalkarussell auf den oberen Ebenen so schnell dreht. Eine Studie der Unternehmensberatung PwC macht eine zunehmende sinkende Halbwertszeit von Chefs sichtbar. Danach sind etwa ein Drittel der höheren Führungskräfte bereits vor Vertragsende wieder auf Jobsuche. In einzelnen Branchen wie dem Finanzsektor und der Telekommunikationsindustrie geht es noch schneller. Die durchschnittliche Verweildauer von Vorständen und Top-Führungskräften sinkt der Studie zufolge seit vielen Jahren. Waren es im Jahr 2010 noch 8,3 Jahre, sind es 2015 nur noch sechs Jahre.[16]

Besonders auf der oberen Management-Ebene ist viel Bewegung. Dabei ist die Taktung in sehr großen Unternehmen nach meiner Beobachtung oft sogar noch höher als in der Studie dargestellt. Eine Personalentwicklerin aus der Pharmabranche erzählte mir, dass in ihrer Branche laut Policy möglichst niemand länger als zwei bis drei Jahre an der obersten Spitze bleibt.

Genauso erlebt es auch eine Personalentwicklerin aus der Finanzwirtschaft: »Bei uns wechseln die Player noch schneller. Die gelten nach anderthalb Jahren auf einer Stelle schon als alt. Das ist wirklich krass. Und es ist vom Unternehmen so gewollt.«

Problematisch ist daran vor allem, dass jeder neue Vorgesetzte – gleich auf welcher Ebene – auch neue Ideen davon mitbringt, wie sein Verantwortungsbereich zu funktionieren hat. Genau das ist schließlich die Erwartung an den permanenten Postenwechsel. Frische Impulse sind gefragt – und das bedeutet Wandel.

Die Unternehmensberatung Bain & Company kommt aufgrund ihrer Analysen zu dem Ergebnis, dass fast die Hälfte aller CEOs das Unternehmen in den ersten beiden Jahren ihrer Amtszeit reorganisieren. Denn sie sehen darin die beste Möglichkeit, um bessere finanzielle Ergebnisse zu erzielen. Manche bauen das Unternehmen innerhalb ihrer Amtszeit sogar mehrmals um.[17] Und wenn der aktuelle Neue seine Reorganisationen implementiert hat, sitzt rein statistisch betrachtet bereits der nächste Neue auf seinem Sessel.

Bei dieser Dynamik kommen viele Mitarbeiter nicht mehr mit und schalten innerlich ab, wie ich in den Interviews für dieses Buch immer wieder gehört habe. Den Mitarbeitern erschließen sich die Gründe für den Wandel nicht mehr. Das Verständnis schwindet. Sie machen notgedrungen mit, sind aber innerlich abgestumpft. Gerald hat es so beschrieben: »Sollen die mal da oben machen, ist ja nicht meine Firma.« Ein anderer drückte es so aus: »Also Vorgesetztenwechsel – damit geht man mittlerweile total abgestumpft um. Wir nehmen das zur Kenntnis und stellen uns halt neu auf. Der eine kehrt mit links, der andere mit rechts. Also für mich heißt das eigentlich nur noch, irgendwelche Vorgesetzten-Wünsche umzusetzen. Welchen Sinn das alles machen soll, darüber denke ich schon gar nicht mehr wirklich nach. Das habe ich mir abgewöhnt – ist ja sowieso nicht von Dauer.«

An dieser Äußerung wird deutlich, warum die Chef-Rotation so gefährlich ist: Bei diesem ganzen Wechselspiel beginnen die Beschäftigten sich langsam aber sicher von ihrer Firma zu verabschieden. »Dienst nach Vorschrift« wird das häufig genannt. Die Bereitschaft, mehr zu tun als unbedingt nötig, sinkt.

Kommt Ihnen das alles irgendwie vertraut vor? Es würde mich nicht wundern, wenn Sie die eine oder andere Anekdote so oder so ähnlich auch schon erlebt haben. Fest steht, dass das Change-Tempo auch dadurch zunimmt, dass die Halbwertzeit der Chefs sinkt. Die Chefsessel drehen sich immer schneller, und jedes Mal glänzt ein neues Gesicht im Organigramm, das vor Veränderungsfreude nur so sprüht. Im Gegensatz zu den Mitarbeitern, die sich zum wiederholten Mal mitdrehen sollen, obwohl sie schon vorher wissen, dass es am Ende nicht dabei bleiben wird.

Die ganzen Richtungswechsel erinnern mich an das Kinderkarussell auf unserem Spielplatz. Meine Hände umfassen das kühle Metall. Greifen fester. Mit einem Ruck bewege ich den dicken Stahlring nach links. Drin im Karussell sitzen meine Jungs, die einen Höllenspaß haben, wenn sich das Karussell in Windeseile dreht. Und kaum ist der Schwung raus, ergreife ich den sich noch leicht drehenden Stahlring. Ein kurzer Ruck. Das Karussell steht. Und dann: Richtungswechsel. Volle Kraft voraus. Schneller. Noch schneller. Jubelschreie aus dem Inneren. Die Haare flattern im Wind. Mir ist schon vom Zusehen speiübel. Doch junge Mägen vertragen offenbar eine höhere Wechselfrequenz.

In den Firmen läuft es so ähnlich, nur mit anderem Ergebnis: Das Unternehmen ist das Karussell. Die Bosse drehen es mal rechtsrum und mal linksrum. Doch die Mitarbeiter bringt das Hin und Her ganz und gar nicht zum Jubeln. Sie sind ja keine Kinder mehr, die sich gern (ver)schaukeln lassen. Vielmehr dreht sich ihnen dabei der Magen um.

Anfangs begegnen zahlreiche Mitarbeiter Change-Prozessen noch neutral oder optimistisch. Doch mit jedem neuen Richtungswechsel und jeder Negativerfahrung stumpfen die Mitarbeiter zunehmend ab. Die Veränderungsmüdigkeit wächst. Gleichzeitig bleibt immer weniger Zeit, sich von Veränderungen zu erholen. Denn schon bald steht der nächste Wandel an, und das Spiel geht von vorn los.

Ich wünschte, ich könnte Ihnen nun etwas zur Entlastung sagen. Doch leider habe ich eine unangenehme Nachricht für Sie. Denn das Tempo wird sehr wahrscheinlich noch weiter steigen. Es ist noch mehr Wandel zu erwarten. Und das hat weitreichende Folgen für Ihr Wohlbefinden und Ihre Gesundheit, wie ich Ihnen im Verlauf des Buches noch zeigen werde. Wie werden uns aber auch anschauen, welche Risiken die Unternehmen für ihr wirtschaftliches Fortkommen eingehen, wenn sie es mit dem Change-Tempo übertreiben. Diese Gefahr ist durch die Digitalisierung nur noch gewachsen – denn die ist ein mächtiger Treiber für Change-Prozesse.

Gönnen Sie sich an dieser Stelle ruhig mal einen Moment Ruhe, um die Erkenntnisse aus diesem Kapitel sacken zu lassen. Atmen Sie tief durch. Trinken Sie einen beruhigenden Kräutertee. Zu Kaffee würde ich nicht raten. Ich weiß ja, was im nächsten Kapitel steht …

2 Schneller als der eigene Schatten: Die Treiber der Veränderung

Der Alarmgong ertönt. Jetzt muss alles sehr schnell gehen. In Windeseile sind die 16 Feuerwehrleute der Berufsfeuerwehr München in ihrer Montur und brausen unter lautem Sirenengeheul mit dem Löschzug vom Hof. Fünf Fahrzeuge – der Einsatzleitwagen, zwei Löschfahrzeuge, eine Drehleiter mit Korb und ein Rettungswagen kämpfen sich durch den dichten morgendlichen Verkehr. Die Lichter blenden im Halbdunkel.

Das Ziel ist ein Haus im Münchener Stadtteil Schwabing. Was wird uns erwarten? Es kann alles sein: Küchenbrand, Großbrand, Fehlalarm. Zugführer Andreas ist innerlich angespannt. Sind Menschen in Gefahr? Bilder des letzten Einsatzes blitzen kurz in ihm auf; ein schwerer Crash auf der Autobahn, bei dem er mit seinem Team Verletzte mit schweren Verbrennungen gerettet hat. Der 34-Jährige ist seit 21 Jahren bei der Feuerwehr, die letzten fünf Jahre davon bei der Berufsfeuerwehr. Er hat schon einiges gesehen.

Jetzt kommt die Meldung über Funk: Zimmerbrand. Doch wie stark brennt es? Welches Stockwerk? Er weiß, dass der Einsatz nicht einfach wird, weil Schwabing eine typische Innenstadtbebauung hat. Einen Zugang in die Häuser gibt es meist nur von vorn. Auf der Rückseite sind große Innenhöfe, die schwer zugänglich sind. Was also, wenn der Brand im hinteren Bereich ist? Im Kopf spielt er einige Szenarien durch, wie er darauf reagieren kann.

Andreas ist hochkonzentriert. Noch während der Fahrt macht er sich für den Einsatz bereit. Zwei Funkgeräte, ein Einsatzplan, Atemschutzmaske zur Selbstrettung. Seine Ausrüstung zieht er immer in der gleichen Reihenfolge an, damit er nichts vergisst. Solche Routinen helfen, innerlich ruhig zu bleiben. Das gibt ihm Sicherheit im Stress.

Sie nähern sich dem Haus, in dem es brennt. Graue Hausfassade, weiße Kunststofffenster. Davor sind einige Menschen zu sehen. Die Feuerwehrleute springen aus den Wagen.

Bei Andreas laufen sämtliche Informationen zusammen. Kollegen nähern sich, er gibt erste Einsatzbefehle. Für ihn bedeutet die Situation am Einsatzort Adrenalin pur. In sehr kurzer Zeit kommt eine regelrechte Informationsflut zusammen. Er muss priorisieren. Was sind die wichtigen Informationen? Was muss als Erstes getan werden? In diesem Moment funktioniert Andreas wie eine Maschine. Er verlässt sich auf seine Ausbildung und seine untergeordneten Gruppenführer, denen er blind vertraut, dass sie einen guten Job tun.

Ein aufgeregter Mann mittleren Alters stürzt auf ihn zu. Er hat offenbar den Notruf abgesendet. »Da oben brennt es.« Und er zeigt mit dem Finger in die entsprechende Richtung. Schnell erfasst Andreas die Lage. Drittes Obergeschoss. Dunkelschwarzer Rauch aus einem gekippten Fenster. Aufgrund der Rauchfärbung weiß er, dass es sich tatsächlich um ein starkes Feuer handelt. Heller Rauch wäre ein Zeichen für Wasserdampf oder angebranntes Essen. Doch wo soll er jetzt die Fahrzeuge positionieren? Wie kann er die Drehleiter wirksam einsetzen? Wo ist der Eingang? Gleichzeitig kommt die Polizei auf ihn zu, um irgendetwas zu klären. Um ihn herum brummen die Motoren, hektisches Stimmengewirr, mechanische Geräusche. Zwischenzeitlich schaut er, ob das Treppenhaus verraucht ist. Nichts zu sehen. Er geht zurück zu seinen Leuten. Schnell erteilt er weitere Aufträge: »Löschangriff über Drehleiter vorbereiten, Hausrückseite erkunden.«

Doch ein Blick nach oben lässt Andreas innehalten: O nein. An einem der Fenster steht eine Mutter mit ihrem kleinen Kind. Sie winkt panisch. Offenbar sind sie in der brennenden Wohnung eingeschlossen. Er reagiert blitzschnell, verwirft die Aufträge von eben und überlegt, wie die Drehleiter und das erste HLF (Hilfeleistungs-löschfahrzeug) am besten zum Einsatz kommen. Dann gibt er an seine Gruppenleiter die neue Order: »Sofortige Menschenrettung und parallel Brandbekämpfung im dritten Obergeschoss. Geht über den Treppenraum. Ist schneller.«

Wenn Kinder im Spiel sind, ist es immer besonders hart. Doch seine Gefühle haben jetzt keine Priorität. Andreas drückt sie sofort weg.

Schon wird er wieder vereinnahmt: Die Polizei will weitere Informationen von ihm. Wo muss sie absperren? Wie ist die Lage? Während er mit den Beamten spricht, sieht er, wie seine Männer die Mutter mit dem Kind in den Rettungswagen bringen. Sie sehen mitgenommen aus. Das Kind wimmert.

Kurz darauf kommt schon die Rückmeldung vom Notarzt: Beide wohlauf. Keinen Rauch eingeatmet. »Schön zu hören«, gibt Andreas zurück und merkt, wie seine Stimme von der Anspannung ganz belegt ist. Er schielt noch einmal zum Rettungswagen hinüber und fühlt, wie ihm kurz die Tränen in die Augen schießen wollen.

Ab hier läuft der Einsatz routinemäßig zu Ende. Andreas kann durchschnaufen: Puh, alles gutgegangen. Ein bisschen zittern seine Hände, und er merkt, wie langsam das Adrenalin bei ihm abfällt. Doch so richtig wird er alles erst verarbeiten, wenn er wieder auf der Wache ist und sie im Kollegenkreis über den Einsatz sprechen. Erzählen hilft. Die Feuerwehrfamilie ist für einen da.

Blitzschnell Informationen erfassen, hohe Komplexität bewältigen, schnell entscheiden und Leute einteilen, flexibel und schnell auf überraschende Wendungen einstellen – das ist der normale Arbeitsalltag von Andreas. Als ich ihn kennenlernte, war ich fasziniert, was er und seine Feuerwehrleute leisten. Wenn er über seinen Berufsalltag spricht, erkenne ich die besonderen Fähigkeiten, die er im Laufe der Jahre perfektioniert hat: wie er Informationen unheimlich schnell verarbeitet, in präziser, prägnanter

Sprache Sachverhalte ausdrücken kann und auch im größten Chaos die Ruhe und Übersicht behält. »Feuerwehrmann ist mein Traumberuf«, sagt Andreas, und das spüre ich beim Zuhören.

Vielleicht fragen Sie sich: Was hat der Job eines Feuerwehrmanns mit dem Veränderungstempo in meinem Unternehmen zu tun?

Ich werde es Ihnen verraten. und ich werde Sie zu einer Reise in die Gehirne der Chefs entführen. Denn in diesem Kapitel erfahren Sie, wie die obersten Bosse in den Unternehmen denken. Sie werden lesen, was sie antreibt und warum Sie als Mitarbeiter künftig noch mehr Change-Prozesse erleben werden. Wie das Raumschiff Enterprise sind wir in diesem Kapitel unterwegs, um fremde, neue Welten zu erforschen und in Galaxien vorzudringen, die nie zuvor ein Mensch gesehen hat. Nur dass es bei uns nicht um außerirdische Lebensformen geht, sondern um Change-getriebene Bosse – auch wenn die Grenzen manchmal fließend sein mögen.

Manager-Jargon: Die Welt spricht VUCA

Tatsächlich ist die Wettbewerbssituation vieler Unternehmen vergleichbar mit der Arbeitssituation der Feuerwehrleute. Es gibt sogar ein Wort dafür, das diese speziellen Merkmale auf den Punkt bringt: VUCA. Der Begriff hat seinen Ursprung beim amerikanischen Militär Anfang der 1990iger.[18] Aufgrund der Digitalisierung hat er in kurzer Zeit eine richtig steile Karriere gemacht und Einzug in die Manager-Sprache gehalten.[19] VUCA ist das Akronym für die folgenden vier Charakteristika einer Situation: Volatility (Unbeständigkeit), Uncertainty (Unsicherheit), Complexity (Komplexität) und Ambiguity (Mehrdeutigkeit).

Viele Firmen sind derzeit – wie die Feuerwehrleute in der Szene zuvor – in der Situation, dass sich eine vermeintlich stabile

Lage schnell ändern kann (Volatility). Langfristige Planung ist folglich schwer, weil die Situation unbeständig ist. Denken Sie nur an den Abgasskandal bei VW und wie dieser die gesamte Automobilbranche durchgerüttelt hat: Das eine Ereignis hat alles in Bewegung gebracht.

Wie sich die Lage genau entwickeln wird, ist in der gegenwärtigen Lage ungewiss (Uncertainty). In der Automobilbranche ist zum Beispiel unklar, ob der Diesel-Skandal dazu führen wird, dass Dieselfahrzeuge vom Markt verdrängt werden, die momentanen Preiseinbrüche weiter andauern oder das Ereignis den Durchbruch für Elektroautos beschleunigt hat.

Obendrein ist das Geschehen sehr komplex. Viele Einflussfaktoren und Menschen spielen zusammen. Daher sind kausale Zusammenhänge schwer auszumachen (Complexity). Auch das lässt sich an der Automobilbranche gut nachvollziehen: Hier wirken auf die aktuelle Situation zum Beispiel Manager, Politik, Lobbyisten, Presse, Verbraucherschützer oder auch die Kunden ein.

Außerdem sind derartige Situationen oft nicht eindeutig interpretierbar, also mehrdeutig (Ambiguity). Es ist schwer einzuschätzen, welches Verhalten angemessen ist. Daher gibt es derzeit auch verschiedene Handlungsstrategien im Automobilbereich. Auf der einen Seite versuchen einzelne Manager die Details der Manipulation von Grenzwerten zu vertuschen, um die Firma zu retten; auf der anderen Seite treiben mehrere Autohersteller gemeinsam den Ausbau von Elektrotankstellen voran.[20]

An dem Beispiel sehen Sie, dass es für den Geschäftsführer bzw. Vorstand eines Unternehmens sehr anspruchsvoll ist, in der VUCA-Welt die richtigen Maßnahmen zu treffen, damit sein Unternehmen am Markt überlebt.

Dass sich das Wettbewerbsgeschehen überraschend ändern kann oder Märkte einbrechen können, ist bei Licht betrachtet eigentlich ein alter Hut. Schon immer konnte ein innovativer oder starker Konkurrent auf den Plan treten, der etablierten Unternehmen das Geschäft wegnehmen könnte. Denken Sie nur daran, wie die Erfindung des Autos die Pferdekutschen verdrängt hat. Doch die Digitalisierung und auch die Globalisierung haben die schon immer bewegliche Markt- und Wettbewerbssituation deutlich verschärft. Deshalb ist der Begriff VUCA auch so trendig. Er ist ein Synonym dafür, dass sich Firmen heute so schnell anpassen und verändern müssen wie nie zuvor. Die rasanten technologischen Entwicklungen rund um Computertechnik, Smartphone, Internet und künstliche Intelligenz sowie die zunehmende globale Vernetzung haben zur Folge, dass es kaum noch Stabilität und langfristige Planbarkeit gibt. Denn plötzlich kann irgendjemand auf der Welt eine Geschäftsidee haben, die das eigene Unternehmen oder sogar eine ganze Branche bedroht.

Angesichts dieser tiefgreifenden Auswirkungen der Digitalisierung sprechen Fachleute gerne von einer digitalen Revolution. Und vielleicht ist Ihnen auch schon das Schlagwort »Digitale Transformation« begegnet. All diese Begriffe bedeuten letztlich vor allem eines: Die Digitalisierung ist ein starker Treiber des Wandels für die Unternehmen. Dabei stehen die Firmen vielfach noch am Anfang. Unzählige Geschäftsführer stellen sich angesichts der »Revolution« die überlebenswichtige Frage: Wie soll ich die Firma aufgrund dieser Entwicklungen am besten aufstellen? Was ist die richtige Digitalisierungsstrategie?

Die Antworten sind vielfältig. Unabhängig davon, wie die Reaktion Ihres Unternehmens ausfällt, lässt sich mit Sicherheit sagen: Hintendran hängt ein Rattenschwanz von Veränderungen für Sie als Mitarbeiter, von denen auf den folgenden Seiten noch die Rede sein wird. Fast immer dabei: Berater, die mit der Orientierungslosigkeit der Firmen Kasse machen und schlaue Konzepte aus der Schublade ziehen, nach dem Motto »Führen in der VUCA-Welt«, »Lernen in der VUCA-Welt«, »Arbeitsmarketing in der VUCA-Welt«. Was auch immer den Firmen an Consulting-Wundermitteln verkauft wird: VUCA steht fast immer auf dem Etikett.

Und der Beratungsbedarf der Firmen ist offenbar groß. Laut dem Marktforschungsunternehmen Lünendonk haben allein die zehn führenden deutschen Managementberatungen im Jahr 2016 ihre Prognose aus dem Vorjahr mit einem Wachstum von über 11 Prozent erneut übertroffen. Im In- und Ausland erzielten allein diese 10 Beratungsfirmen über 1,8 Mrd. Euro Umsatz. Ein Ende dieser Entwicklung ist nicht abzusehen.[21] Über 80 Prozent der Manager geben an, den Veränderungen durch die Digitalisierung positiv gegenüberzustehen. Als vorteilhaft betrachten sie vor allem, dass die neuen technischen Möglichkeiten die Prozesse einfacher und schneller machen und auch die internationale Zusammenarbeit vereinfachen.[22]

Die andere Seite der Medaille ist jedoch: Die Digitalisierung bringt mit sich, dass die Firmen sich neu erfinden müssen, um nicht vom Markt zu verschwinden. In mehr als jedem zweiten Unternehmen ändert sich laut einer Studie des Digitalverbands Bitkom als Folge der Digitalisierung das Geschäftsmodell.[23] Und das bedeutet zwangsläufig, dass sich Tätigkeiten, Prozesse, die Struktur und zudem oft auch die Kultur im Unternehmen verändern.

Deshalb rappelt es für Sie als Mitarbeiter ordentlich im Karton, seit die VUCA-Welt über uns hereingebrochen ist. Besonders betroffen sind Branchen wie Software, IT-Services, Telekommunikations- oder Internetdienste und Medienunternehmen. Doch auch vermeintlich sehr stabile Wirtschaftszweige und Branchen können sich längst nicht mehr in Sicherheit wiegen. Sie können als Mitarbeiter in keiner Branche mehr davon ausgehen, dass Sie vom Wandel verschont bleiben. VUCA erwischt uns alle.

Auch die Führungskräfte selbst, die das alles managen sollen. Die Parole heißt: Der autoritäre Boss hat ausgedient.

Könnte doch sogar schön sein, wenn Sie unter einem Tyrannen arbeiten? Klingt eigentlich nach einem guten Wandel für Sie.

Digital Leadership: Frischzellenkur für die Betriebskultur

»Diesen Quatsch mit der Konsenskultur machen wir nicht mit. Bei uns sind alle Befugnisse klar geregelt: Der Chef hat alle, wir haben keine.«

»Kritik erfüllt bei uns einen wichtigen Zweck. Sie bringt dich weiter nach oben auf der Abschussliste.«

»Klar haben wir einen Briefkasten für Ideen und Verbesserungsvorschläge. Er wird einmal wöchentlich geleert. Von den Reinigungskräften.«

»Diese hohen, luftigen Open-Office-Räume hier im Büro-Loft sind eine totale Heizkostenverschwendung. Wir sind sowieso alle in geduckter Haltung unterwegs.«

»Zeitraubende Meetings zur Konsensfindung gibt es bei uns nicht. Unsere Abteilung wird effizient geführt: Wir empfangen einfach Befehle.«

Vielleicht spiegeln diese Aussagen von Mitarbeitern auch den Führungsstil in Ihrem Unternehmen wider. Autorität. Hierarchie. Anweisungen. Wenn dem so ist, können Sie sich schon mal auf einen Change-Prozess einstellen. Denn die ordnende, kontrollierende Hand des Chefs ist out. Die Führungstheorie erlebt derzeit einen Demokratisierungstrend. »Posthierarchische Führung« nennen das manche. Die klassische, direktive Führungskraft der Vergangenheit ist kalter Kaffee. Befehlskultur geht gar nicht mehr. Es kommt frischer Wind in die Status-vermufften Firmenstrukturen, bei denen Vorgesetzten der eigene Parkplatz direkt vor dem Firmeneingang und ein flotter Dienstwagen wichtiger sind als ein Ohr für die Mitarbeiter.

In der VUCA-Welt der Digitalisierung greifen diese alten Prinzipien nicht mehr. Selbstorganisation und Selbstverantwortung – das sind die neuen Tugenden, die das »Arbeiten 4.0« kennzeichnen und mit dem Begriff »New Work« gekoppelt sind. Denn Führungskräfte können nicht mehr alles wissen und beherrschen. Zudem hat die nachrückende Generation ohnehin keinen Bock auf diesen autoritären Führungsstil, der Kreativität und Schaffensfreude abtötet.

Die sogenannten New-Work-Companies setzen auf Vertrauen in ihre Mitarbeiter. Sie sind vom grundsätzlichen Leistungswillen und der Leistungsfähigkeit ihrer Mitarbeiter überzeugt und geben ihnen daher mehr Freiheiten, mehr Aufgaben und mehr Entscheidungsspielräume, als es in vielen traditionellen Unternehmen üblich ist.[24] Mit dem Ziel, schneller und agiler zu sein.

»Auf Augenhöhe arbeiten« lautet die neue Devise.[25] Das geht sogar so weit, dass sich Chefs in etablierten Firmen den Schlips runterreißen[26] und den Mitarbeitern das kollektive »Du« anbieten[27]. Mitarbeiter sollen den Raum haben, mit zu entscheiden und Ideen einzubringen. Und das soll ein Anschub für die Motivation der Mitarbeiter und die Innovationskraft des Unternehmens sein.[28]

Wie denken Sie über all das? Fühlt sich dieser Trend für Sie als Mitarbeiter gut an? Mehr Selbstverantwortung, mehr einbringen, aktiv werden, unternehmerisch denken. Haben Sie das so gewollt? Sehnen Sie den Moment herbei, wenn es in Ihrem Unternehmen auch endlich so weit ist? Oder bekommen Sie gerade so ein Unlust-Gefühl, als müssten Sie den Müll raustragen?

Bei mir kommt noch ein ganz anderes Gefühl auf, wenn ich mir anschaue, was da gerade so gehypt wird. Vor meinem geistigen Auge läuft die Führungspsychologie der letzten 80 Jahre ab. Und da gibt es zig Ansätze, wie Führung richtig geht. Was also richtig oder falsch ist und was am Ende zum Unternehmenserfolg führt.

Das, was Vorreiterfirmen und Berater – angeregt durch die Digitalisierung – als zeitgemäßes und bestes Führungsmodell proklamieren, hat seine Ursprünge bereits in den 1950iger Jahren. Bereits da und auch in späteren Ansätzen kommt immer wieder zum Ausdruck, wie wichtig es ist, Mitarbeiter wertzuschätzen, sie gleichwertig zu behandeln, sie zu beteiligen oder sie zu innovativem Denken anzuregen.

Nun drängen aber im Zuge des digitalen Wandels neue Führungskonzepte auf den Markt. Sie haben so schillernde Namen wie »Digital Leadership«, »Agile Führung«, »Führungskraft 4.0« oder »Leadership 4.0«. Sie verheißen viel Neues, sind aber eben bei Licht betrachtet im Kern nicht so neu, wenn Sie sich die Führungsansätze der letzten Jahrzehnte ansehen. Von ein paar Details abgesehen, wie zum Beispiel dem kompetenten Umgang mit virtuellen Arbeitsformen oder sozialen Medien. Noch schlimmer ist aber: Viele dieser neuen Konzepte basieren nicht auf intensiver Forschung, sondern vor allem auf Meinungen.

Wissenschaftlich betrachtet haben Führungsmodelle erst einen messbaren Wert und eine echte Daseinsberechtigung, wenn solch ein neues Konzept sehr genau definiert und für die Praxis durchdekliniert ist und sich auch sauber zu bestehenden Ansätzen abgrenzen lässt. Und vor allem müssten ihre Urheber auch nachweisen, dass das neue Modell tatsächlich einen Führungserfolg bedeutet und noch besser ist als alle Modelle, die schon da sind. Das ist aber anspruchsvoll. Und es braucht Zeit. Zwei Dinge, die nicht jeder Berater hat – oder aufbringen will.

Da ist es einfacher und verkaufsfördernder, ein neues Modell meinungsstark im Akkord auf den sozialen Kanälen zu posten und mit einem zugkräftigen Namen zu versehen. »Buzzwords« nennen das kritische Geister, sprich Schaumschläger-Worte, die schlau klingen, für Aufmerksamkeit sorgen und auch etwas Neues suggerieren sollen.

Buzzwords gibt es viele. Aber gibt es denn tatsächlich nichts wirklich Neues?

Demokratie pur: Das Ende der Chefs?

Im Gefolge des Demokratisierungstrends gibt es tatsächlich auch Ansätze, die radikal anders sind. Ob sie einen Mehrwert haben, steht zwar wieder auf einem anderen Blatt, aber trendig sind sie allemal.

Eine Strömung will die Chefs komplett abschaffen. Das Thema wird in Fachzeitungen heiß diskutiert. Titel wie »Tschüss Chef«[29] oder »Das Ende des Vorgesetzten«[30] und der damit verbundene Anspruch »Führen ohne Hierarchie«[31] treffen voll den Zeitgeist. Meist sind es kleine, experimentierfreudige Vorreiterfirmen, die in diesem Geiste auf neue Organisationskonzepte mit Namen wie Holocracy[32,33,34] oder Soziokratie[35] setzen oder gleich Eigenkreationen[36] in Anlehnung an diese entwickeln. Allen gemeinsam ist, dass es keine Machtverhältnisse oder hierarchischen Strukturen mehr gibt, sondern selbstorganisierte Entscheidungsprozesse und selbstorganisiertes Arbeiten als das bessere Organisationsprinzip gelten.

Eine weitere Bewegung setzt auf volle Transparenz. Als ein Vorreiter ist hier das kleine Schweizer Software-Unternehmen Buffer zu sehen. Es soll in diesem Unternehmen keine Geheimnisse geben. Alles ist für alle einsehbar und offen. Von Mails,

Finanzen und Gehältern bis hin zu Verträgen und Investitions-vorhaben. Die Begründung für dieses Vorgehen liegt darin, dass alle alles wissen müssten, um richtige und gute Entscheidungen im Sinne der Firma zu treffen und sich in einem dynamischen Marktumfeld agil bewegen zu können. Mitarbeiter könnten nur auf diese Weise Mitgestalter und Mitentscheider sein, heißt es bei Buffer.[37]

Stellen Sie sich das mal vor: Sie wissen einfach alles über Ihr Unternehmen. Sie können alles einsehen. Nichts bleibt Ihnen verborgen. In den meisten Unternehmen wäre ein solcher Um-schwung so ungewöhnlich, als würden Sie beim Mittagessen in der Kantine Ihr Besteck künftig mit den Füßen halten.

Als ob das nicht schon abgefahren genug wäre, bildet sich noch eine andere Richtung von Führungsphilosophien heraus. Es gibt doch tatsächlich Unternehmen, bei denen die Mitarbeiter nun ihre Chefs wählen können! Eine der ersten Firmen, die in die-ser Hinsicht von sich reden gemacht hat, ist das Unternehmen Haufe-Umantis. Im Jahr 2013 wählten die Mitarbeiter erstmals ihren CEO Marc Stoffel. Die Wahl der Unternehmensführung als auch des gesamten Managements erfolgt seitdem einmal im Jahr in einer demokratischen und anonymen Wahl. Und auch sonst ist die Firma anders als die anderen. Sie positioniert sich als Vordenker innovativer Arbeitskonzepte und hat dafür auch ein eigenes Führungsmodell namens Haufe-Quadrant entwickelt, das sie an sich selbst testet und verfeinert.[38,39,40] Angeregt durch Haufe-Umantis zog nun auch die Telekom als namhaftes Un-ternehmen nach. Im Dezember 2016 gab es die erste Führungs-kräftewahl in der Abteilung Unternehmenskommunikation. 17 Kollegen konkurrierten um einen von vier neugeschaffenen Führungsposten, und 130 Wahlberechtigte gingen an die Urne.[41] Ja, Sie haben richtig gelesen: ausgerechnet die Telekom, bis 1990 noch ein Staatsbetrieb und Geschäftszweig der Deutschen Post.[42]

Wenn Sie selbst derzeit noch in verstaubten, hierarchischen Strukturen arbeiten, kann also noch einiges auf Sie zukommen. Doch ich bin mir nicht sicher, ob Sie das wirklich haben wollen. Auch wenn die Aussicht auf weniger Chefgehabe erst einmal ganz verlockend klingt: Das alles bedeutet tiefgreifende Change-Prozesse, die sich über Jahre hinziehen. Ich habe selbst schon solche Prozesse begleitet. Solch ein Wandel ist sehr anspruchsvoll, weil sich bisheriges Denken und Verhalten so hartnäckig hält wie Kaugummi an der Schuhsohle.

Warum ist das so? Veränderungen in der Führungskultur betreffen beide Seiten – die Vorgesetzten und die Mitarbeiter. Das macht die Veränderung doppelt schwer, weil sich mit Führung und Zusammenarbeit zwei sehr komplexe, hochgradig individuelle Gebilde komplett neu einpendeln müssen.

Ihre Chefs müssen das »Skillset für die neue Arbeitswelt«[43] lernen. Das führt manche in völlige Ratlosigkeit, wie ich in meinen Führungstrainings immer wieder erlebe. Denn wenn der autoritäre Chef nicht mehr autoritär sein soll, fühlt er sich seines Führungsanspruchs beraubt. Er fürchtet, die Mitarbeiter tanzen ihm künftig nur noch auf der Nase herum und machen ihre Arbeit nicht. Für ihn fühlt es sich wie eine Fremdsprache an, mit den Mitarbeitern auf Augenhöhe zu sprechen. Statt Druck und Anweisung sind dann Dialog und Überzeugungskraft gefragt. Und das kann erstmal sprachlos machen.

Und für Sie auf der Mitarbeiterseite ist es auch nicht einfach, wenn Ihr Chef Sie anders führt und Sie agiler und selbstverantwortlicher arbeiten sollen. Pointiert gesagt: Wenn Sie die letzten zehn oder zwanzig Jahre gewohnt waren, Ihr Gehirn an der Pforte abzugeben, weil nicht gewünscht war, mitzudenken oder Ideen einzubringen, dann fühlt sich diese neue Anforderung wie eine Leerzeile in Ihrem Kopf an, von der Sie nicht genau wissen, wie Sie sie ausfüllen sollen. Anfangs können Sie gar nicht glauben, was Sie plötzlich dürfen sollen, und wissen auch gar nicht so recht, was nun von Ihnen erwartet wird. Obendrein fällt es Ihnen sehr wahrscheinlich auch schwer, solch einen Switch nach all den Jahren tatsächlich hinzubekommen. In beinahe jedem Fall sind die Mitarbeiter mindestens verunsichert. Und ganz sicher brauchen sie Zeit, um sich einzugewöhnen.

Das alles ist Change total. Die Situation ist so ähnlich, als wenn Sie ein fertiges Puzzle mit Schwung auf den Fußboden werfen und die Einzelteile danach wieder neu zusammensetzen müssen. Nur dass das Bild auf dem Puzzle danach völlig anders aussieht als vorher.

Sie, Ihre Kollegen und Ihre Vorgesetzten rudern allesamt in einem Boot in die schöne neue Arbeitswelt, auf zu neuen digitalen Ufern. Ruhig wird die See nicht sein; das alles bringt auf jeden Fall viel Wirbel ins Unternehmen. Das zeigen auch die Erfahrungsberichte der erwähnten Vorreiterfirmen, die ehrlicherweise den zum Teil enormen Veränderungsaufwand, die Verunsicherung und die Emotionen bei solch einem Prozess nicht unter den Teppich kehren.

Und weil die Veränderung eigener Denk- und Verhaltensmuster so schwer ist, kann es sein, dass zwar künftig im Leitbild Ihrer Firma in schönsten Formen und Farben Ihre innovative Führungskultur gepriesen wird – aber hinter den Gardinen »business als usual« herrscht.

Wenn ich mir die ganzen Trends rund um Führung in der VUCA-Welt so vor Augen halte, muss ich an den Feuerwehrmann Andreas denken. Mir kommt die Frage in den Sinn, wie das Thema Führung eigentlich bei der Feuerwehr geregelt ist. Der Arbeitstag eines Feuerlöschzugs ist ja ein Musterbeispiel für VUCA: Sie wissen nie, was sie als Nächstes erwartet, und bei jedem Einsatz lauert eine Vielzahl von Einflussfaktoren und Überraschungen. Ist Führung unter solchen Arbeitsbedingungen streng hierarchisch oder demokratisch geregelt?

Andreas, Zugführer bei der Münchener Berufsfeuerwehr, beschreibt es so: »Ich verlasse mich auf meine Mannschaft und meine mir untergeordneten Gruppenführer. Ich vertraue darauf, dass sie meine Aufträge bestmöglich umsetzen. Nehmen wir als Beispiel eine eingeschlossene Person bei einem Brand. In so einem Fall gebe ich für das erste Fahrzeug und die Drehleiter das Ziel vor, zum Beispiel Menschenrettung und parallele Brandbekämpfung. Der Gruppenführer entscheidet dann aber selbstständig, ob er die Drehleiter nutzt oder über den Treppenraum beziehungsweise über die Rückseite geht. Was der beste und schnellste Weg ist, das lasse ich ihm freigestellt. Ich stecke also einerseits nicht in jedem Detail drin, lasse andererseits aber auch die Hierarchie wirken, indem ich bestimmte Ziele und Leitplanken setze, in denen sich jeder frei bewegen kann. Je nach Situation kann ich diesen Korridor mal enger und mal breiter fassen.«

Der Zugführer bezieht seine Leute aber auch in komplexen Lagen in seine Entscheidungen mit ein. Solch ein Austausch geht blitzschnell. Doch sobald er die nötigen Informationen gesammelt hat, kommt auch wieder die Hierarchie ins Spiel. Auf der Basis der Einschätzungen seiner Führungskollegen entscheidet er am Ende allein. Dabei kann er sicher sein, dass seine Leute die Entscheidung voll und ganz und ohne Diskussion oder Murren umsetzen, auch wenn sie vielleicht mal nicht hundertprozentig mit dem gewählten Lösungsweg einverstanden sind. »Es gibt keine Ego- und Machtspielchen«, weiß Andreas aus Erfahrung. Denn für so etwas ist schlicht und ergreifend kein Raum, wenn es um Menschenleben geht.

Spannend am Führungsstil bei der Feuerwehr finde ich auch, dass ein Einsatz nicht abgeschlossen ist, wenn der Brand gelöscht ist. Danach sprechen Andreas und seine Leute noch einmal alles durch: »Jeder beschreibt seine Beobachtung der Situation, und an diesen Schilderungen kann man sehr gut sehen, ob wir unser

Bestmögliches gegeben haben. In 95 Prozent der Fälle ist das so, weil jeder versucht, möglichst effektiv zu arbeiten. Aus den restlichen fünf Prozent lernt jeder Einzelne und versucht sich individuell weiterzuentwickeln.«

Wenn Sie mich fragen, hört sich das im Kern doch alles sehr hierarchisch an. Wertschätzend sicherlich und nicht so autoritär oder gar statusorientiert. Aber die Basisdemokratie, welche die Vorreiter all der neuen Führungskonzepte proklamieren, spiegelt sich hier nicht wider.

Ist hierarchische Führung vielleicht doch gar keine so schlechte Lösung für die VUCA-Welt? Ich glaube, wir sollten diese Frage nicht vorschnell vom Tisch fegen.

Fassen wir an dieser Stelle noch einmal kurz zusammen. Das Veränderungstempo entsteht nicht nur durch die technologische Entwicklung und die weltweite Vernetzung. Es entsteht insbesondere auch dadurch, dass selbsternannte Experten, selbstdarstellerische Firmenchefs oder verkaufsorientierte Berater meinen, den Stein der Weisen gefunden zu haben, mit dem das Geschäft in der digitalen Welt so richtig fluppt. Und auffällig dabei ist vor allem, dass es von Schlagworten und neuen Konzepten nur so wimmelt – allen voran Agilität und Digital Leadership.

Was am Ende die richtige Strategie ist, weiß natürlich keiner – auch wenn besonders Berater so tun, als ob sie an ihrer jeweiligen Methode keine Zweifel hätten. Doch diese Sicherheit kann in vielen Fällen nur vorgespiegelt sein. Denn wenn der richtige Weg so eindeutig vorhersehbar wäre, gäbe es all die Unsicherheit der VUCA-Welt nicht. Eindeutige kausale Ursache-Wirkungs-Beziehungen sind ein Wunschtraum vieler, aber sie sind illusorisch. Zu komplex ist das Geflecht aus Menschen und Situationen. Und so stehen auch Wissenschaftler vor der Herausforderung, wie sie für die neuen Konzepte solide Wirkungs-nachweise erbringen können.

Das Einzige, was mit Sicherheit eintritt und bereits zweifels-frei nachweisbar ist, ist der permanente Wandel mit ungewissem Ausgang. Und so hangeln sich die Unternehmen von einer Idee zur nächsten. Doch bis bei allen Beschäftigten ankommt, was sich das Management gerade wieder ausgedacht hat, ist bereits die nächste Veränderungswelle im Gang. Und so fühlen Sie sich als Mitarbeiter immer wieder so ähnlich wie im dunklen Bug eines Schiffs ohne Fenster, das mal nach links, mal nach rechts, mal in starkem Seegang und manchmal auch etwas unter Wasser fährt – oder im schlimmsten Fall bereits gekentert auf der Seite liegt, ohne dass der Kapitän das seiner Mannschaft gegenüber zugeben würde. Also rudern Sie fleißig weiter – im Zweifel in der Luft herum. Mitten in diesem kulturellen Schlingerkurs von Agilität und demokratischer Führung zeigt die Digitalisierung ihr wahres Gesicht. Die Technologien bieten nämlich die Chan-ce, die Lieblingsbeschäftigung von Firmen auf die Spitze zu trei-ben: nämlich die Effizienz zu steigern und die Kosten zu senken. Das war ja in der Vergangenheit auch schon so, wie Sie im ersten Kapitel gelesen haben. Doch jetzt geht das in einem noch nie dagewesenen Ausmaß.

Sind Sie sicher, dass Sie jetzt weiterlesen und sich diese hässliche Fratze der Digitalisierung ansehen wollen, die Ihnen einiges an Bauchweh bereiten kann? Wahrscheinlich sind Sie ungefähr so sicher wie in der Frage, ob Sie wirklich hierarchiefrei geführt werden wollen …

Zwei sind einer zu viel: Wie sich die Jobs ändern

Die Digitalisierung wütet im Innenleben der Unternehmen wie eine Hyäne in den Eingeweiden eines Beutetiers. Sie frisst die Jobs mit Heißhunger.

»Allianz will 700 Stellen in drei Jahren abbauen«, lautete zum Beispiel eine von vielen Schlagzeilen in der Zeitung.[44] Und als Hintergrund dafür war zu lesen, dass zahlreiche, bislang von Sachbearbeitern erledigte Aufgaben künftig über standardisierte Prozesse digital ablaufen. Es braucht nicht mehr den Menschen, um Anträge zu erfassen. Die Risikoprüfung erledigen zunehmend Computer, und auch in der Schadensbearbeitung automatisieren die Versicherer immer mehr Vorgänge.[45]

Im Bankenbereich geht der digitale Sensenmann ebenfalls um. Seit dem Jahr 1995 ist die Zahl der Bankfilialen von 67 920 auf 37 719 gesunken. Allein aus dem großen Postbanknetz verschwanden bereits bis 2012 rund 10 000 Anlaufstellen.[46] Doch der Schwund geht weiter. Drei Jahre später waren bereits etwa weitere 3000 Filialen verschwunden. Und bis 2021 könnten noch einmal bis zu 13 600 Bankfilialen in Deutschland wegfallen.[47]

Waren Sie jemals traurig, weil eine Filiale zugemacht hat, vielleicht sogar direkt vor Ihrer Haustür? Vermutlich nicht, wenn Sie zu denjenigen gehören, die die Internetdienste gern nutzen. Möglicherweise haben Sie nicht einmal gemerkt, dass die Filiale weg ist. Als Verbraucher machen wir uns oft keine Gedanken, was die Digitalisierung für die Beschäftigten all der Unternehmen bedeutet, deren letztes Stündchen geschlagen hat.

Auf diese Weise entgehen uns leicht ganz wichtige Informationen, die eines Tages auch für uns selbst relevant werden können. Der ganze Schwund, der uns nur als abstrakte Zahl in der Zeitung begegnet, ist nämlich ein Warnzeichen dafür, dass sich die Arbeitswelt durch die Digitalisierung massiv im Wandel befindet. Er ist ein Omen, dass es Sie und Ihre Arbeit ebenfalls treffen kann, falls es nicht schon geschehen ist.

Die Automatisierung schreitet voran – nicht nur im Banken- und Versicherungsbereich. Die Digitalisierung ermöglicht es, zwei Fliegen mit einer Klappe zu schlagen: Die Unternehmen können noch mehr Kosten sparen und Prozesse noch effizienter abbilden als je zuvor. Und gleichzeitig haben wir als Kunden davon oft auch noch einen deutlichen Mehrwert. Der einzige Verlierer sind Sie als Mitarbeiter der betroffenen Unternehmen.

Automatisierung kostet nämlich Stellen, weil Bearbeitungsstationen wegfallen. Der Betriebsrat einer großen Bank sieht die weitere Entwicklung sehr klar. »Banken sind hoffnungslos overstaffed«, also übersetzt, erklärt er mir. Und deshalb konnte er auch die Reaktionen der Mitarbeiter gut verstehen, als der Vorstand seiner Bank verkündete: »Wir werden ein digitales Technologieunternehmen.« Denn bei der Belegschaft kam nur die Info an: »Bei uns fällt jeder vierte Job weg.«

Eine weitere Kehrseite der Verschlankung in den Prozessen: Automatisierung sorgt auch für eine Arbeitsverdichtung bei den verbleibenden Mitarbeitern. Ein Insider aus dem Finanzbereich hat mir das am Beispiel der Getränkeindustrie so erklärt: Vor der Automatisierung brauchte es für einen bestimmten Bearbeitungsprozess zwei Mitarbeiter. Danach rein rechnerisch nur noch 1,5. Doch dann beginnt die Milchmädchenrechnung. Die verantwortlichen Manager sparen nicht nur eine halbe, sondern gleich eine ganze Mitarbeiterstelle ein. Frei nach dem bayerischen Allroundspruch: »Passt schon.« Irgendwie kommt der eine verbleibende Mitarbeiter auch zurecht. Nur mit dem Preis, dass es jetzt an seinem Arbeitsplatz zu Arbeitsdichtung und Rückstaus kommt. Das Kalkül ist, dass die Verantwortlichen die Personalstärke so weit runterdrosseln, dass Urlaub und Krankheit bei den verbliebenen Beschäftigten nicht mehr vorgesehen sind – genauso wenig wie die persönliche Tagesform und Abweichungen in den Abläufen. »Vor zehn Jahren hatte man noch ein bisschen Luft in der Arbeit.« Doch das sei vorbei. Hinzu kommt: »Die einzelnen Arbeitsplätze sind häufig sehr spezialisiert. Sie haben oft keinen Zweiten, der dasselbe auch kann. Früher konnte man eine Urlaubsvertretung übernehmen, ohne dass es gleich eng wurde. Da konnte man auch noch die andere Tätigkeit beherrschen, wenn es darauf ankam. Das ist jetzt vorbei.«

Die Überlastung, die aus der Kalkulation auf Kante resultiert, drückt sich darin aus, dass Mitarbeiter morgens ins Büro kommen, mit ihrer Arbeit starten und ein paar Stunden später feststellen: »Mensch, ich war ja noch nicht mal auf Toilette.« So hoch ist der Takt in vielen Unternehmen – nicht nur in der Getränkeindustrie.

»Sie können Menschen ein gewisses Maß an Mehr abverlangen, und das schaffen die auch, weil ein bisschen gerade noch drin ist«, erläutert mir der Insider seine Beobachtungen. »Aber irgendwann ist ein Punkt erreicht, wo es nicht mehr geht. Und nach sechs bis sieben Stunden mit dieser Taktung können Sie dann auch nicht mehr klar denken. Irgendwann empfindet man ständig dieses Ohnmachtsgefühl: Das schaffe ich nicht mehr.«

In diesen Auswüchsen erinnert mich die Digitalisierung an den seltsamen Fall des Dr. Jekyll und Mr. Hyde. In dieser gruseligen Geschichte hat der gutherzige Arzt Dr. Jekyll gleichzeitig auch noch eine böse Seite namens Mr. Hyde in sich. Mal zeigt sich Dr. Jekyll, mal Mr. Hyde. Bei der Digitalisierung zeigt sich einmal der neue Nutzen für die Kunden, und ein andermal das Schreckgespenst für die Mitarbeiter.

Und selbst, wenn Sie wollten, Sie können dieser Situation nicht entkommen. Sie selbst stecken mittendrin in beiden Rollen. Sie genießen als Kunde und müssen sich zugleich als Mitarbeiter wandeln. Das eine ohne das andere gibt es nicht. Diese

Zwickmühle der Digitalisierung ist eine Realität, mit der wir zurechtkommen müssen.

Durch die Digitalisierung fallen Jobs weg, und die Arbeit verdichtet sich. Beides erfordert von Ihnen Anpassungsleistungen. Sie müssen sich verändern. Und es führt kein Weg daran vorbei, sich damit frühzeitig auseinanderzusetzen. Sonst fallen Sie eines Tages vor Schreck aus allen Wolken.

Wir müssen allesamt der Wahrheit ins Auge sehen, dass die Automatisierung noch weiter um sich greifen wird. Hierzulande arbeiten 42 Prozent der Erwerbstätigen in Berufen mit hoher Automatisierungswahrscheinlichkeit, sagt Arbeitsmarktexperte Ulrich Zierahn vom Zentrum für Europäische Wirtschaftsforschung (ZEW) in Mannheim, der seit Jahren zur Digitalisierung der Wirtschaft forscht. Ihm zufolge sind hierzulande 18 Millionen Jobs gefährdet. Schaut man sich statt der Berufe die konkreten Tätigkeiten an, sind seiner Meinung nach nur noch zwölf Prozent oder umgerechnet fünf Millionen Jobs.[48]

Eine Studie der Universität Oxford hat 702 Berufsfelder analysiert und kommt zu dem Schluss, dass in den USA sogar ganze 47 Prozent der Jobs in Gefahr sind.[49] Dem steht die Hoffnung gegenüber, dass anderswo neue, digitale Arbeitsplätze entstehen könnten.[50]

Welche Schätzung am Ende auch näher dran ist: Sie können sich auf jeden Fall schon mal seelisch darauf einrichten, dass Sie – je nach Ihrem Alter – höchstwahrscheinlich noch mal einen neuen Job lernen oder zumindest mit deutlichen Veränderungen in Ihrer Arbeitstätigkeit rechnen müssen. Denn viele bisherige Berufsbilder sind Auslaufmodelle. So sieht es auch der erwähnte Bank-Betriebsrat: »Heute können Sie nicht mehr davon ausgehen, dass Sie mit dem Job, mit dem Sie angefangen haben, auch in Rente gehen. Das ist die Kernveränderung, die man als Arbeitnehmer nicht denken will.«

Folglich macht es Sinn, den schlimmsten anzunehmenden Fall ins Auge zu fassen. Denn dann sind Sie vorbereitet und können frühzeitig Lösungen entwickeln. Eine Idee, wie sich Ihr Job verändern könnte und inwiefern dieser automatisiert werden kann, bekommen Sie auf der Website Job-Futuromat[51]. Sie geben dort in der Suchmaske Ihren Beruf ein. Etwa 4000 Einzelberufe sind in der zugrundeliegenden Datenbank erfasst – und damit alle in Deutschland bekannten Berufe. Wenn Sie nun zum Beispiel »Bankkaufmann/-frau« eingeben, sagt Ihnen das Programm blitzschnell: »38 Prozent der Tätigkeiten in diesem Beruf könnten schon heute Roboter übernehmen.« Das entspricht drei von acht verschiedenen Kerntätigkeiten, die den Arbeitsalltag dieses Berufs ausmachen.

Ich gebe zu: Ich habe erst ein bisschen gezögert. Doch dann habe ich mich getraut, mal zu testen, wie sich die Digitalisierung auf meinen eigenen Beruf auswirkt.

Mit einem mulmigen Gefühl, aber auch mit dem Mut des Forschenden tippe ich in das Suchfeld »Wirtschaftspsychologe« ein, drücke auf Enter und bange um meine Zukunft.

Nur Bruchteile von Sekunden vergehen. Eine Anzeige erscheint, in der es heißt: »Der Arbeitsalltag dieses Berufs besteht im Wesentlichen aus acht verschiedenen Tätigkeiten.«

»Nur acht?«, denke ich überrascht. Das fühlte sich für mich bisher immer nach sehr viel mehr an. Doch als ich die Website runterscrolle, erkenne ich, dass die Tätigkeiten sehr grob gefasst sind. Aufgelistet sind Aktivitäten wie »Kundenberatung, -betreuung«, »Unternehmensberatung«, »Personalentwicklung« oder »Coaching«. Jede einzelne davon kann Bände füllen, doch irgendwie muss die Datenbank die Breite eines jeden Arbeitsfelds ja auch strukturieren.

Nachdem ich mich mit dieser vermutlich sinnvollen Reduktion meines Berufs auf ein paar Kerntätigkeiten abgefunden habe, führt kein Weg mehr daran vorbei, mich meiner Zukunft zu stellen. Schluss mit der Aufschieberitis! Ich muss es wagen, den Tatsachen ins Auge zu blicken. Kann ich automatisiert werden?

In dicken blauen Lettern prangt der Satz: »0 Prozent könnten schon heute Roboter übernehmen.«

Yes! Mein Tag ist gerettet.

Doch so ganz kann ich dieser Prognose nicht trauen, wenn ich sehe, dass es bereits heute Apps wie das Seelsorger-Programm namens »Karim« gibt, das traumatisierten Flüchtlingen Hilfe leistet. Karim ist ein Chatbot, also ein Computerprogramm, mit dem sich Flüchtlinge über ihr Smartphone per SMS oder über den Internetbrowser austauschen können. Karim stellt Fragen und gibt Antworten wie ein Psychotherapeut. Denn Psychologen haben ihm Antwortmuster beigebracht, die er selbst weiterentwickelt, wenn er merkt, welche Fragen seinen »Patienten« helfen.[52]

Und da Wirtschaftspsychologen wie erwähnt als typische Handlungsfelder unter anderem Beratung, Personalentwicklung und Coaching ausüben, zeichnet sich allein angesichts dieser App schon ab, dass auch meine Tätigkeiten in gewisser Weise digital abbildbar sind – wenn auch bisher nicht nachvollziehbar ist, wie gut das eigentlich funktioniert. Vielleicht ist auch bei mir alles nur eine Frage der Zeit, und ich stricke irgendwann nur noch Socken.

Wo führt uns das alles bloß hin?

Eingekesselt: Am Wandel geht kein Weg vorbei

Sie können es drehen und wenden, wie Sie wollen: Sie können dem Wandel nicht entkommen. Die Digitalisierung verändert gerade unsere Welt.

Und so wie es aussieht, wird das Veränderungstempo noch weiter anziehen. Denn die technologischen Entwicklungen und die weltweite Vernetzung dynamisieren den Wettbewerb mehr, als es jemals zuvor der Fall war. Planbarkeit und Langfristigkeit sind in dieser Dynamik kaum machbar, weswegen Experten diese Konstellation als VUCA-Welt beschreiben.

Die Digitalisierung bringt völlig neue Geschäftsmodelle hervor, die besonders von kleinen, wendigen und innovativen Start-up-Firmen in die Welt gesetzt werden. Um nicht ins Hintertreffen zu geraten, arbeiten die Geschäftsführer der etablierten Firmen ebenfalls an passenden Digitalisierungsstrategien für ihre Unternehmen. Es gilt das bisherige Geschäft fortzuführen und gleichzeitig die digitale Transformation und die eigene Innovationsfähigkeit voranzutreiben.

Agilität gilt dabei als wichtigstes Überlebensprinzip. Das bedeutet, dass Firmen sich schnell und flexibel an veränderte Marktlagen anpassen können. Um agil zu sein, braucht es aber auch eine andere Art von Führung, Organisationsstruktur und -kultur in den Firmen – sowie Mitarbeiter mit agilem Mindset. Zusammengefasst geht der Trend weg von Silo-Denken, starren Hierarchien und autoritärer Führung. Mitverantwortung und Selbstorganisation werden dagegen großgeschrieben.

Und schließlich führt die Digitalisierung auch dazu, dass Jobs wegfallen oder ganze Berufe aussterben, weil die damit verbundenen Aufgaben und Prozesse automatisiert werden können. Manche Prognosen sehen jeden zweiten Job in Gefahr.[53] Ganze Berufsbilder drohen auszusterben. Auf der anderen Seite könnten allerdings auch neue Berufe hinzukommen.

Wer Glück hat, wird nicht wegautomatisiert, sondern behält seinen Arbeitsplatz. Doch das ist auch nicht unbedingt das Gelbe vom Ei. Denn die Firmen sparen, wo sie können, und das hat eine hohe Arbeitsverdichtung für den einzelnen Mitarbeiter zur Folge. Wenn Sie also zu den Glücklichen gehören, die ihren Job behalten, müssen Sie sich wahrscheinlich mächtig strecken, um den Anforderungen gerecht zu werden.

All das bedeutet für Sie immer wieder Anpassung an veränderte Gegebenheiten, Anpassung an neue Tätigkeiten, Anpassung an neue Prozesse, Anpassung an eine neue Unternehmenskultur. Wären Sie ein Chamäleon, hätten Sie vermutlich einen Höllenspaß und würden Ihre Farbskala rotieren lassen wie ein Feuerwerk am Silvesterhimmel. Wenn sich alles so schnell ändert, ist kontinuierliche Selbsterneuerung und damit ständige Veränderung eigentlich die einzige Option.[54] Das klassische Change-Management greift unter diesen Bedingungen nicht mehr. Denn dahinter steht die Annahme, dass die Verantwortlichen eine Organisation von einem Zustand A in einen Zustand B überführen – und zwar in Form eines zeitlich befristeten Projektes mit einem Anfangs- und einem Endpunkt sowie bestimmten Teilschritten. Doch während einer solchen Projektlaufzeit kann sich die Welt heute plötzlich schon wieder ganz anders drehen, und damit ist der Plan überholt.

Richten Sie sich also darauf ein, dass der Dauer-Change für Sie zum Normalzustand im Arbeitsleben wird. Doch wenn Sie im ständigen Veränderungsgalopp sind, was sind dann die Folgen für Sie als Mitarbeiter? Ist es wirklich so erstrebenswert, immer flexibel und veränderungsbereit zu sein, wie es die Unternehmen von Ihnen fordern?

Wie entrüstet Sie auch sein mögen über all die düsteren Prognosen: Lesen Sie lieber schnell weiter, damit Sie nicht in die Veränderungsfalle tappen. Denn die lauert auf jeden von uns.

3 Die Folgen des Veränderungskarussells: Flexibel sei der Mensch, biegsam und gut

Was ist denn das? Theresa hat die eintreffende Mail aus dem Augenwinkel wahrgenommen, doch die Betreffzeile lässt sie stutzen und genauer hinschauen: »Wir sind ab morgen agil.« Wie bitte? Noch ehe sie weiterlesen kann, bemerkt sie, wie im Großraumbüro um sie herum Unruhe entsteht. Offenbar haben die anderen Kollegen die Mail auch bekommen.

»Was ist denn das für ein Mist? Wie soll das denn gehen? Die haben doch einen Vogel«, tönt von es ihrem Kollegen Arndt schräg gegenüber. Sein Schnauzbart wackelt bedrohlich unter seiner Brille. Sein buntkarierter Pullover scheint vor Aufladung zu knistern. Der IT-Kollege steht plötzlich aufgebracht an seinem Schreibtisch und wedelt mit den Händen, als würde er einen Schwarm Hornissen verjagen.

Da muss ja Schreckliches drinstehen, schießt es Theresa durch den Kopf. Um Gottes willen! Nervös beginnt sie die Mail zu lesen. Sie ist ab morgen einem neuen Team zugeordnet. Und dann stehen da noch eine Uhrzeit und ein Raum, wo sie die neuen Kollegen treffen soll. Das ist ja ein Ding. Spannend, was hier passiert. Veränderung. Genauer gesagt: agiles Arbeiten. Sie denkt an ihre Ausbildung, die noch nicht so lange zurückliegt. Da hat sie schon einiges darüber gehört. Und jetzt bin ich mittendrin, freut sie sich. Noch so jung im Berufsleben. Da kann ich bestimmt eine Menge lernen. Aufregend!

Das Stimmengewirr und das Geschimpfe um sie herum holen sie aus ihren Gedanken. »Jetzt arbeiten wir hier schon so lange im Projekt. Bislang hat es keine Sau interessiert, wie wir das hier machen«, hört sie Klaus meckern. Er ist ein langgedienter und erfahrener Kollege. So hat sie ihn noch nie gesehen. Sein Kopf leuchtet knallrot wie der Kamm eines Gockels auf dem Hühnerhof. Sein Blutdruck scheint in bedenklicher Höhe zu sein. Jedenfalls treten seine Augen hervor wie in einem dieser Trickfilme, wenn Kater Tom die Maus Jerry am Hals packt und würgt.

Die Kollegen laufen hin und her, kleine Grüppchen bilden sich. Die Stimmung ist aufgeheizt. »Ich brauche erstmal einen Kaffee.« »Schöne Scheiße.« So einen Aufruhr hat sie hier noch nicht erlebt. Sonst sitzen sie alle friedlich und stumm vor ihren Bildschirmen. Theresa muss unwillkürlich an einen riesengroßen Ameisenhügel im Wald denken, auf den jemand mit einem Spaten draufgehauen hat. Es wimmelt und wuselt überall.

Sie steht von ihrem Platz auf und geht neugierig zu dem Grüppchen, das am lautstärksten über die Mail wettert. »Was regt ihr euch denn so auf? Was ist so schlimm daran?« Vielleicht hätte sie das doch nicht fragen sollen, denkt sie, als messerscharfe Blicke sie treffen. Blicke, die töten könnten.

»Verstehst du denn nicht? Das bringt das ganze Projekt in Gefahr«, fährt Jenny sie an. »Ich will auch gar nicht in ein anderes Team«, jammert sie. »Ich will hierbleiben.« Und sie wischt sich mit der Hand über das eine Auge. Die Gefühle übermannen sie.

»Was ist überhaupt dieses agile Arbeiten?«, fragt Klaus in die Runde. »Nie gehört. Bestimmt irgend so ein neumodischer Managementquatsch?«

Theresa versucht ihr Wissen einzubringen. So schlimm ist es doch gar nicht, argumentiert sie: »Agiles Arbeiten ist eine gute Sache. Das ist eine Projektmanagement-Methode. Da bist du in einem Entwicklungsprozess viel flexibler und kannst jederzeit Änderungen machen. Du sprichst auch immer wieder darüber, wo du mit deinem Arbeitspaket stehst. Du arbeitest in Sprints …«

»Als wenn es hier nicht schon hektisch genug zugeht«, unterbricht Arndt sie ärgerlich. »Wir arbeiten hier permanent unter Hochdruck. Was für Sprints? Bin ich hier beim Sport? Wir haben hier ganz andere Sorgen, als noch neue Methoden einzuführen.«

»Das ist doch ganz klar«, meint Markus über seinen Bildschirm hinweg. Sein Gesicht verdunkelt sich dabei derart, dass Theresa fast Angst kriegt. »Ich hab's ja gleich gewusst. Das ist erst der Anfang. Die streichen hier bald auch Stellen im Projekt. Ich habe da schon sowas gehört. Dann sind wir alle weg.«

Theresa merkt, dass hier gerade absolut keiner Lust hat, etwas über die Vorteile des agilen Arbeitens zu hören. Was für eine komische Panikmache. Sie schüttelt den Kopf. Die meisten kennen hier offenbar nur das Wasserfallmodell des Projektmanagements, wo alles fest geplant ist. Agiles Arbeiten ist doch viel besser.

Doch sie hatte sich geirrt. Rückblickend erzählt mir Theresa: »In kürzester Zeit hat es mich sowas von durchgerüttelt.« Wenn sie gewusst hätte, welchen Change-Horror sie in der neuen Firma erleben würde, hätte sie die Stelle in dem Versicherungsunternehmen nie angenommen, berichtet sie. »Ich bin ein offener, dynamischer Typ«, beschreibt sie sich selbst. Sie ist heute Anfang 30. Als sie die Zusage der Firma damals bekam, schwebte sie noch auf Wolke sieben. »Mein absoluter Traumberuf. Und dazu noch ein unbefristeter Arbeitsvertrag.«

Theresa ist jemand, der nicht so schnell aufgibt und immer versucht, an sich selbst zu arbeiten. Sich selbst zu verändern, wenn die Dinge im Beruf nicht so klappen, wie sie sollen. Doch nach nur sechs Monaten in dem neuen Job war nichts mehr so wie vorher.

Alles begann ganz konventionell. Zum Einstieg bekam sie ein paar Trainings. und dann ging es richtig los mit der Projektarbeit. Sie war Teil eines IT-Projekts, bei dem es um die Umstellung eines »firmeneigenen, völlig veralteten und fehleranfälligen

Software-Systems« ging. »Es waren super, super viele Leute, die an dieser Software gebastelt haben«, sagt sie über das Mammutprojekt.

Beteiligt waren sowohl eine sehr große Zahl von Mitarbeitern aus dem eigenen Haus als auch sehr viele Berater aus ganz verschiedenen namhaften Beratungsfirmen. Sie alle einte das Ziel, das Unternehmen für die Anforderungen der Digitalisierung fit zu machen. Das Projekt war eine echte Herausforderung. »Die Software war so alt – die lief noch auf einer Programmiersprache, die man heute gar nicht mehr lernt. Wir mussten sogar Entwickler zurückholen, die schon im Ruhestand waren, damit die uns zeigen, wie man die programmiert«, erinnert sich Theresa im Gespräch.

Wie ging es nach der schicksalhaften Mail weiter?

Tags darauf waren alle »super zeitig da«, weil sie wissen wollten, was ihnen nun bevorstand. Theresa ging an dem Morgen zu ihrem neuen Team, in dem sie erfreulicherweise zumindest einen Kollegen kannte. Die anderen acht waren ihr fremd. Nach der Vorstellungsrunde kam die Frage auf, wo nun jeder in dem Großraumbüro sitzen sollte. Das war ein Bereich, der sich über drei Etagen erstreckte und pro Stockwerk eine große Zahl an Mitarbeitern beherbergte.

Die Szenen, die sich dann abspielten, sind Theresa bis heute im Gedächtnis geblieben. »Sowas habe ich noch nicht gesehen. Wie sich erwachsene Menschen wie Kleinkinder im Sandkasten verhalten können.« Sie hat noch lebendig vor Augen, wie der Kampf um die Plätze begann.

Klaus schießt los, als hätte jemand die Pistole zum Start eines 100-Meter-Laufs abgefeuert. Ihm dicht auf den Fersen ist Magdalena.

»Du nimmst nicht den Fensterplatz hinten links«, schreit sie. »Das ist meiner. Wenn du den nimmst, dann bist du bei mir untendurch.« Doch Klaus richtet mitten im Laufen seinen Arm zur Decke und zeigt ihr einen Stinkefinger. »Geschafft«, triumphiert er. Mit fettem Grinsen sitzt er breitbeinig am Fenster mit dem tollen Ausblick auf die Stadt. Ein Traum.

Magdalena ist nun auch angekommen und bäumt sich vor ihm auf. Ihr Gesicht gleicht einer Totem-Maske. »Los, steh auf. Das ist meiner.« Klaus schaut gelangweilt aus dem Fenster und würdigt sie keines Blickes. »Nun geh schon.« Keine Reaktion. »Kollegenschwein«, ärgert sie sich und wendet sich hilflos ab.

Währenddessen hetzt Holger mit wehender Laptoptasche an den beiden vorbei. Der Energydrink, der vorhin noch auf seinem Tisch stand, tut offenbar seine Wirkung: »Platz da, Leute, der Letzte kriegt den Platz neben dem Klo. Wiedersehen.«

»Yes«, triumphiert Brigitte und landet mit einem satten Plumps auf einem schwarzen Drehstuhl, der ächzend eine Stufe tiefer sackt. »Alles nice. Keine Kantinengerüche. Licht passt.« Doch sie hat nicht mit Holger gerechnet. »Das ist meiner. Du hast mir den Weg abgeschnitten. Ich bin schon viel länger hier in der Firma. Mach mal Platz, Blondi.«

»Ich bin zwar blond, aber nicht blöd. Das ist meiner. Kannst ja da hinten am Gang parken. Da hast du auch immer frische Luft. Vom Durchzug.«

Theresa beobachtete das seltsame Treiben fassungslos. Da wurden Kollegen zu Hyänen. Sie verstand das alles nicht. Sie machte bei all dem auch nicht mit. Vielmehr dachte sie: Warum streiten sich die Leute jetzt um einen Sitzplatz? Es weiß doch noch gar keiner genau, wie wir in Zukunft miteinander arbeiten sollen. Ihr war es egal, wo sie saß. Sie hasste die Enge und die Lautstärke im Großraumbüro und freute sich in der darauffolgenden Zeit über jeden der wenigen Tage im Home-Office.

Die Lage veränderte sich zusehends. »Es hat schon geächzt und gekracht im Mauerwerk. Es gab sehr viel Streit, Unmut und sehr viel Politik. Ein Haifischbecken«, sagt sie. Und das passierte, weil keiner so genau wusste, wo es langgehen würde, aber trotzdem jeder seinen Kopf retten wollte. Jeder wollte zeigen, dass er zu Recht in dem Projekt eingesetzt und ein wichtiger Leistungsträger war. Einige Profilierungssüchtige ließen ihre Kompetenz raushängen und gerieten aneinander wie Steinböcke auf der Klippe. Andere blockten einfach nur ab.

Besonders befremdlich fand Theresa das Verhalten der Berater aus den verschiedenen Beratungsfirmen. Die waren seit Beginn des Projektes im Unternehmen, da die internen Kapazitäten und die eigene Expertise für das große IT-Projekt nicht ausreichten. Mehrere bekannte und renommierte Beratungsfirmen waren dabei. Früher hatte sie immer eine Riesenehrfurcht vor diesen schlauen Leuten mit ihren hohen Tagessätzen gehabt. Doch mit Fortschreiten des Change-Prozesses ging dieser Respekt bei ihr in den Keller wie ein Barometer bei einem aufkommenden Orkantief.

Die Berater mutierten zu Arschlöchern. Sie bekriegten sich untereinander. Einmal hat sie beobachtet, wie ein Beraterkollege zum anderen sagte: »Sorry, Thomas, du gehörst nicht zu uns. Falsches Beratungshaus.« Und dann drehte er sich um und ging einfach weg. Die Details hat sie nicht mitbekommen. Doch eines war sofort klar: Hilfe und Unterstützung waren im Umgang der Berater miteinander Fremdworte. Ihnen ging es nicht um die Sache, sondern nur um ihren Anteil daran. Knallhart grenzten sie sich voneinander ab und spielten sich auf wie radschlagende

Pfauen. Vielleicht aus Angst, dass die andere Beratungsfirma einen besseren Job machte und sie selbst ihren Beratungsauftrag verlieren könnten. Im Interesse des Unternehmens konnte das alles nicht sein …

»Es waren Revierkämpfe, wie bei Raubtieren. Die Leute haben sich gegenseitig gebissen und geneidet«, erzählt Theresa schockiert. Dieses ganze Gehabe empfand sie als ein Unding, weil sie niemals Kollegen derart abblocken würde. »Mir käme nie in den Sinn, mein Wissen nicht zu teilen oder nicht zu helfen, wenn ich gefragt werde.« Ihr Wertegerüst wurde in dieser Zeit auf eine harte Probe gestellt.

Und dann kam ein Tag, den sie nie mehr vergisst. Es begann mit einem Satz, den ihr Jonah entgegenschleuderte. Er war der Projektverantwortliche in ihrem Team, der in der neuen Welt des agilen Arbeitens »Product Owner« hieß. Ein Satz, der sie traf wie eine Machete. Bis heute fühlt sie die klaffende Wunde, die seine Worte hinterlassen haben.

»Du bist eine richtige Zicke, Theresa.«

»Bin ich nicht. Ich kann es einfach nur nicht ab, wenn über meinen Kopf etwas bestimmt wird oder ich ungerecht behandelt werde. Und es gibt überhaupt kein Grund, mich so heftig anzugehen. Nur weil ich pünktlich nach Hause gehe.«

»Als ich in deinem Alter war, habe ich auch zwölf Stunden durchgearbeitet. Das ist ja wohl ganz normal in solchen Projekten. Da schaut man nicht auf die Uhr.«

»Aber die anderen halten sich ja auch an ihre Arbeitszeit und gehen pünktlich heim. Es muss ja auch mal gut sein.«

»Alles klar! Früh abhauen wollen, aber keine blasse Ahnung haben. So jemanden brauche ich in meinem Team ganz besonders. Mach du hier erstmal einen Top-Job, bevor du dich verpisst.«

Theresa fühlt das Blut in ihrer Halsgegend pulsieren. Ein unangenehmes Gefühl. Sie beißt die Zähne zusammen, dass der Druck bis in die Wangenknochen spürbar ist. Bloß jetzt nicht noch mehr sagen. Sonst würde die Situation eskalieren. Als wenn der Change nicht schon anspruchsvoll genug wäre, muss sie sich auch noch mit so einem Blödmann rumschlagen. In diesem Moment wünscht sie ihn zur Hölle.

Dass sie mit ihrem Product Owner nicht gut zurechtkommen würde, hatte sich recht schnell abgezeichnet. Jonah war etwa zehn Jahre älter als sie und gelernter Versicherungskaufmann. Vor allem war er ein Sprücheklopfer. Bei jeder sich bietenden Gelegenheit vermittelte er ihr, dass er sie für doof und inkompetent hielt.

Sie fand keinen Zugang zu ihm, obwohl sie schon versucht hatte, mit ihm ins Gespräch zu kommen. Sie hatte herausfinden wollen, warum er so ablehnend und auch nicht bereit war, sie einzuarbeiten oder konstruktives Feedback zu geben. Er hatte sie stets weggewedelt wie ein lästiges Insekt. Und wahrscheinlich hätte er sie auch liebend gern genauso zertreten. Zwischen den Zeilen hörte sie heraus, dass ihn offenbar störte, dass er sie, die Berufsanfängerin, zugeteilt bekommen hatte anstatt eines erfahrenen Kollegen.

Bei ihrer direkten Vorgesetzten kam sie auch nicht weiter. Sie hatte ihr einige Male von ihren Schwierigkeiten erzählt, doch sie blieb untätig. Wohl nicht zuletzt auch deshalb, weil sie mit Jonah in einer guten Beziehung stand, die sie nicht gefährden wollte.

»Ich muss mir selbst aus dem Loch helfen.«

»Vielleicht bin ich wirklich zu doof, um das alles zu lernen und zu verstehen. Vielleicht hat Jonah auch recht.« Diese Gedanken ließen Theresa nicht mehr los. Die Auseinandersetzungen mit ihrem Kollegen erschütterten sie in ihren Grundfesten. Sie zweifelte an ihrer fachlichen und persönlichen Kompetenz. Sie wollte einen guten Job machen, doch dauernd stieß sie an Grenzen. Es fühlte sich an wie ein Spagat zwischen zwei Stühlen.

Theresa versuchte, sich selbst schlauzumachen, wie sie mir erzählte: »Für mich ist typisch, dass ich mir Lernvideos anschaue oder Bücher kaufe und irgendwie versuche, mir die Dinge selbst beizubringen, wenn ich das Gefühl habe, ich komme nicht weiter. Ich habe die meiste Zeit den Fehler bei mir gesucht.« Sie habe sogar daran gedacht, auf eigene Faust fachliche Weiterbildungen zu besuchen – in der Hoffnung, der Product Owner könne ihr dann nichts mehr anhaben.

Doch ihr Selbstwertgefühl rutschte immer tiefer in den Keller. Sie kämpfte, doch sie hatte nicht den Eindruck, an Boden zu gewinnen. Und so fühlte sie sich die meiste Zeit über bei der Arbeit hilflos. Ein schreckliches Gefühl. Es sitzt ihr noch heute in den Knochen, wenn sie darüber spricht. »Ich wusste nicht, wie ich meine Fähigkeiten einsetzen kann, um meine Aufgaben zu erledigen. Es bot ja auch keiner Unterstützung an nach dem Motto: Ich habe mir das und das überlegt, das könntest du machen, denk mal drüber nach, und übermorgen sprechen wir darüber. So ist das nicht abgelaufen. Man hat Aufgaben zugeschoben bekommen, die man in einer festgelegten Zeit abarbeiten sollte. Wenn man das nicht geschafft hat, musste man sich dafür rechtfertigen.«

Doch aufgeben? Das kam nicht in Frage. Sie wollte sich selbst und Jonah beweisen, dass sie doch nicht so doof ist. Heute schüttelt sie darüber den Kopf. »Wenn ich das laut ausspreche, denke ich mir: Oh mein Gott. So ein Quatsch.« Denn rational betrachtet konnte sie in dem Spiel gar nicht gewinnen. Aber emotional sei das bei ihr nie angekommen. Sie fühlte einfach diesen Stachel der Unfähigkeit in ihrem Fleisch stecken. Und den wollte sie ziehen.

Der innere Kampf hinterließ seine Spuren. »Ich bin morgens zeitweilig nicht aus dem Bett gekommen, obwohl ich immer so motiviert bin. Da habe ich mich selbst nicht mehr gekannt.« In ihrer Not ging sie einmal zu der Ärztin, die ein Stockwerk unter ihrer Wohnung ihre Praxis hatte, und klagte ihr Leid.

»Können Sie mich bitte krankschreiben? Ich habe zwar nur einen Schnupfen, aber mir geht es beruflich nicht besonders gut.«

»Das sieht man Ihnen an. Sie sehen auch so aus, als wenn Sie schlecht schlafen.«

»Ja, das stimmt. Ich kann überhaupt nicht mehr abschalten. Meine Gedanken drehen sich nur noch im Kreis. Ich spreche zwar mit ganz vielen Leuten. Mit meinen Eltern, mit den Eltern von meinem Freund, mit meinem Freund, mit all meinen Freunden. Jeder muss herhalten, damit ich vielleicht eine andere Perspektive für die Probleme in meiner Arbeit bekomme oder mir jemand einen Lösungsweg aufzeigt, weil ich selbst nicht aus der Situation komme. Ich habe trotzdem das Gefühl, ich komme nicht richtig weiter. Ich kann es auch nicht in der Arbeit lassen. Ich nehme das alles mit nach Hause.«

»Dann kommen Sie erstmal zur Ruhe. Ich schreibe Sie eine Woche krank, damit Sie Abstand bekommen.«

Doch das war leichter gesagt als getan. Denn Jonah, der Product Owner, rief noch am selben Tag an.

»Was hast du denn?«

»Ich bin sehr erkältet und schlapp. Mir geht es nicht gut.«

»Kannst du nicht schneller wieder in die Firma kommen? Deine ganzen Aufgaben bleiben hier liegen. Das wirft uns voll zurück.«

»Nein, leider nicht. Ich brauche noch die Zeit.«

»Das ist ja typisch. Nicht mal beim Gesundwerden kannst du schnell sein. Na, was soll's. Ob du nun krank bist und nichts schaffst oder hier im Büro nichts schaffst, kommt aufs Gleiche raus.«

Aber damit nicht genug. Er ruft in den Folgetagen noch zweimal an und schießt wieder unter die Gürtellinie, damit sie in die Firma kommt.

Theresa bleibt standhaft.

Ihr Freund musste in dieser Zeit viel aushalten, gesteht sie mir. »Ich kam ständig sehr schlecht gelaunt nach Hause und habe viel mit ihm gestritten.« Doch er steckte das alles weg, gab ihr Beistand, und sie kämpfte weiter. »Ich habe Abende mit meinem Partner zusammengesessen und alles Mögliche durchgekaut. Ich habe letztendlich sogar Bücher über Resilienz gekauft und nach Seminaren dazu Ausschau gehalten.«

Theresa wurde nur von diesem einen Gedanken beherrscht: Ich muss mir jetzt selbst wieder aus dem Loch raushelfen.

Neben ihrem Freund gab es einen weiteren kleinen Lichtblick in dem ganzen Chaos. Sie hatte noch guten Kontakt zu ein paar Kollegen aus dem früheren Team: »Das waren alles Leute in meinem Alter, auch alles Berufseinsteiger, denen es genauso ging. Die wurden auch einfach in das Projekt geworfen.« Sie tauschte sich mit ihnen bei einem Morgenkaffee oder einem Mittagessen aus und spürte: Sie war mit ihren Problemen nicht allein. Bei diesen Kollegen konnte sie sich durchfragen, wenn sie Hilfe brauchte.

Sechs Wochen waren seit der schicksalhaften Mail bereits vergangen, die alles durcheinandergebracht hatte. Eines Morgens machte sich Theresa gerade für die Arbeit zurecht, als sie das Summen ihres Smartphones hörte. Es war halb acht. Reflexhaft griff sie nach dem Telefon und dachte gar nicht darüber nach. In dieser Firma war man »always on«.

Nach der Lektüre des Betreffs sog sie die restlichen Zeilen auf dem Display hastig in sich auf. Morgenstund hat Gold im Mund? Von wegen. Es fühlte sich an wie ein Déjà-vu zur Mail vor sechs Wochen. Gemeinsam mit allen Kollegen wurde sie aufgefordert, sich um neun Uhr in der Kantine einzufinden. Dort sollte ein Kick-off-Meeting »Agiles Arbeiten« stattfinden.

Das fiel denen ja früh ein, so nach sechs Wochen agilem Arbeiten. Doch für verärgerte Gedanken blieb nicht viel Zeit. Schnell machte Theresa sich auf den Weg und fand sich in der Kantine ein. In einer Stuhlreihe nahm sie Platz. Etwas weiter hinten. Vorbei die Zeiten, wo sie vorn dabei sein wollte, wenn von mehr Veränderung die Rede war. Gleich war es neun. Vorne machte sich ihr oberster Chef bereit für eine Ansprache. Seine Miene war ernst und ließ nichts Gutes ahnen. Was hatte das nun wieder zu bedeuten?

»Guten Morgen zusammen. Ich komme gleich zum Punkt. Was in den letzten Wochen hier im Projekt gelaufen ist, war für die Katz. Ich bin damit sehr unzufrieden. Ich hatte nicht erwartet, dass Sie sich so schwertun, die agile Arbeitsweise umzusetzen. Zumal Sie alle ja auch eine Schulung bekommen haben.«

Klar doch. Jetzt sind wir wieder die Deppen, denkt Theresa angesäuert. Ein Tag Schulung ist einfach viel zu wenig. Vor allem, wenn die ganzen Leute hier nicht mitspielen.

»Wir haben jetzt viel Zeit verloren, die wir rasch wieder aufholen müssen. Damit es jetzt klappt, habe ich Ihnen jemanden mitgebracht.«

Theresa richtet den Blick auf den bulligen Typen mit Brille und Seitenscheitel, der sich gerade aus der ersten Sitzreihe erhoben hat und sich nun neben den Geschäftsführer begibt. Seine rotgelb gestreifte Krawatte signalisiert Dynamik und steht in starkem Kontrast zu seinem dunklen Anzug und dem hellblauen Hemd. Er schaut mit scharfem Blick in die Runde und vermittelt mit seiner aufrechten Pose Selbstbewusstsein, während der Chef fortfährt.

»Ich möchte Ihnen Herrn Dr. Sven Hollinger vorstellen. Er ist Berater für Veränderungsmanagement. Sein Spezialgebiet ist die Implementierung von agilen Methoden. Herr Dr. Hollinger wird sich ab sofort darum kümmern, dass wir jetzt endlich Fahrt aufnehmen und vorwärtskommen.«

»Na prima. Zumindest haben die gemerkt, dass wir es allein nicht schaffen. Aber was will ein einziger Mann bei hunderten von Leuten ausrichten?«, flüstert Theresas Sitznachbarin. Theresa selbst wundert in dieser Firma allerdings gar nichts mehr. Ein Anflug von Hoffnung ist ihr dennoch geblieben: Vielleicht hat er ja tatsächlich einen Plan, der Herr Dr. Hollinger. Wer weiß. Der nächste Satz des obersten Chefs reißt sie aus den Gedanken:

»Vergessen Sie, was bisher war, und sehen Sie den heutigen Tag als kompletten Neustart. Krempeln Sie die Ärmel hoch. Ich zähle auf Sie alle. Ich wünsche Ihnen und uns eine gute Zusammenarbeit mit Herrn Dr. Hollinger.«

Neustart traf die Sachlage sehr gut – so viel war schnell klar. Für Theresa bedeutete der neue Ansatz einen weiteren Teamwechsel. Nunmehr war sie seit ihrem Einstieg in der Firma bereits im dritten Team. Den Grund für die neue Teamzusammensetzung hatte der externe Berater ihnen allen mit schlauen Worten erklärt: Agiles Arbeiten gehe nur dann richtig gut, wenn sich die Teams selbst finden.

Damit sie sich finden konnten, war die Kantine extra präpariert worden. Es gab mehrere Ecken, in denen sich Teams zu bestimmten Arbeitsbereichen bilden sollten, wie zum Beispiel zu Kfz-Schäden oder Verträgen. Denen sollten die Mitarbeiter sich selbst zuteilen. Theresa erinnert sich noch: »Ich stand sehr lange in der Mitte herum und wusste nicht, wohin. Bis eine Kollegin aus meinem vorherigen Team vorschlug: ›Komm, wir gehen zum Neuvertrag.‹«

Im Nachhinein bereute Theresa, dass sie der Kollegin gefolgt war: »Ich wäre besser zu Leuten gegangen, die ich mag. Das Thema wäre egal gewesen, weil ich so erschüttert war in meinem Glauben an die Berufswelt. Wie die Leute bis dahin miteinander umgegangen waren und wie unprofessionell das alles abgelaufen war.«

Bei Theresa war an diesem Punkt bereits die Luft raus. Im neuen Team funktionierte sie nur noch irgendwie. Sie harrte aus. Nicht nur, dass sie mit vielen Leuten nicht auf einer Wellenlänge war. So richtig besser lief es in der Projektarbeit immer noch nicht. Ein schier unüberwindbares Problem für agiles Arbeiten lag auch darin, dass einige Entwickler aus ihrem neuen Team im Ausland saßen. Da war zum einen die Zeitverschiebung, zum anderen aber auch, dass bestimmte agile Projektmanagement-Methoden nicht gut in einer virtuellen Zusammenarbeit klappten. Wenigstens hatte sie mit Jonah nicht mehr viele Berührungspunkte. Der war jetzt in einem anderen Team.

Zwischendurch erwischte sie sich bereits selbst dabei, wie sie in ein paar sozialen Berufs-Netzwerken ihr Profil aktualisierte und Stellenausschreibungen sichtete, ohne bewusst einen Wechsel beschlossen zu haben. Doch sie verwarf den Gedanken schnell wieder. »So schnell kann ich die Firma doch nicht verlassen«, dachte sie bei sich. Wie sieht das im Lebenslauf aus? Das muss ich jetzt ein Jahr aussitzen. Vielleicht kann ich hier auch noch etwas lernen. Vielleicht wird mit der zweiten Umstellung alles besser. Vielleicht war der erste Change-Versuch einfach nur ein großer Unfall. Wer weiß, möglicherweise muss ich ja nur noch etwas Geduld haben.

Etwa noch einmal sechs Wochen später kam der nächste Wandel. Dieses Mal jedoch sollte es ein positiver Wendepunkt werden. Theresa erinnert sich mit Freude an den Moment zurück. Sie blühte danach regelrecht auf. Denn dieses Mal war es Theresa, die die Veränderung ins Rollen brachte. Pünktlich zum Ende der Probezeit überreichte sie ihre Kündigung.

Dieses Geheimnis hatte sie still gehütet. Und das war gar nicht so einfach gewesen. Denn die Würfel waren bei ihr schon Wochen zuvor gefallen – ganz überraschend. Kurz nach der Versammlung in der Kantine hatte ein Freund sie angerufen, dessen Firma gerade jemanden mit genau ihrer Qualifikation suchte. Und der Job klang spannend.

Das ist ein Zeichen, hatte Theresa gedacht. Die Schockstarre war plötzlich von ihr gewichen. Die Entscheidung, nach diesem Strohhalm zu greifen, war sehr schnell gefallen – trotz aller Scheu, die Firma so schnell wieder zu verlassen. Angesichts der Alternative gab es kein Halten mehr: »Ich wollte nur noch mit Leuten zusammenarbeiten, vor denen ich keine Angst haben muss.«

Nachdem ihre Kündigung bekannt geworden war, lud einer ihrer obersten Chefs sie überraschend ein, noch einen Kaffee mit ihm zu trinken. Und was er sagte, gab dem Ansehen der Firma in Theresas Augen den Rest: »Das ist sehr schade, dass du gehst. Tut mir leid, Theresa, nimm das bitte nicht persönlich, aber jetzt kann ich es dir ja sagen: Du warst der Sündenbock.«

Theresa traute ihren Ohren nicht. Zunächst verstand sie gar nicht, worauf der Manager hinauswollte, doch dann dämmerte es ihr. Irgendwer musste anscheinend schuld an den ganzen Problemen sein, die bei der Umstellung auf agiles Arbeiten aufgetreten waren. Sie habe ideal auf diese Rolle gepasst, berichtete der Vorgesetzte ihr nun. Jüngstes Mitglied im Team. Geringe Berufserfahrung. Weiblich. Nur ihre Haarfarbe brachte er nicht ins Spiel. Sie sei als Sündenbock prädestiniert gewesen. Und deshalb hatte sie alles abgekriegt, besonders von Jonah.

Ging es ihr besser nach dieser Einschätzung von oben? Kein Stück. Die ganze Geschichte hat bei Theresa ein Trauma hinterlassen, das sie nie vergessen wird: »Ich bin auf jeden Fall für immer verbrannt für den Versicherungsbereich.«

Wer sich nicht verändert, stirbt aus

Eine bedrückende Geschichte, finden Sie nicht auch? Theresa hat eigentlich alle Eigenschaften mitgebracht, die sich Unternehmen wünschen: Offenheit, Veränderungsbereitschaft, Flexibilität. Diese Werte sind überall präsent – und damit verbunden auch die Forderung, dass Sie als Mitarbeiter allzeit bereit sein müssen, lebenslang zu lernen. Sie sollen sich weiterentwickeln, weiterbilden, dazulernen. Niemals lockerlassen. Und zudem sollen Sie sich aktiv darum bemühen, ihre »Beschäftigungsfähigkeit« – auch »Employability« genannt – zu sichern.

All das hat Theresa getan. Sie war dem Wandel gegenüber aufgeschlossen. Sie hat bei hilfsbereiten Kollegen nachgefragt, um sich schlauzumachen. Sie hat versucht, sich aus Büchern und Lernvideos Wissen zu beschaffen. Sie hat sich genauso verhalten, wie es agile Vorreiter für ihre Beschäftigten unter dem Schlagwort New Way of Learning[55] als Leitkultur ausrufen. Damit ist gemeint, dass Sie als Mitarbeiter die Selbstverantwortung für Ihr Lernen im Unternehmen übernehmen. Sie erkennen, was Ihnen an Wissen und Fertigkeiten für ihre Arbeit fehlt, und kümmern sich eigeninitiativ darum, diese Lücken zu schließen.

Theresa hat also nicht nur die Werte gelebt, die seit ewigen Zeiten so bezeichnend für unsere Wirtschaft und Gesellschaft sind.

Nein, sie hat sich auch noch nach den neuen Wertvorstellungen einer »Digitalen Lernkultur«[56] verhalten. Geradezu vorbildlich.

Offenheit, Veränderungsbereitschaft, Flexibilität – vielleicht hängt Ihnen dieses Dauer-Mantra auch schon zu den Ohren heraus. Zu oft ist es zu hören. Immer geht es um Ihre Bereitschaft, sich veränderten Bedingungen in allen Lebensbereichen zu stellen, neugierig zu bleiben, sich nicht mit dem Erreichten zufriedenzugeben, permanent dazuzulernen und sich zu verändern, wenn es die Umstände in einem Unternehmen oder am Arbeitsmarkt erfordern.[57,58]

Veränderungsbereitschaft ist Trumpf in der VUCA-Welt des digitalen Wandels. Das unterstreicht auch die Studie HR Future Trends 2016. Danach sehen die befragten Firmen zu 86 Prozent eine hohe Veränderungsbereitschaft als wichtigste Kompetenz ihrer Mitarbeiter.[59]

Doch warum ist das so?

Im Grunde steckt nackte Angst dahinter – und eine Erkenntnis aus der Evolutionsbiologie, die auf Charles Darwin zurückgeht. In seinem im Jahr 1859 veröffentlichten Buch *The Origin of Species (Über die Entstehung der Arten)* brach der Naturforscher mit der Vorstellung, dass Gott den Menschen in seiner heutigen Form geschaffen habe. Er bewies durch seine Daten, die er etwa 20 Jahre lang akribisch gesammelt hatte, dass sich die Arten entwickeln – und zwar, indem nur diejenigen überleben, die sich am besten an ihre Umgebung anpassen. Die anderen sterben aus. Und so entstand das Prinzip des »Survival of the fittest« (»derjenige, der sich am besten anpasst, überlebt«).[60,61]

Wie viel Wahrheit in diesem Gesetz der Evolution steckt, können Sie jeden Tag mit einem Blick in den Spiegel überprüfen. Denn wenn es nicht zuträfe, würden wir alle noch so aussehen wie der Homo Erectus, der als erster »echter Mensch« mit aufrechter Körperhaltung 1,8 bis 1,3 Millionen Jahre vor unserer Zeit lebte.[62]

Legendär ist Darwins Beobachtung der Finken auf den Galapagosinseln. Ursprünglich gab es eine Schar Finken, die alle gleich aussahen. Diese verstreuten sich über die verschiedenen Inseln, wo die Lebensbedingungen unterschiedlich waren. Da das Futter jedoch begrenzt war, hatten nur die Vögel die besten Überlebens- und Fortpflanzungsbedingungen, deren Schnabelform gut zu den Futterquellen passte. Und so gab es bald auf einer Insel Vögel mit dicken Schnäbeln und auf einer anderen Insel Vögel mit dünnerem, spitzerem Schnabel. Die Umwelt bestimmte also, welche Vögel überlebten.[63]

Nun möchte keine Firma aussterben wie ein Fink, nur weil ihr die richtige Schnabelform fehlt. Doch was in der Tierwelt gilt, gilt auch für die Wirtschaft. Firmen, die sich nicht an veränderte Marktbedingungen anpassen, verschwinden früher oder später von der Bildfläche. Daher ist ständig die Rede von der notwendigen Veränderungs- und Anpassungsbereitschaft und vom permanenten Wandel. Denn die Märkte, wie die Evolution, stehen nie still.

Viele Menschen nehmen die Anforderungen, die sich daraus ableiten, auch ernst. Sehr ernst. Denn wir wollen ja auch nicht wie ein Fink enden, den die Natur aussortiert, zumal wir von der Evolution reich gesegnet sind. Denn im Gegensatz zu diesem kleinen gefiederten Freund haben wir über Jahrmillionen ein sehr leistungsfähiges Gehirn entwickelt. Wir können unser Umfeld bewusst analysieren. Wir können erkennen, in welcher Hinsicht wir uns anpassen müssen. Wir können dazulernen, weil wir uns dazu entscheiden.

Kurzum: Wir haben von der Natur eine Grundausstattung mit auf den Weg bekommen, die uns erlaubt, uns immer wieder selbst zu optimieren, damit wir nicht auf der Strecke bleiben.

Das schicke Ausstattungspaket hat nur leider einen kleinen Schönheitsfehler.

Hirn-Tuning für Zerräderte

Wie das Beispiel von Theresa zeigt, können Change-Prozesse ganz schön belastend sein. Sie kosten Kraft. Deshalb hielt Theresa Ausschau nach Resilienz-Seminaren, um besser mit dem Stress umgehen zu können. Resilienz ist eine besondere psychische Widerstandskraft, die es Menschen erlaubt, schwierige Situationen erfolgreich zu bewältigen.

Vielen Menschen sind auf der Suche nach Methoden, die ihnen helfen, mit Stress besser zurechtzukommen. Viele probieren dabei sogar recht ungewöhnliche Wege aus, wie ich im Gespräch mit Nicole Arzt, Wirtschaftspsychologin und Coach aus Berlin, feststellen konnte. Sie bietet Hypnose als Lösungsansatz für Stress-Geplagte an. Bei ihr melden sich oft Menschen, denen das Selbstbewusstsein abhandengekommen ist, die gelassener mit Negativerfahrungen umgehen wollen, und auch solche, die mit Schlafstörungen zu kämpfen haben.

Stress entsteht beim Change nicht nur, weil der Umbruch zu Konflikten führt – wie zwischen Theresa und Jonah –, sondern auch, weil Veränderungsprozesse typischerweise einen Mehraufwand an Arbeit bedeuten. Zusätzlich zum normalen Tagesgeschäft müssen Sie als Mitarbeiter auch noch den Veränderungsprozess stemmen. Das unterstreicht auch eine Studie, der zufolge 80 Prozent der 271 befragten Führungskräfte und Mitarbeiter in Veränderungsprozessen keinerlei Entlastungen von ihrer üblichen Arbeit erhalten, obwohl sie einen Großteil ihrer Zeit für die Change-Projekte aufbringen müssen.[64]

Arbeitsverdichtung, Zeitdruck, belastende Überstunden – all das sehen Chefs als ganz normal an. Sie als Mitarbeiter sollen zeitweilig eben mal die Arschbacken zusammenkneifen. Das Wort »zeitweilig« ist nur leider sehr dehnbar. Die meisten Change-Prozesse dauern mehrere Monate bis Jahre. Hinzu kommt, dass Sie die Anpassung an neue Aufgaben und Prozesse noch einmal zusätzliche Energie kostet. Denn Umlernen und Umdenken ist anstrengend; wir Menschen sind nun mal Gewohnheitstiere. Bei so einem Marathon kann einem unterwegs schon mal die Puste ausgehen. Nicht einigen, sondern den meisten, wie ich in meinen vielen Gesprächen mit Change- Betroffenen immer wieder gehört habe.

Doch einknicken ist für die meisten dennoch keine Option. Viele Beschäftigte versuchen deshalb gleich zwei Dinge gleichzeitig an sich zu optimieren: einerseits die Fähigkeiten zu lernen, die die neuen Aufgaben erfordern; und andererseits den ganzen Change-Stress besser zu meistern – zum Beispiel, indem sie plötzlich anfangen, Bücher über Resilienz zu lesen (oder wenigstens zu kaufen). Eine Doppeloptimierung sozusagen. Jeden Change-Betroffenen interessiert diese Frage früher oder später brennend: Wie bleibe ich gesund und leistungsfähig und baue Stress ab?

Bücher und Seminare sind ein Weg, um Antworten auf diese Frage zu finden. Doch der Trend geht aktuell viel mehr zu den kleinen digitalen Helfern – Apps für Ihr Smartphone. Zwischen 100 000 und 200 000 solcher Anwendungen mit Gesundheitsbezug soll es schätzungsweise geben, die Sie auf mobile Geräte herunterladen können.[65,66]

Es ist schon eine tolle Sache, was es da alles gibt. Besonderer Beliebtheit erfreuen sich Smartwatches mit Pulsmesser und Schrittzähler oder Apps wie Runtastic, die alle Fitnessaktivitäten festhalten und eigene Vorsätze nachverfolgen. Nicht zu vergessen Apps, die Sie beim Abnehmen oder bei gesunder Ernährung unterstützen, wie die von Weight Watchers. Ständig kommt etwas Neues auf den Markt.[67] Für die App-Programmierer lohnt sich der Change-Wahn allemal.

Nutzen Sie auch schon eine oder mehrere Gesundheits-Apps?

Wenn ich der Statistik Glauben schenken darf, sind Sie mit hoher Wahrscheinlichkeit mit von der Partie. Denn wir Deutschen sind heiß auf die digitalen Helfer in der Hosentasche. Fast jeder zweite Smartphone-Nutzer (45 Prozent) verwendet bereits Gesundheits-Apps. Ebenso viele können sich immerhin vorstellen, dies künftig zu tun. Lediglich jeder Zehnte ist der Meinung, solche Apps künftig eher nicht oder auf gar keinen Fall nutzen zu wollen, besagt eine Studie des Branchenverbands Bitkom.[68]

Es gibt allerdings auch Apps, die noch eine Stufe weitergehen. In ihnen steckt künstliche Intelligenz. Das heißt, die Technik ist darauf angelegt, menschliche Wahrnehmung, Denken und Handeln nachzubilden und damit den Nutzwert der App zu vergrößern. Unter diesen Programmen ist mir LEADA ins Auge gefallen, eine App mit dem vielsagenden Beinamen »der digitale Spurhalteassistent«.[69,70,71] Sie richtet sich besonders an Firmen, die ihre Mitarbeiter fit halten und in deren Selbstführung stärken wollen. Klingt doch vielversprechend, oder? Die Entwickler haben dafür sogar einen Innovationspreis gewonnen. Das System kann wie ein Mensch dazulernen. Je mehr Sie die App als Nutzer mit persönlichen Daten füttern, umso besser stellt sie sich mit ihren Handlungsempfehlungen auf Sie ein. Und das geht deutlich weiter als bei den Fitness-Apps. Momentan richtet sich die App zwar noch an Führungskräfte, doch die Entwickler sind gerade dabei zu überlegen, wie sich das Ganze auf Mitarbeiterebene ausbauen lässt.

Wenn ich diese ganzen Möglichkeiten sehe, bin ich sehr beeindruckt, was mittlerweile technisch alles möglich ist. Und auch die Nutzer dieser Apps finden offenbar gut, wie die digitale Technologie sie in ihrem Leben unterstützt. Sonst gäbe es nicht dieses rasante Wachstum an Apps.

Anderseits ist es schon eine seltsame Situation. Die Digitalisierung ist Fluch und Segen zugleich. Sie verändert Ihre Arbeit, stürzt Sie in Change Prozesse, verdichtet Ihren Job und macht Sie fertig – doch gleichzeitig bringt sie Software und Technik mit sich, die Ihnen helfen soll, die Belastungen besser zu ertragen und in diesen Turbulenzen gut zu überleben.

Selbstoptimierung ist ein schmaler Grat. Das zeigt sich bei einem weiteren Trend, der dem zunehmenden Leistungsdruck geschuldet ist. Selbstoptimierung läuft hier auf die bequemste Art und Weise ab, die Sie sich vorstellen können. Deshalb ist dieser wohl auch so im Kommen. Denn wer unter Druck steht, hat nicht viel Zeit. Alles muss schnell gehen. Und genau das ermöglicht der Griff zur Aufputschpille.

Weil das Wort Aufputschpille so hässlich klingt, haben diese Psychopharmaka einen viel schöneren Namen bekommen: »Neuro-Enhancer«. Das hört sich genauso harmlos an wie »Crystal Meth«. Doch ebenso wenig wie Neuro-Enhancer bunte Smarties sind, ist Crystal Meth ein kostbarer Edelstein, sondern vielmehr eine sehr gefährliche Droge.

Egal ob Neuro-Enhancer oder harte Drogen: Beides spricht das Bedürfnis an, leistungsstärker zu sein. Neuro-Enhancer pushen mit ihren Substanzen die geistige Leistungsfähigkeit. Sie ermöglichen es Menschen, länger zu arbeiten und Müdigkeit zu überwinden. Sie sorgen aber auch für gute Stimmung und Motivation. Angst und Unruhe lassen sich damit dimmen wie eine helle Lampe im Wohnzimmer.

Um zu verdeutlichen, dass diese »Happy Pills« ganz und gar nicht harmlos sind, sprechen Experten von »Hirn-Doping«.[72,73] Nach einer Studie der Deutschen Angestellten Krankenkasse (DAK) sollen es inklusive Dunkelziffer bis zu fünf Millionen Berufstätige in Deutschland sein, die das »Hirndoping« im Job bereits ausprobiert haben oder gar regelmäßig betreiben. Besonders anfällig sei, wer seine Emotionen unterdrücken muss, an der Grenze seiner Leistungsfähigkeit arbeitet und wessen Tätigkeit keine Fehler erlaubt.[74]

Das Thema hat mittlerweile eine so hohe Bedeutung erlangt, dass die Europäische Union das Projekt »Neuro-Enhancement: Responsible Research and Innovation« ins Leben gerufen hat, an dem 18 Universitäten und Institutionen aus elf Ländern mitarbeiten.[75] Auch die harte Droge Crystal Meth ist trotz ihrer Gefährlichkeit aus denselben Gründen auf dem Vormarsch, so die Beobachtung der Drogenbeauftragten der Bundesregierung. Ob Schüler, Sportler, Berufstätige oder Mütter – alle Bereiche gesellschaftlichen Lebens sind unter den Nutzern vertreten, und sie alle wollen nichts anderes als ihren Alltag damit besser bewältigen.[76,77]

Spätestens beim Einsatz von Neuro-Enhancern wird deutlich, dass etwas schiefgegangen ist. Selbstoptimierung kann ins Negative umkippen. Doch es muss nicht einmal so weit kommen, damit es bedrohlich wird. Der Sog ins falsche Fahrwasser setzt schon viel früher ein.

Im Würgegriff von hochgelobten Werten

Im Grund beginnt alles mit der eingangs erwähnten Veränderungsbereitschaft. Und das führt mich nochmal zurück zu Theresa. Sie hat viel Veränderung und Anpassungsdruck erlebt. Und stets war sie bemüht, den ganzen Anforderungen gerecht zu werden. So weit, so gut.

Jetzt kommen wir aber zu dem Punkt, wo diese Stärke zu einer Schwäche mutierte. Dieser Prozess begann, als sie unbewusst immer tiefer in einen Teufelskreis rutschte: Theresa zweifelte an sich. Nach und nach machte sich ein Gefühl der Unzulänglichkeit breit; als wäre sie nicht gut genug in ihrem Job. Sie sah den Fehler bei sich und wollte sich optimieren. So versuchte sie alles Mögliche, aber so richtig erfolgreich war das alles nicht. Ihr Selbstwertgefühl bröckelte zunehmend. Seelisch ging es ihr immer schlechter. Trotzdem kämpfte sie weiter und blieb offen für die Kritik, die sie bekam. Theresa zeigte sich stets veränderungsbereit und flexibel. Auf diese Weise führte ihre eigene Optimierungsbereitschaft sie immer tiefer in den Sumpf.

Offenheit, Veränderungsbereitschaft, Flexibilität sind also nicht per se hilfreich im Umgang mit dem Wandel. Sie können es auch übertreiben und zu offen sein, zu veränderungsbereit, zu flexibel. Nur wagt das keiner zu denken, geschweige denn zu sagen. Weil es genau diese Werte sind, die im allgemeinen Change-Wahn und bei der Entwicklung von Mitarbeitern stets in den Himmel gelobt werden.

Eng damit verbunden ist ein weiterer Wert, den Sie schon im vorherigen Kapitel kennengelernt haben: Agilität.

Als Unternehmen agil zu sein, bedeutet, sich schnell anpassen zu können. Agilität bedeutet außerdem, Veränderungen möglichst rechtzeitig zu antizipieren, selbst innovativ und veränderungsbereit zu sein, als Organisation ständig zu lernen und dieses Wissen allen wichtigen Personen zur Verfügung zu stellen. Dabei wird immer das Ziel verfolgt, die Firma zum Wachstum zu bringen.[78] Genau dafür braucht es offene, veränderungsbereite, flexible Mitarbeiter.

Eine Umsetzungsform dieser Agilität ist die Arbeitsweise des agilen Projektmanagements, die mit dem Stichwort »Scrum« verbunden ist.

Auch das Unternehmen, in dem Theresa arbeitete, hat diesem Trend folgend auf agiles Arbeiten umgestellt, sozusagen über Nacht und von null auf hundert. Es war ein Großversuch an hunderten von Beschäftigten, die schnell agil werden sollten. Doch die Geschäftsführung hatte vor lauter Offenheit für die neue Arbeitsweise vergessen, dass es Zeit und Übung braucht, bis Menschen etwas Neues beherrschen.

Genau solche Situationen führen dazu, dass Menschen überfordert sind. Ein derartiges Tempo hält der veränderungsbereiteste Mitarbeiter nicht aus. Agilität – genauso wie andere Fähigkeiten, die damit in Verbindung stehen, wie Selbstorganisation, Selbstverantwortung, Teamfähigkeit – entsteht nicht von heute auf morgen. Die Entwicklung einer agilen Kultur gelingt so erst recht nicht.[79] Unser Gehirn ist gar nicht darauf ausgelegt, Wandel auf diese Weise zu verarbeiten. Denn gewohnte Verhaltensmuster sind dort als stabile neuronale Bahnen verankert. Das hatte das Management der Firma übersehen und dabei Mitarbeiter wie Theresa verbrannt.

Theresa hatte allerdings Glück, dass ein Freund sie aus diesem Teufelskreis herausholen konnte, indem er sie abwarb. Alleine hätte sie sich nämlich niemals daraus befreien können: »Wenn ich nicht so viel Glück mit meiner neuen Stelle gehabt hätte, wüsste ich nicht, wo ich gelandet wäre«

Ein Blick in die Stressforschung zeigt, wo sie gelandet wäre. Denn die Anzeichen dafür waren bereits vorhanden. Eine innere Daueranspannung über einen längeren Zeitraum hinweg, wie Theresa sie beschrieb, führt zu sogenannten Anpassungsstörungen.[80] Damit sind verschiedenste Reaktionen auf körperlicher, psychischer und Verhaltens-Ebene gemeint.[81] Dazu gehören Symptome wie Herzkreislauf-Probleme, Verdauungsstörungen, Verspannungen, erhöhte Reizbarkeit, Kopfschmerzen, Konzentrationsschwierigkeiten, Verlust an Lebensfreude, Stimmungseinbrüche, Depressionen, Rückzug von anderen Menschen oder auch der Griff zu Medikamenten, Alkohol und anderen Suchtmitteln. Insgesamt gibt es hier eine große Bandbreite von Indikatoren.[82]

Der Begriff »Anpassungsstörung« bringt auch schon recht gut auf den Punkt, wo das eigentliche Problem liegt: Der Mensch ist zwar recht flexibel, biegsam und anpassungsfähig, aber zu viel ist zu viel. Und je länger die Überlastung währt und der Berg an »zu viel« immer höher wird, umso stärker die Gegenwehr des Körpers. Das ist etwa vergleichbar mit einem Baum, der durch einen Maschendrahtzaun wächst und dabei Verformungen erleiden muss. Der Preis von zu viel Anpassung ist, dass Menschen leiden und krank werden. Zwar verläuft dieser Prozess bei jedem anders, doch verschont bleibt auf Dauer niemand davon.

Verschiedene Studien belegen den Zusammenhang zwischen Change-Prozessen und solchen Anpassungserkrankungen. So zeigen zum Beispiel die Befunde des dänischen Forschers Michael Dahl von der Universität Aalborg, dass die Zahl der Mitarbeiter, die Medikamente gegen Depressionen oder Schlafstörungen einnehmen, spürbar ansteigt, wenn interne Reorganisationen stattfinden. Je radikaler und tiefgreifender der Wandel, desto stärker ist dieser Effekt. »Es gibt einen direkten Zusammenhang zwischen dem Ausmaß der organisatorischen Änderungen in einer Firma und der Verschreibung von Anti-Stress-Medikamenten«, sagt der Forscher. Seine Analysen beruhen auf Daten von knapp 93 000 Beschäftigten aus mehr als 1500 dänischen Großunternehmen.[83]

Die American Psychological Association verweist in einer Studie darauf, dass Mitarbeiter, die aktuell oder vor kurzem einen Change-Prozess erlebt haben, doppelt so häufig über chronischen Stress in der Arbeit berichten wie nicht betroffene Mitarbeiter. Zudem gaben sie viermal häufiger an, unter körperlichen Symptomen zu leiden.[84,85]

Selbst wenn nicht jeder gleich stark auf Veränderungsprozesse reagiert, so zeigen Ihnen diese Befunde doch eines sehr deutlich: Change hinterlässt Spuren. Und je häufiger und tiefgreifender Sie den Wandel in Ihrer Arbeit erleben, umso größer ist das Risiko, dass Sie auch mit Anpassungsstörungen zu kämpfen haben.[86]

Was mich bei all dem wundert, ist, dass und wie lange so viele Mitarbeiter diesen Zustand ertragen. Gehören Sie auch dazu? Leiden Sie still und stumm vor sich hin? Wenn ja, sind Sie in guter Gesellschaft. Denn Stress und persönliche Belastung gilt in den meisten Firmen als persönliches Problem. Schlimmer noch: Wer zu oft über seinen Stress spricht, gilt noch immer als Schwächling. Sie müssen also selbst sehen, wie Sie zurecht-kommen. Sie können nicht einmal damit rechnen, dass Ihr Chef merkt, wenn Sie psychisch in den roten Bereich steuern. Denn Vorgesetzte sind dafür weder sensibilisiert noch im Umgang damit geübt, wie die Studie *Psychische Beanspruchung von Mit-arbeitern und Führungskräften* der Deutschen Gesellschaft für Personalführung e. V. (DGFP) zum Ausdruck bringt.[87]

Wenn Change-Prozesse zu stark an der eigenen Substanz kratzen, ist irgendwann jedoch ein »point of no return« erreicht, an dem es unumkehrbar zu viel ist. Die Schlagersängerin Gitte Hænning hat 1982 in ihrem Lied »Ich will alles« mit Inbrunst eine Zeile gesungen, die dieses Gefühl zum Ausdruck bringt: »Was mich kaputtmacht, nehm ich nicht mehr hin.«

Die Frage ist: Warum muss es bei so vielen erst zum Äußers-ten kommen, bevor sie einlenken und auf ihren Körper hören? Sie als Mitarbeiter müssten doch eigentlich in Scharen aus den Unternehmen abwandern – die Flucht antreten wie die Zug-vögel, die gen Süden ziehen, wenn ihre innere Uhr ihnen sig-nalisiert, dass es an der Zeit ist. Trotzdem kommt es praktisch nie dazu, dass Mitarbeiter vereint das Handtuch werfen. Warum eigentlich?

Blutgrätsche: Zwischen Pest und Cholera

»Ihr Bereich wird mit einem anderen zusammengelegt. Da-mit entfällt Ihr Arbeitsplatz.«

Die Worte seines Chefs knallen an Tobias' Ohr wie sturmge-peitschte Wellen an den Strand. Er fühlt sich umzingelt von weißer, wirbelnder Gischt. Kurz vor dem Ertrinken. Und das ausgerechnet ihm? So etwas passiert anderen, aber doch nicht Tobias!

Sein Gegenüber muss wohl beobachtet haben, wie seine Miene

sich verfinstert. »Machen Sie sich keine Sorgen«, beeilt sein Chef sich zu sagen.

»Das ist leicht gesagt. Ich habe in den letzten 17 Jahren mit tausenden von Leuten zusammengesessen, denen genau dasselbe passiert ist wie mir jetzt. Ich weiß, was jetzt auf mich zukommt.«

Sein bisheriger Job besteht nämlich darin, sich um Mitarbeiter zu kümmern, die durch eine betriebsbedingte Kündigung ihren Job verloren haben – sei es aufgrund von Restrukturierungen oder Standortschließungen. Eine emotional schwierige Arbeit. Jeder Mensch ein Einzelschicksal. Er hilft den Kollegen, so gut es geht, innerhalb des Großunternehmens eine zumutbare andere Tätigkeit zu finden. Und »zumutbar« kann vieles bedeuten: Umzug in eine andere Stadt, Umschulung vom Schlosser zur Sicherheitskraft in Uniform, eine vergleichbare Stelle oder auch eine Degradierung bei gleichem Gehalt, wie die Arbeit an der Pforte. In den erfreulichen Fällen manchmal aber auch eine Verbesserung und beruflichen Aufstieg.

»Ja, ja, ich weiß ja. Aber ich meine es ernst. Ich habe was ganz Tolles für Sie. Ein echtes Leuchtturmprojekt. Es hat eine hohe Aufmerksamkeit beim Management. Super wichtig. Es geht darum, wie wir uns für die Digitalisierung aufstellen.«

»Wie bitte?« Hat er richtig gehört? Leuchtturmprojekt? Tobias spürt einen Kloß im Hals. Was ist da im Anrollen? Wird er das schaffen? Und was, wenn nicht? »Sie müssen veränderungsbereit sein.« Wie vielen Menschen, die vor ihm saßen wie ein Häufchen Elend, hat er das schon gesagt?

Natürlich ist er dennoch offen für diese neue Möglichkeit; welche Wahl hat er denn schon? In seinen ganzen Berufsjahren ist er stets flexibel gewesen, und auch räumlich mobil, wie das in den Stellenanzeigen immer heißt. Außerdem hat es etwa alle drei Jahre Veränderungen in irgendeiner Form gegeben, seit er bei dieser Firma arbeitet. Nun trifft es ihn eben mal direkt und mit voller Härte. Was soll's. Kein Thema.

»Das klingt spannend. Sie haben recht. Das ist ja super, dass ich da mitmachen darf. Worum geht es genau?«

Und so arbeitet Tobias ein Jahr lang an vorderster Front in dem Projektteam mit. Er engagiert sich so, wie er es immer getan hat, gibt Vollgas und bringt sich mit Herzblut ein. Dann ist es so weit. Bei der Ergebnispräsentation vor dem Management läuft er zur Höchstform auf. Präsentieren und kommunizieren kann er sehr gut. Es wird ein voller Erfolg.

»Herzlichen Glückwunsch. Sie haben das Projekt hervorragend umgesetzt«, lobt ihn auch sein Chef.

Tobias freut sich riesig. Nun steht im Raum, die Ergebnisse des Projekts auf das ganze Unternehmen zu übertragen. Die Projektarbeit hat ihm großen Spaß gemacht. Innovativ zu arbeiten begeistert ihn.

Kurze Zeit nach dem großen Lob bittet ihn sein Chef zum Gespräch. Es scheint ihm unangenehm zu sein. Die Begrüßung ist fast schüchtern, der Blickkontakt nicht wie sonst.

»Ich mache es kurz. Sie sind ab sofort freigestellt.«

»Freigestellt? Was heißt das genau?«

»Sie müssen sich einen anderen Job suchen. Wir haben keine Stelle mehr für Sie.«

»Ja, und das Projekt? Das geht doch weiter. Wieso bin ich nicht mehr dabei?«, würgt Tobias kontrolliert hervor.

Die Gründe bleiben verschwommen wie die Bäume im dichten Nebel einer Moorlandschaft. Ihm sackt der Boden unter den Füßen weg. Eigentlich müsste er laut schreien. Wände eintreten. Die Firma in die Luft jagen. Doch er ist gefasst. Ganz sachlich. Würde er nämlich die Kontrolle aufgeben, käme sicherlich ein Tornado der höchsten Kategorie EF-5 zum Vorschein. Wie El Reno[88], der größte Wirbelsturm der US-Geschichte, mit knapp 500 Stundenkilometern und einer schier grenzenlosen Verwüstungskraft.

Die nehmen mir meinen Erfolg weg. Diese Erkenntnis hämmert in seinem Kopf wie ein Buntspecht am Baum.

Doch Tobias ist nicht die Sorte Mann, die zu Wutausbrüchen neigt. Dafür rebelliert es in seinem Körper. Seine Schultern und der Nacken schmerzen vor Anspannung. Seine Muskeln scheinen zu Stahlseilen zu mutieren – total verhärtet. Die Sehnen am Hinterkopf sind gespannt wie langgezogene Hosenträger. Entsetzliches Gefühl.

Nur mit Mühe kann er sich im Zaum halten. Er ist tierisch sauer. Er weiß nicht, wo er die ganze Wut hinstecken soll. Die haben mich betrogen. Das ist sowas von ungerecht. Nach all dem, was ich die ganzen Jahre hier im Unternehmen geleistet habe. Diese Schweine.

Ich kann die Anspannung von damals noch immer in Tobias' Zügen sehen, als er mir von dieser Situation erzählt. »Die haben mir sowas von vor den Koffer gekackt«, berichtet er mir mit rauer Stimme. Der Schmerz sitzt tief. Nie hätte er gedacht, dass sein Unternehmen so etwas mit ihm machen würde. Sein ganzes Berufsleben – insgesamt 31 Jahre – hat er dort in verschiedenen Bereichen gearbeitet. Immer war er bereit, alles zu geben, ist viel herumgereist, hat persönliche Dinge hintangestellt.

Was ihn ärgert, ist diese Doppelzüngigkeit. Nach außen präsentiert sich das Unternehmen in den schillerndsten Farben. Es will als Top-Arbeitgeber kompetente Mitarbeiter für sich gewinnen und wirbt für die offene und partnerschaftliche Firmenkultur: »Wenn es das ist, was die unter Wertschätzung verstehen, dann gute Nacht Großmutter«, sagt Tobias verbittert.

Als er mir von dem Gespräch mit seinem Chef erzählt, weiß er noch genau, was sein erster spontaner Impuls war: Die können mich am Arsch lecken. Ich gehe. Ich suche mir woanders eine neue Stelle.

Auch wenn das eigentlich das Richtige wäre – so einfach ist es nicht, sagt er. Er hat zu viel zu verlieren. Das Gehalt, das dieses Unternehmen ihm zahlte, würde er nirgendwo anders mehr bekommen. Er ist zwar nicht mit seinem Wohnort und der Region verbunden, auch die Mobilität wäre gegeben – aber es geht um Geld. Viel Geld.

Tobias ist 54 Jahre alt. Wenn er jetzt die Firma verlässt, das war ihm klar, verliert er nicht nur seinen Gehaltsstatus, sondern auch noch mindestens acht Versichertenjahre für seine Rente. Da geht es um die schiere Existenz und um die Altersvorsorge, nicht nur um eine Kränkung. »Da kann man nicht so einfach aussteigen«, erklärt er mir. Eine Abfindung federt das nicht ab. Die hat er bereits von seinem Chef angeboten bekommen. »Lachhafter Betrag«, ätzt er.

Deshalb befindet er sich im Rechtstreit mit seiner Firma. Gerade hat er ein zwölfseitiges Papier verfasst. »Man weiß ja, wie man das macht.« Seine ganze Berufserfahrung der letzten 17 Jahre in der internen Personalvermittlung schwingt in diesem Satz mit. Er kennt die Gesetzeslage. Alle Kniffe und Tricks. Ihm machen sie nichts vor.

»Ich sitze das aus. Ich schaue mal, was die machen. Die müssen mir ja was anbieten.« Doch das dürfte nicht so einfach werden, ihm etwas anzubieten, das ähnlich reizvoll und lohnend wäre wie die Weiterarbeit im Leuchtturmprojekt. Das war eine ideale Lösung. Er versteht einfach nicht, woran es gescheitert ist. Woran er gescheitert ist.

Sein Ziel ist klar, und dafür wird er kämpfen: Er will bis zur Rente im Unternehmen bleiben. Im besten Fall bekommt er möglichst bald einen passenden Job als Alternative angeboten. Etwas, das ihm auch Spaß macht. Oder zumindest etwas, das sich mit Blick auf das Geld ertragen lässt.

Oder aber es geht ihm so wie den vielen anderen, die er kennengelernt hat. Die im Pool der Freigestellten verharren, Bewerbungen schreiben, in Qualifizierungen stecken oder in irgendeinem Beschäftigungsprojekt vor sich hindämmern. Manche hängen sogar gut bezahlt zu Hause auf der Couch ab, weil einfach keine passende Stelle verfügbar ist. Und je länger die Jobsuche währt, umso schlechter werden die Chancen, etwas zu bekommen.

Tobias ist zuversichtlich, dass er sein Ziel erreicht. Sie werden ihn nicht rausgeekelt bekommen. Denn seine Erfahrung zeigt: »Wenn es Leute bis zum Alter von 55 Jahren geschafft haben, im Unternehmen zu bleiben, dann schaffen sie es auch noch die letzten Jahre, bis sie 60 oder 65 Jahre alt sind.«

Als rosige Zukunftsaussicht kann man Tobias' unsichere Lage gewiss trotzdem nicht bezeichnen. Er hat die Wahl zwischen Pest und Cholera: entweder zurück in die Firma, in der er eigentlich nicht mehr erwünscht ist, oder mit Mitte 50 ausgesetzt auf dem freien Arbeitsmarkt. Es ist ein Jammer, was diesem engagierten, fähigen Mann passiert ist.

Kein Entkommen: Gefangen in der Arbeit

Tobias teilt sein Schicksal mit vielen anderen Change-Opfern. Eigentlich haben sie die Nase gestrichen voll von dem, was in der Firma abläuft. Doch einfach zu kündigen kommt auch nicht Frage.

Der persönliche Preis, das Unternehmen zu verlassen, ist zu hoch. Die Nachteile überwiegen. Denn davon gibt es so einige: Sie verlieren ein gutes Gehaltsniveau oder attraktive Rahmenbedingungen wie Urlaubsregelungen, flexible Arbeitszeiten und gute Altersvorsorge. Sie verlieren den Status, den Sie sich mühsam aufgebaut haben. Ihre ganze Existenz ist gefährdet. Sie haben sich auf einem Level eingerichtet, das Sie nicht so leicht zurückdrehen können. In Ihrem Alter ist es schwer, wieder eine neue Anstellung zu finden. Sie hängen an den lieben Kollegen. Womöglich lange Pendelzeiten zu einem anderen Arbeitsplatz würden Ihnen die Zeit stehlen und Ihnen Ihre Lebensqualität vermiesen. Sie müssten umziehen. Und das bedeutet, Sie müssten das vertraute Umfeld Ihrer Region verlassen. Vielleicht Ihr Eigentum verkaufen, das Ihnen so ans Herz gewachsen ist. Familie und Kinder würden entwurzelt, oder Ihnen droht eine dauerhafte Wochenendbeziehung. Und obendrein steht der Kontakt zu den engsten Freunden auf dem Spiel.

Das ist eine ganz schön lange Liste, die da zusammenkommen kann. Und auf der anderen Seite der persönlichen Bilanz steht nichts Besseres als Ihre Firma, die Sie gerade derart zum Kotzen finden, als hätten Sie ein Komasaufen hinter sich.

Diese spezielle Form eines inneren Konfliktes nennen Psychologen einen Aversions-Aversions-Konflikt. Denn ob Sie sich für den einen oder den anderen Weg entscheiden – beides fühlt sich grottenschlecht an.

Psychologisch gesehen sitzen Sie in einer solchen Situation in der Falle. Entsprechend ist auch Ihr Zustand: Jammern, Zynismus, Demotivation, innere Kündigung bis hin zu Depression und Langzeiterkrankung. Diese Zusammenhänge sind gut erforscht. In welcher Form sich das bei Ihnen äußert, hängt davon ab, wie Ihr Reaktionsmuster auf solch einen anhaltenden Dauerkonflikt aussieht. Da sind die Menschen verschieden und unterschiedlich stark anfällig. Manche Leute halten solche Konflikte beachtlich gut aus und lassen kaum Federn. Andere leiden wie die Hunde.

Das Risiko, dass Sie in einem Aversions-Aversions-Konflikt festhängen, wächst, je länger Sie bereits in Ihrem Betrieb arbeiten. Das legt eine große Studie nahe, bei der die Daten von einer halben Million Arbeitnehmern eingeflossen sind. »Gefangene am Arbeitsplatz« nennt der Autor die Mitarbeiter, die demotiviert in ihrer Position ausharren. Ihr Engagement ist gering, und sie sind ihrer Firma gegenüber negativ eingestellt. Doch ein Arbeitsplatzwechsel kommt für sie nicht in Betracht.

Unter den Mitarbeitern mit 6 bis 12 Monaten Betriebszugehörigkeit gehören 5 Prozent zu dieser Gruppe. Nach 11 bis 15 Jahren sind es 11 Prozent, und nach mehr als 26 Jahren

17,1 Prozent. Das gilt unabhängig von Geschlecht, Alter oder ethnischer Herkunft. Auffällig dabei ist, dass sich ein vergleichsweise größerer Prozentsatz der »Gefangenen« unfair entlohnt sieht, obwohl sie statistisch betrachtet faktisch sogar etwas mehr Gehalt bekommen als auf dem Arbeitsmarkt üblich.[89]

Die Kollegen von »Gefangenen« haben es nicht leicht. Denn typisch ist, dass diese Mitarbeiter über alles und jeden meckern und sich permanent darüber beschweren, wie schlimm die Firma sei. Und unglücklicherweise greift der Frust dieser Menschen auf die anderen Kollegen über wie eine Grippeepidemie. Doch irgendwo muss ja der ganze Ärger hin, oder?

Das Tragische daran ist, dass jeder, der in diesen Teufelskreis gerät, nicht von Anfang an so negativ zum eigenen Unternehmen eingestellt war. In allen Gesprächen, die ich mit Mitarbeitern geführt habe, und auch in mehreren Studien ist zum Ausdruck gekommen, dass es bei diesen Menschen einst eine Phase gab, wo sie sich mit ihrem Unternehmen identifiziert haben. Sie waren engagiert und motiviert. So beschreibt es auch der Mitarbeiter eines Pharmaunternehmens, der schon lange bei seinem Arbeitgeber angestellt ist: »Ich habe bestimmt tausend Stunden hergeschenkt. Ich war am Wochenende oder auch am Feiertag in der Firma. Ich habe abends meinen Laptop dabeigehabt. Sonntagabend war es ganz normal, dass ich nach dem Tatort mal schnell meine Mails gecheckt habe, damit ich am Montag schon mal wusste, was kommt.«

Doch ab einem bestimmten Punkt kippt die Stimmung. Entweder ganz plötzlich durch ein einschneidendes Ereignis, wie bei Tobias, oder aber schleichend. Mit jedem weiteren Change, der unsinniger erscheint als der vorherige. Sei es, weil die versprochenen Verbesserungen wieder ausbleiben; sei es, weil der Change wieder in die angeblich so unhaltbaren ursprünglichen Zustände zurückführt und alle Bemühungen zunichtemacht; sei es, weil die Richtungswechsel so oft und so schnell kommen, dass Sie als Mitarbeiter das alles gar nicht mehr nachvollziehen können.

Der Mitarbeiter aus dem Pharmaunternehmen reagierte anfangs wie viele andere auch. Er brachte sich in die Change-Prozesse ein: »Weil ich die Firma ganz toll fand. Weil die mir auch viel geboten haben. Ich habe sehr viel gelernt. Doch irgendwann resigniert man und schließt mit der Firma ab. Und dann sagt man sich: Ich mache hier nur noch Dienst nach Vorschrift. So viel, wie unbedingt sein muss, um nicht negativ aufzufallen. Aber ich gehe jetzt nicht mehr diese Extrameile wie früher.«

Das führt mich zu einem düsteren Kapitel in der deutschen Wirtschaftsgeschichte, das von der Öffentlichkeit unbemerkt hinter den Kulissen ehemaliger Staatsunternehmen abläuft. Zu den bekanntesten Privatisierungen zählt sicherlich die Deutsche Bundespost, aus der die Deutsche Post und die Telekom hervorgingen. Oder auch Unternehmen wie Lufthansa oder Deutsche Bahn. Die Regierung hatte sich von diesem Schritt mehr Wettbewerb, sinkende Kosten und effizientere Strukturen versprochen.[90,91] Und in diesen Schlagworten steckt auch schon die Botschaft: Sinkende Kosten und Effizienzgewinn bedeuten Restrukturierungen und Personalabbau. Jetzt haben aber diese ehemals staatlichen Unternehmen auch eine Menge Beamte, die vor Kündigungen geschützt sind und gleichzeitig ohne Arbeit dastehen. »Man muss sie irgendwie beschäftigen, weil ihr Dienstherr – immer noch der Bund – sie nicht zurücknimmt«, erzählt mir ein Insider.

Ich kann mir keinen Beamten vorstellen, der sich in dieser Situation wohlfühlt. Auch diese Menschen stecken im Aversions-Aversions-Konflikt fest.

Im Hintergrund wirken ganze Heerscharen von Personalvermittlern. Händeringend versuchen sie, für die Beamten, aber auch die vielen anderen Mitarbeiter, die in diesen ehemaligen

Staatsbetrieben sitzen, zumutbare neue Aufgaben zu finden. Denn sie dürfen ihre Mitarbeiter nicht einfach rausschmeißen. Das darf laut Kündigungsschutzgesetz keine Firma ab einer Größe von zehn Mitarbeitern. Wenn Stellen wegfallen, gilt es zumutbare Alternativen anzubieten.[92]

Mindestens jeder fünfte Arbeitnehmer in größeren Unternehmen und Verwaltungen wird von solch einer organisierten internen Personalvermittlung erfasst. Laut einer Studie der Hans-Böckler-Stiftung gibt es bundesweit rund 50 solcher Versetzungsabteilungen in privatwirtschaftlichen Unternehmen und öffentlichen Verwaltungen. Zwei Drittel dieser Organisationen haben 5000 Beschäftigte und mehr.[93] Die große Personalscharade beschäftigt eine ganze Industrie.

Es sind also nicht wenige Leute, die aufgrund von Veränderungsprozessen auf dem internen Arbeitsmarkt von A nach B versetzt werden und im schlechtesten Fall als »Gefangene im Job« ihr Berufsleben fristen. Nur spricht darüber keiner. Das Leiden findet im Hintergrund statt.

Besonders die Mitarbeiter 50plus sind durch harte Change-Folgen gefährdet. Und deren Zahl steigt in den Unternehmen durch den demographischen Wandel kontinuierlich an. Das heißt: Diejenigen, bei denen das Risiko am höchsten ist, durch Change-Prozesse zum Gefangenen am Arbeitsplatz zu werden, sind in den Unternehmen am stärksten vertreten.

Wie reagieren die Firmen auf diese Situation? Was bedeutet das alles für unsere Wirtschaft im Ganzen? Und was heißt es am Ende deshalb auch für Sie?

Change-Harakiri: Die Kunst, die eigene Firma zu töten

Aus all dem lässt sich ein klarer Schluss ziehen: Ihrem Unternehmen müsste es das höchste Anliegen sein, dass Sie sich dort wohlfühlen und gern und gut Ihren Job machen, richtig?

Pustekuchen. Stattdessen werden Sie verheizt.

Die Forscherin Heike Bruch und ihre Kollegen von der Universität St. Gallen haben schon vor über zehn Jahren mit ihrer Arbeit eine spezielle Unternehmenskultur identifiziert, die Firmen kaputtmacht. Damals war die Digitalisierung noch nicht so weit fortgeschritten wie heute; umso interessanter sind ihre Befunde aus heutiger Sicht. Denn Ihre Erkenntnisse zeigen, dass Sie sich anschnallen müssen, wenn Sie in einem Unternehmen arbeiten, das in der sogenannten Beschleunigungsfalle sitzt.

Was sind die typischen Kennzeichen?

Dazu haben Heike Bruch und ihre Kollegen eine Checkliste mit 15 Punkten als Schnelltest entwickelt. Dort geht es um Fragen wie: Werden Projekte zu schnell begonnen? Sehen die Mitarbeiter Licht am Ende des Tunnels? Reden die Mitarbeiter dauernd davon, wie viel Arbeit sie doch haben? Ist »nein« zu sagen auch für Mitarbeiter tabu, die schon zu viele Projekte aufgehalst bekommen haben? Gibt es eine Tendenz, das Unternehmen ständig an die Kapazitätsgrenze zu treiben?

Die Spielregeln im Unternehmen sind darauf ausgerichtet, dass ständig neue Projekte, Produkte und Veränderungsinitiativen zum Normalzustand gehören und die Mitarbeiter permanent im Dauerlauf unterwegs sind. Außergewöhnliche Belastungen sind chronisch. Erholungsphasen, um neue Energie zu schöpfen, gibt es nicht. Damit fährt das Management die Organisation auf Dauer in den roten Bereich.

Insgesamt nahmen die Forscher im Zeitraum von neun Jahren mehr als 600 Unternehmen genau unter die Lupe. Der Unterschied zwischen Unternehmen, die in der Beschleunigungsfalle festhingen, im Vergleich zu den anderen, die dieses Problem nicht hatten, war gravierend. So sagten 60 Prozent der befragten Mitarbeiter, sie hätten nicht ausreichend Ressourcen für ihre Arbeit. Bei Unternehmen ohne Beschleunigungsproblem äußerten dies nur zwei Prozent. Ähnlich starke Kontraste zeigten sich auch bei den Aussagen »Ich arbeite ständig unter erhöhtem Zeitdruck« (achtzig zu vier Prozent) und »Die Prioritäten meines Unternehmens ändern sich häufig« (75 zu 1 Prozent). In Sachen Arbeitsbelastung gaben in vollständig in der Beschleunigungsfalle gefangenen Unternehmen 83 Prozent der Befragten an, kein Licht am Ende des Tunnels zu sehen; in den anderen waren es nur drei Prozent. Regelmäßige Erholungsphasen vermissten in Problemunternehmen 86 Prozent, in den anderen Firmen nur sechs Prozent der Befragten.

Das Schlimme an der Situation ist, dass die Manager diese gefährlichen Tendenzen gar nicht wahrnehmen, stellten die Forscher fest. Allein im Jahr 2009 befand sich die Hälfte der untersuchten Unternehmen auf die eine oder andere Art und Weise in der Beschleunigungsfalle – noch bevor der Sturm der Digitalisierung zu einem Hurricane wurde also. Bei dem zunehmenden Veränderungstempo gerade in den letzten Jahren dürften sich diese Zahlen inzwischen noch verschlechtert haben.

Angesichts der Folgen, die dem einzelnen Mitarbeiter durch Dauerstress oder als Gefangenem am Arbeitsplatz drohen, lässt sich erahnen, was Mitarbeiter in Firmen mit dieser Beschleunigungskultur »kollektiv« an Anpassungsstörungen zu verkraften haben. Und schuld daran ist erst einmal nicht die Digitalisierung, sondern die Art, wie das Management die Kultur im Unternehmen gestaltet.

Die Konsequenzen dieser Art von Unternehmensführung lassen sich in den Gesundheitsreporten der Krankenkassen ablesen. Hier zeigt sich ein beängstigender Trend. Psychische Erkrankungen sind seit Jahren auf dem Vormarsch.[94] So schreibt zum Beispiel die Deutsche Angestellten Krankenkasse (DAK) in ihrem Gesundheitsbericht 2017: Psychische Erkrankungen bildeten mit einem Anteil von rund 17,1 Prozent erstmals die zweithäufigste Ursache für Krankschreibungen. Auf Platz 1 stehen noch immer die Erkrankungen des Muskel-Skelett-Systems[95] – ungeachtet der Frage, inwiefern psychische Faktoren auch dabei eine Rolle spielen.

Und nicht nur das: Die AOK spricht in ihrem Fehlzeitenreport 2016 außerdem davon, dass Erschöpfung unter den psychischen Beschwerden mit 23,3 Prozent auch zu den zweithäufigsten Ursachen für Arbeitsunfähigkeit zählt.[96]

Hinzu kommt: Aus diesen Zahlen geht noch nicht hervor, wie viele der körperlichen Erkrankungen einen psychosomatischen Kern haben. Denn alle in Gesundheitsberichten genannten körperlichen Erkrankungen rund um Herz-Kreislauf, Magen-Darm, Haut, Kopf, Rücken können durchaus auch psychische Hintergründe haben – zumindest im Sinne eines verschärfenden Faktors. Das lässt sich nur schwer an Statistiken ablesen, weil Ärzte in der Regel zunächst einmal körperliche Diagnosen stellen.

Psychische Erkrankungen bedeuten für die Betroffenen einen starken Einschnitt, weil damit meistens eine mindestens wochen- oder monatelange Leidenszeit verbunden ist. Die durchschnittliche Dauer psychisch bedingter Krankheitsfälle ist mit 36 Tagen dreimal so hoch wie bei anderen Erkrankungen mit 12 Tagen.[97]

Psychische Erkrankungen sind außerdem die häufigste Ursache für krankheitsbedingte Frühberentungen. Zwischen 1993 und 2015 stieg der Anteil von Personen, die aufgrund seelischer Leiden frühzeitig in Rente gingen, von gut 15 auf knapp 43 Prozent.[98] Im Vergleich zu anderen Diagnosegruppen treten Berentungsfälle wegen »psychischer und Verhaltensstörungen« deutlich früher ein; das Durchschnittsalter liegt bei etwa 48 Jahren.[99]

Nicht nur diese Befunde müssten die Firmenchefs zum Nachdenken bringen, sondern auch der Blick in die eigene Krankheitsstatistik. Da ist nämlich ablesbar, wie teuer Krankschreibungen aufgrund von Depression, Angst- oder Belastungsstörungen sind. Ganz einfach, weil psychische Erkrankungen eben lange Krankschreibungen bedeuten und am Ende auch die ganze Versichertengemeinschaft belasten. Für die Unternehmen sind damit starke Produktionsausfälle verbunden. Zudem muss der Rest der Belegschaft die entstandenen Lücken in der Arbeitskraft abfedern und kommt auch an die persönlichen Belastungsgrenzen. Ein Teufelskreis.

Doch diese Mechanismen geraten in den Hintergrund, wenn Firmenchefs die nächste Agilitäts-Offensive ausrufen, den x-ten Change verkünden oder mit Druck oder einem Motivationsprogramm versuchen[100], die müde Truppe zu Höchstleistungen zu bringen.

Es ist schon irre. Die Firmenchefs treiben auf der einen Seite eine Initiative nach der anderen voran, um die Firma überlebensfähig am Markt zu halten, und gleichzeitig fällt sie dadurch im Inneren auseinander. Es ist so ähnlich, als wenn Sie mit Ihrem Formel-1-Rennwagen, bei dem die Kupplung schlackert, der Unterboden fast abfällt, die Reifen runtergefahren sind und der Motor nur noch auf zwei Zylindern läuft, auf den Silverstone Circuit einfahren, um Weltmeister werden zu wollen. Das kann nichts werden.

So ist es nicht verwunderlich, dass Heike Bruch und Kollegen für Unternehmen, die in der Beschleunigungsfalle stecken, festgestellt haben, dass deren Ergebnis, die Effizienz sowie die Mitarbeiterproduktivität und -bindung leiden. Besonders stark sei dies in Unternehmen zu beobachten, die unaufhörlich die Kosten senken.

Und da liegt offenbar ein weiterer Kasus Knacksus, wenn ich die Studie um die Forscherin Michelle L. Zorn von der Auburn

University betrachte. Sie hat sich nämlich angeschaut, wie es sich auf die Firmen auswirkt, dass diese mit Personalabbau – auf Englisch Downsizing – reagieren, um Effizienz und Kostensenkung zu erreichen. Bevor ich Ihnen erzähle, was sie herausgefunden hat, möchte ich Ihnen zunächst ein paar eindrucksvolle Zahlen nennen. Allein in 15 deutschen Großunternehmen hat die Digitalisierung zur Folge, dass insgesamt über 53 000 Stellen wegfallen. Am stärksten trifft es Volkswagen mit 23 000 Stellen und die Commerzbank mit 9600 Stellen. Linde und die Deutsche Bank sind mit bis zu 4000 Stellen betroffen.[101] Das Personenkarussell dreht sich also mächtig, und viele fliegen bei dieser Beschleunigungsspirale ganz einfach aus dem Sitz.

Und was fand nun die Forscherin Michelle L. Zorn heraus?

Ihren Befunden zufolge verdoppelt sich für die Firmen das Risiko, dass sie durch Downsizing in die Pleite gehen. Dies begründet sich darin, dass Wissen verlorengehe und die verbliebenen Mitarbeiter durch zusätzliche Aufgaben überlastet seien. Zudem fehle die Zeit, Neues zu lernen. Die Kündigungen trügen außerdem dazu bei, das Vertrauen und die Loyalität zum Unternehmen zu schmälern. Schluss endlich sei dadurch auch ein Mangel an Innovationen und Produktneuheiten bemerkbar, was letztlich die Firma ins Desaster führe.[102]

Gesamtwirtschaftlich gesehen ist das schon grotesk. Die Firmen wollen eigentlich am Markt überleben und wachsen. Doch gerade mit diesem Ziel vor Augen machen sie sich selbst kaputt, weil sie es durch eine Beschleunigungskultur bzw. durch Downsizing erreichen wollen. Ein Paradoxon: Da steuern am Ende die Firmen auf schlechte Ergebnisse und sogar Insolvenzen zu und sind sich des Risikos, sich mit ihrer internen Firmenpolitik selbst ein Eigentor zu schießen, offenbar gar nicht bewusst.

Für Sie bedeutet das, dass die Zahl der Firmen sinkt, wo es überhaupt noch Spaß macht zu arbeiten und wo Sie einen sicheren Arbeitsplatz finden.

Was vom Change übrigbleibt

Schlagen wir an dieser Stelle nun noch einmal den großen Bogen.

Das Veränderungstempo steigt in den letzten Jahren rasant an. Gründe dafür sind immer mehr Restrukturierungen, Strategiewechsel, Fusionen oder auch Chefwechsel. Eine Dynamisierung entsteht durch die Digitalisierung. Das Marktgeschehen ist noch viel schneller, komplexer und unvorhersehbarer als in früheren Jahren. Etablierte Geschäftsmodelle stehen plötzlich auf dem Prüfstand, weil irgendein innovatives Start-up die Regeln der Branche bricht. Diese Dynamik beschreibt das Schlagwort VUCA-Welt.

Die Firmen müssen sich angesichts dieser Entwicklung neu aufstellen, um am Markt zu überleben. Stichwort Digitale Transformation. Neue Konzepte wie Agilität oder New Work treten auf den Plan und sorgen für zusätzliche Change-Prozesse in den Unternehmen. Die Art, wie Führung und Zusammenarbeit in den Firmen funktionieren, formiert sich neu.

Doch das ganze Tempo hat nachteilige Folgen für Sie als Mitarbeiter. Die Arbeit verdichtet sich, und die Häufigkeit und das Ausmaß von Change-Prozessen steigern Ihr Risiko für Anpassungskrankheiten. Studien und der Anstieg psychischer Erkrankungen sprechen hier eine klare Sprache. Als Folge verlassen besonders jüngere Mitarbeiter die Unternehmen und hoffen woanders eine bessere Welt vorzufinden. Doch meistens bleibt es bei dem Wunsch. Denn alle Firmen unterliegen demselben Marktgeschehen. Der nächste Change kommt bestimmt. Sie kommen also vom Regen in die Traufe.

Die anderen – zumeist Mitarbeiter 50 plus – verlassen dagegen die Firmen vielfach erst gar nicht. Zu groß ist der persönliche Preis, den sie zahlen müssten. Stattdessen bleiben sie im Unternehmen und gehen in die innere Kündigung oder erleben auch hier Anpassungserkrankungen aufgrund eines Aversions-Aversions-Konflikts. Angesichts des demographischen Wandels steigt die Zahl dieser Gruppe von Mitarbeitern.

Zugespitzt ausgedrückt ergibt sich daraus die prekäre Situation, dass Firmen mit »Gefangenen am Arbeitsplatz« Innovation und Change-Tempo leisten wollen und zugleich regelmäßig ausbluten, weil gerade die noch leistungsfreudigen und selbstbewussten Jüngeren Firmen-Hopping betreiben und die Firmen diesen Trend mit ihrer Politik noch fördern.

Unterm Strich steht unter Berücksichtigung aller Faktoren ein schwarzes Resümee: Mitarbeiter kaputt. Firma kaputt. Wirtschaft auch kaputt.

Nun können Sie selbst nicht viel ausrichten, wenn es darum geht, die Unternehmen oder die Wirtschaft zu retten. Selbst wenn dies wünschenswert wäre. Doch ich bin mir sicher, dass Sie selbst in diesem Spiel nicht kaputtgehen wollen und sich händeringend fragen, was Sie tun können, um möglichst unbeschadet aus dieser Dynamik herauszukommen.

Und tatsächlich gibt es Hoffnung. In den meisten Unternehmen gibt es nämlich eine Abteilung, die dafür da ist, Sie zu unterstützen, mit neuen Aufgaben und Anforderungen gut zurechtzukommen: die Personalentwicklung. Doch was genau machen Ihre Kollegen dort eigentlich?

4 Das Baumarkt-Prinzip: Wer nicht passt, wird passend gemacht

»Morgen, Heiner«, tönt es dicht hinter ihm in der Werkshalle.
»Na, zu Hause mit deiner Frau Händchenhalten geübt?« Heiner dreht sich um und sieht in das grinsende Gesicht seines Kollegen Kalle, der fröhlich weiter schwadroniert. »Wirst du heute brauchen. Wir müssen gleich rauf in den Seminarraum. Da kommt wieder so'n Trainer-Heini, wo wir uns an den Händen fassen müssen und bunte Bälle zuwerfen.«

»Ich weiß. Der Wievielte is'n das? Ich habe aufgehört zu zählen. Jedes Mal, wenn wir verkauft werden, fällt denen da oben wieder was Neues ein. Vorgestern Lean Management, gestern Feedbackkultur. Ach ja, machen wir doch heute wieder mal Lean Management. Die sollen uns einfach mal arbeiten lassen, Herrgott nochmal.«

Heiner hasst diese Pflichtfortbildungen. Zusammen mit seinem Kollegen macht er sich zum Schulungsraum im 2. Stock auf. Schweren Schrittes stapft er die grau marmorierte Treppe mit dem quietschenden Linoleum-Belag hoch. Ein Fahrstuhl wäre auch nicht schlecht. Endlich oben. Sein Herz pocht. Beim Anblick des Seminarraums sinkt seine Stimmung gleich noch eine Etage tiefer: natürlich wieder ein Stuhlkreis. Wie bei den Anonymen Alkoholikern.

»Guten Morgen, herzlich willkommen! Mein Name ist Anja Schmidt.«

»Moin«, grunzt er unter seinem dünnen Oberlippenbart hervor und bedauert, dass er dem enthusiastischen Händedruck der Trainerin nicht entkommen kann. Wie ein Hecht schießt sie auf ihn zu und strahlt ihn über das ganze Gesicht an. Höchstens 35, schätzt Heiner im Stillen. Und so unnatürlich gut drauf wie die Mädels auf den Teleshopping-Kanälen. Gibt es eigentlich Trainer, die Trainern gute Laune beibringen?

»Sie sind also wieder so eine, die uns beibringen will, wie es bei uns in der Produktion besser laufen soll?« Heiner mustert die Trainerin wie einen Gaul auf dem Pferdemarkt.

»Ja, ich habe ein spannendes Planspiel mitgebracht. Sie werden sehen. Ich erzähle gleich mehr davon in der Einführung.«

»Haben Sie schon mal in der Produktion gearbeitet? Wir hatten hier schon genug Stifthalter, die uns nur theoretisches Zeug erzählt haben.«

Ihr Strahlen lässt nicht eine Zehntelsekunde lang nach. »Keine Sorge. Sie werden sehen, wir arbeiten hier heute ganz praktisch.«

Das sagen sie alle. Und am Ende ist das Seminar doch weit von der Praxis entfernt. Heiner hat schon viele Trainer erlebt. Er setzt sich neben Kalle in den hinteren Teil des Stuhlkreises. Viel zu oft schon hat er auf diesen harten gelben Holzstühlen gesessen, vor denen jeder Orthopäde warnen würde. Die anderen zehn Plätze sind noch frei. »Da hätten wir ja nochmal in die Kantine gehen können«, flüstert er Kalle zu. Er kennt den Kollegen schon seit Ewigkeiten. Gemeinsam haben sie in den letzten 15 Jahren so einige Change-Prozesse mitgemacht.

»Wo sind denn Ihre Kollegen, es ist schon 9 Uhr«, fragt die Trainerin die beiden. »Eigentlich fängt das Seminar gerade an.«

»Haben sich vermutlich verlaufen«, lässt Heiner mit verschränkten Armen und einem Schulterzucken verlauten. Er ist ja nicht das Auskunftsbüro, oder? Ist doch ihr Seminar, nicht seines.

Fünf Minuten später sind Stimmen auf dem Flur zu hören, und seine Kollegen strömen in den Raum. Neun Männer und eine Frau. Viele im Blaumann. »Ah, die Streber sind schon da«, begrüßt ein Kollege namens Harry Heiner und Kalle. Der Dicke mit seinen blöden Sprüchen hat ihm gerade noch zu seinem Glück gefehlt. Das kann ja wieder heiter werden heute.

Es dauert noch einige Zeit, bis alle sitzen. »Wann sind denn hier die Raucherpausen?«, fragt einer aus der Runde.

»Komme ich gleich zu«, gibt die Trainerin ungerührt zurück. »Guten Morgen zusammen. Ich begrüße Sie herzlich zum Seminar ›Effiziente Teamprozesse‹.« Dabei zeigt sie auf ein Flip-Chart neben ihr, auf dem der Titel in einem roten Rahmen prangt. Darunter sind selbstgemalte Figuren wie in einem Comic zu sehen, die irgendwie an irgendetwas werkeln. »Sie werden heute erfahren, wie Sie noch besser zusammenarbeiten und Prozesse und Abläufe optimal gestalten können. Ich habe Ihnen unter anderem eine spannende Übung mitgebracht, bei der Sie selbst aktiv werden können …«

»Das bringt doch alles nichts«, unterbricht Heiner sie. »Hier, schauen Sie mal.« Er steht auf und dreht sich um. Auf der Rückseite seines admiralblauen Sweatshirts prangt in dicken weißen Buchstaben »Lean Management 2008«.

Darunter stehen in kleinerer Schrift fünf Buchstaben, die jeweils den Satzanfang für ein wichtiges Lean-Prinzip darstellen, wie z.B. den Wert aus Kundensicht definieren, Verschwendung eliminieren oder durch ständige Verbesserung nach Perfektion streben. »Haben wir alles schon hinter uns. Vor Jahren schon. Das funktioniert hier nicht, was die da oben sich immer alles so denken.«

Damit spricht er seinen Kollegen aus dem Herzen. Das weiß er aus Gesprächen. Eigentlich haben sie das Thema längst abgehakt, und nun ploppt es von Neuem auf. Doch was soll man machen? Sie können das Seminar nicht schwänzen, weil es eine Pflichtveranstaltung ist. Er hätte sich zwar krankmelden können, aber das ist nicht sein Stil. Andere haben da weniger Skrupel; nicht alle Plätze im Stuhlkreis sind belegt. Also bleibt nur, den Tag abzusitzen. Zumindest gibt es Kaffee und Kekse.

Die erste Seminarstunde schleppt sich dahin. Und dann kommt der Punkt, als seine Kollegen und er auch noch das dämliche Spiel mitmachen sollen. Bin ich hier im Kindergarten? Modell-LKWs im Team unter Zeitdruck zusammenbauen. Da hätte er besser seinen Kurzen schicken können. Was hat das mit Lean Management und konsequenter Ausrichtung auf den Kunden zu tun? Aber irgendwie tut ihm die Trainerin auch leid, die sich da vorn abstrampelt wie einst Jan Ullrich bei der Tour de France. Die macht ja auch nur ihren Job. Heiner beschließt, nicht weiter gegen sie anzukämpfen, sondern mitzuspielen. Es nutzt ja nichts.

Am Ende des Tages ist Heiner froh, dass er es hinter sich hat. Für ihn ist klar: Der Tag war für den Arsch.

So wie Heiner geht es vielen Mitarbeitern in den Firmen. Das zeigen mir die zahlreichen Gespräche mit Betroffenen. Allein das Wort »Pflichtschulung« löst bei vielen schon einen Würgereiz aus, als gäbe es ein Krankheitsbild »Fortbildungsbulimie«.

Irgendetwas läuft schief in diesem System. Es kann ja nicht im Sinne des Unternehmens sein, dass die Mitarbeiter ihre Arbeitszeit derart vergeuden. Fortbildung soll doch die Effektivität steigern, nicht senken! Natürlich liegt der Verdacht nahe, dass die Trainer daran schuld sind. Denn sie sollen ja passende Schulungen durchführen, die die Mitarbeiter fit für neue Anforderungen machen und sie auch zum Umdenken motivieren. Ist das die Antwort – schlechtes Training? Oder sind letztlich die Kollegen aus der Abteilung Personalentwicklung die Schuldigen, die für die Schulungen verantwortlich sind und die Trainer beauftragen? Wer hat's verbockt?

Doch halt: Bevor wir reflexhaft den Trainer oder die Personalentwicklung für das Schulungsdesaster verurteilen, lassen Sie uns erst einmal schauen, welche Überlegungen einem solchen Training vorausgehen. Wie sieht die Arbeit in der Personalentwicklung eigentlich genau aus?

Hege und Pflege: Im Dienst von Wachstum und Entwicklung

»Baumgart. Guten Morgen«, meldet sich die Personalent-wicklerin am Telefon.

»Ja, hallo, hier ist Anke Schmidt. Wir wollten über das Seminar gestern in der Produktion sprechen.«

»Ja, richtig, wie war es denn?«

»Schwierig, um es vorsichtig auszudrücken. Die Teilnehmer waren leider überhaupt nicht motiviert.« Anke Schmidt klingt gedrückt. Es ist ihr unangenehm, von ihrem Misserfolg berichten zu müssen. Schließlich ist auch sie nicht frei von Zweifeln: Lag es wirklich an den Teilnehmern, oder hat sie etwas falsch gemacht? Solche Tage sitzen ihr noch lange in den Knochen. Denn eigentlich tritt sie ja in guter Absicht an. Sie will den Teilnehmern etwas beibringen und ihnen helfen, mit den neuen Anforderungen in ihrem Arbeitsalltag gut zurechtzukommen. Nichts ärgert sie mehr, als wenn ein Training offensichtlich in die Hose geht.

»Das ist ja gar nicht schön. Erzählen Sie bitte mal genauer.«

Solche Gespräche im Nachgang zu einem Seminar sind das Tagesgeschäft von Helmi Baumgart. Die 43-Jährige kennt die Trainerin durch eine langjährige Zusammenarbeit und weiß daher, dass sie normalerweise einen guten Job macht.

Die Personalentwicklerin treibt wie all ihre Kollegen in den Unternehmen nur eine Frage um: Wie sorge ich dafür, dass die Mitarbeiter aktuell und in Zukunft die Kompetenzen haben und die Leistungen zeigen, die das Unternehmen nach vorne bringen? Um ihren Job zu leisten, haben erfahrene Personalentwickler einen Background, der sich in meterweisen Regalwänden von Lehr- und Fachbüchern, Ausbildung, oft einem Studium und diversen Zusatzqualifizierungen auszeichnet. Ich will hier gar nicht in die Tiefe gehen: Da stecken auf jeden Fall eine Menge Power und Kompetenz dahinter.

Innerhalb des Unternehmens hat die Personalentwicklung die zentrale Aufgabe, die Beschäftigten in ihrer beruflichen und persönlichen Entwicklung zu unterstützen. Und zwar nicht zum Selbstzweck, sondern stets abgeleitet aus den Unternehmenszielen. Wenn also ein Mitarbeiter in der Produktion eine Arbeitsweise an den Tag legt, dass er Fehler produziert oder Zeit und Material verschwendet, dann gefährdet das die Unternehmensziele. Kunden sind unzufrieden. Sie gehen womöglich zur Konkurrenz, weil da die Produkte eine bessere Qualität haben oder auch kostengünstiger sind.

Lernt so ein Mitarbeiter aus der Produktion, wie er wertschätzend mit seinen Kollegen über Fehler sprechen kann, dann hilft das dem Unternehmen. Wenig dienlich ist dagegen, wenn er seinen schnodderigen, belehrenden Umgangston beibehält und die Kollegen von der Seite anschnauzt. Dann gehen nämlich seine Kollegen in Trotzhaltung und kehren Fehler lieber unter den Teppich. Eine kontinuierliche Steigerung der Qualität – wie es ein Ziel im Lean Management ist – lässt sich so schwerlich erreichen.

Diese Zusammenhänge kennen gut ausgebildete Personalentwickler. Sie wissen auch, wie sie Menschen zielgerichtet und systematisch bilden und fördern, damit diese ihren Beitrag zu den Unternehmenszielen leisten können. Die qualifizierten Personalentwickler mit viel Berufserfahrung sind sehr versiert darin, mit welchem Methodenmix sie Mitarbeiter unterstützen können, damit diese die erforderlichen Kompetenzen entwickeln. Das heißt natürlich nicht, dass immer alles perfekt läuft. Dazu ist menschliche Entwicklung im Umfeld eines Unternehmens einfach zu komplex und von zu vielen Faktoren abhängig.

Es sind oft Menschen mit viel Herzblut, die in der Personalentwicklung arbeiten. Ich habe in den letzten 20 Jahren sehr viele von ihnen kennengelernt. Sie wollen tatsächlich helfen und Gutes tun. Sie wollen Sie als Mitarbeiter individuell und persönlich voranbringen. Ihr Ziel ist es, Ihnen dabei zu helfen, Ihre Stärken zu entfalten und Ihnen Wachstum und Entwicklung zu ermöglichen. Und es tut ihnen in der Seele weh, wenn Sie die angebotenen Möglichkeiten gar nicht nutzen wollen und sich selbst den Weg verbauen.

So geht es auch Helmi Baumgart. Sie brennt für ihren Job. Umso betrübter ist sie über die Einschätzung der Trainerin, dass das Seminar schlecht gelaufen ist.

»Hätten wir etwas besser machen können, Frau Schmidt?« Helmi Baumgart überlegt fieberhaft, wie sie die Mitarbeiter im Produktionsbereich mit den Seminarmaßnahmen erreichen könnten. Die Geschäftsführung erwartet von ihr, dass sich in diesem Bereich des Unternehmens etwas tut.

»Ich weiß nicht«, gibt Anke Schmidt zurück, und es schwingt eine gewisse Ratlosigkeit in ihrer Stimme mit. »Die Teilnehmer kamen schon in Anti-Haltung rein. Ich hatte Mühe, die Leute überhaupt dazu zu bringen, sich in zwei Gruppen zusammenzufinden und im Wettstreit gegeneinander die LKWs zu bauen. Ich habe es am Ende nur hingekriegt, weil ich dem Siegerteam einen Kasten Bier versprochen habe.«

»Bier? Das geht nicht, Frau Schmidt. Wir können in der Firma nicht noch Alkohol als Anreiz setzen. Das ist die falsche Botschaft.«

»Ich wusste mir einfach keinen anderen Rat. Sie haben ja recht. Entschuldigung.«

»War es vielleicht doch die falsche Methode? Zu spielerisch?«

»Ich denke, wir müssen uns einfach vor Augen halten, dass das Konzept ja in anderen Gruppen auch schon ganz gut funktioniert hat. Es gibt halt immer wieder einzelne Teilnehmer oder ganze Gruppen, die alles an sich abtropfen lassen. Vielleicht sollte man einfach die Teilnehmer rausnehmen, die gar keine Lust haben. Die ziehen alle anderen nur runter, die prinzipiell mitmachen wollen.«

»Das können wir nicht machen. Wir können nicht Leute ausschließen. Jeder muss hier eine faire Chance bekommen, dass er mitkommt. Das erwartet auch der Betriebsrat. Die Anforderungen ändern sich halt. Das müssen die doch verstehen. Wir machen das ja hier nicht zum Selbstzweck.« Helmi Baumgart kann es nicht fassen, dass einige Produktionskollegen so blocken.

»Ich glaube, wir können nur bei den Führungskräften ansetzen. Die müssen ihre Mitarbeiter dazu bringen, dass sie einen Sinn in der Schulung sehen und motiviert mitmachen. Letzten Endes müssen die auch die Umsetzung einfordern. Ich kann mich da abstrampeln, so viel ich will«, meint die Trainerin frustriert.

»Ja, vielleicht haben Sie recht. Die Führungskräfte haben hier eine zentrale Rolle. Wenn die nicht dahinterstehen und Druck machen, passiert nichts. Da muss ich wohl nochmal nachhaken.«

Helmi Baumgart nervt dieser Zustand. Sie erinnert sich noch genau, wie sie zu Beginn des Change-Prozesses zusammen mit den Führungskräften Veranstaltungen durchgeführt hat, um alle Mitarbeiter über den Sinn und Zweck der anstehenden Schulungsreihe zu informieren. Und auch, warum es jetzt überhaupt in Richtung Lean Management gehen soll. Haben die Chefs ihre Mitarbeiter nicht im Griff? Sie kämpft gleich an zwei Fronten und fühlt sich dabei wie Don Quixote gegen die Windmühlen.

So wie Helmi Baumgart geht es wohl den meisten Personalentwicklern in den Unternehmen. Sie arbeiten in einem Bermuda-Dreieck: Sie sollen dafür Sorge tragen, dass die Mitarbeiter sich an neue Anforderungen anpassen, dazulernen und sich verändern, und haben gute Ansatzpunkte und Lösungen parat. Doch einige Mitarbeiter zeigen Desinteresse oder gar Abwehr und stecken andere mit ihrem Unmut an – so wie Heiner. Wenn sich die Mitarbeiter gar nicht verändern wollen, nützt die beste Methode nichts. Wenn dann noch die Chefs ihre Mitarbeiter nicht motiviert bekommen, dann wird es nichts mit der Veränderung.

Doch Abwehr und Widerstand bei geforderten Verhaltensänderungen sind ganz normal. Heiner und seine Kollegen sind keine Querulanten aus Überzeugung. Das wissen auch die Personalentwickler. Viele Menschen bleiben lieber in ihrer Komfortzone, anstatt sich in die Veränderung zu stürzen – nicht nur im Beruf, sondern auch im Privatleben. Die Komfortzone ist der Bereich, der uns sicher und vertraut ist. Wo wir uns nicht anstrengen müssen und alles seinen gewohnten Gang geht. Wir lieben die bekannten Bahnen.

Dieses Bedürfnis, in der Komfortzone zu bleiben, wächst bei vielen noch, je mehr Veränderung im Unternehmen gefordert ist. Wenn Sie heute dies und morgen das lernen sollen und übermorgen noch mal etwas ganz anderes – dann schwirrt wohl den meisten Menschen irgendwann der Kopf, und es tritt eine Veränderungsmüdigkeit auf. Ganz besonders, wenn sich irgendwann im Taumel der ganzen Veränderungen der eigentliche Sinn all der Maßnahmen nicht mehr erschließt.

Die große Frage bei alldem ist also immer, wie die Abwehrhaltung in eine Bereitschaft zum Mitmachen verwandelt werden kann. Das ist so ähnlich, als wenn Sie ein Wildpferd einreiten wollen. Das lässt Sie auch erstmal nicht an sich ran. Es kickt mit den Hufen nach Ihnen. Wiehert böse. Haut ab in die Prärie. Also versuchen Sie es noch einmal behutsamer. Sie versuchen sein Vertrauen zu gewinnen, sprechen beruhigend auf das Tier ein, nähern sich langsam, machen weniger Druck. Und wenn es gut läuft, werden Sie irgendwann gute Freunde sein.

Alte Gewohnheiten sind wie Wildpferde. Sie bocken wie ein Tier, wenn Sie sie am Schlafittchen packen wollen.

Manche Menschen verbleiben deshalb sogar in Situationen,

die von außen betrachtet zum Haare ausraufen sind. Kennen Sie das?

Ich denke da zum Beispiel an unglückliche Paarbeziehungen: Beide spucken Gift und Galle. Die Schranktüren fliegen. In ganz schlimmen Fällen regieren sogar die Fäuste. Und trotzdem bleiben die Partner zusammen, als wären sie mit Titan-Handschellen zusammengekettet. So machtvoll sind Gewohnheiten.

Diese Macht der Gewohnheit ist der Feind des Personalentwicklers. Doch im Grunde ist sie auch Ihr Feind. Denn sie verhindert, dass Sie sich konstruktiv entwickeln. Sie ist ein starker Feind, der schwer zu knacken ist. Und deshalb braucht es bisweilen auch eine radikale Methode, damit Entwicklung und Veränderung in Gang kommen. Sie klingt allerdings martialisch. Allein das Wort jagt Personalentwicklern oft schon eine Gänsehaut über den Rücken, dass sie vor Kälte bibbern. Denn es klingt so unmenschlich. So ganz und gar nicht nach der positiven Absicht, die eigentlich dahintersteckt. Doch, was soll's: Der Zweck heiligt die Mittel. Keine Entwicklung ist auch keine Lösung.

Diese Methode bringen die Personalprofis den Führungskräften im Unternehmen bei. Also auch Ihrem Chef. Wissen Sie eigentlich, was Ihr Chef hinter verschlossenen Seminartüren so alles lernt, um Sie in Ihrem Veränderungstempo zu beflügeln? Nein?

Die Geschichte von Armin verrät es Ihnen. Und obendrein verdeutlicht sie ein überraschendes Gesetz der Veränderung, das auch Sie betrifft.

Doppelter Leidensdruck: Im Sog der Entwicklung

Armin ist 32 Jahre alt, als er von seinem Chef eine Stelle als Teamleiter angeboten bekommt. Er arbeitet damals bei einem Telefonkommunikationsunternehmen – in einer Branche also, wo Veränderung an der Tagesordnung ist. Und er ist mittendrin. Spätestens bei dem folgenden Vieraugengespräch einige Wochen nach seiner Beförderung wird ihm das überdeutlich.

»Armin, ich beobachte dich seit einiger Zeit mit wachsender Sorge. Du musst dich mehr durchsetzen und Leistung einfordern. Wenn du nicht hart genug bist, wirst du dich nie als Führungskraft behaupten können.« Die Stimme seines Chefs lässt keinen Zweifel aufkommen: Er ist unzufrieden. Doch er beherrscht sich, seinen Ärger herauszulassen.

»Aber ich muss doch sensibel mit den Leuten umgehen und sie ernst nehmen, sonst haben sie ja gar keine Lust, mit mir zusammenzuarbeiten. Immerhin war ich vor zwei Monaten noch selbst als Mitarbeiter im Team.« Armin lässt sich nicht einschüchtern. Nur zu gut weiß er noch, wie es sich auf der Mitarbeiterseite anfühlt, wenn der Vorgesetzte sich »durchsetzt«. Sein Chef sieht das alles völlig falsch.

»Wenn du weiter so denkst, wird es dich kaputtmachen«, redet der ihm ins Gewissen. »Vergiss das alles, sonst schaffst du nicht, was jetzt aktuell ansteht. Du weißt, wir sind mitten in einer Umstrukturierung. Ich brauche zeitnah eine Liste von dir, welche Mitarbeiter du in deinem Team behalten willst. Den anderen bieten wir einen Aufhebungsvertrag an.«

»Ja, aber … Ich soll Leute entlassen, mit denen ich die letzten Jahre eng zusammengearbeitet habe? Das sind liebe Kollegen.« Armin ist entsetzt über die kalte Art seines Chefs. Unruhig rutscht er auf seinem Stuhl hin und her.

»Ich sagte ja, du musst härter werden. Du kannst dir kein Mitleid leisten. Du musst im Sinne des Unternehmens denken. Wir brauchen die Besten.« Seine stahlblauen Augen durchbohren Armin wie ein Laser. Fast als wolle er in sein Gehirn eindringen, um zu schauen, ob seine Botschaft angekommen ist.

Armin schluckt. Er weiß genau, dass er vier seiner ehemaligen Kollegen entlassen muss, wenn er den Ansprüchen gerecht werden will.

Und so versucht er sich den neuen Anforderungen mit Hilfe der Abteilung Personalentwicklung zu stellen. Immerhin hat er 15 Mitarbeiter in seinem Team. Armin lässt sich Schulungen heraussuchen, wie er besser Konflikte managen oder auch Entlassungsgespräche führen kann. Er versucht sich schlauzumachen, wie es ihm gelingen kann, die vielen Emotionen, die ihm im Rahmen der ganzen Veränderungen begegnet sind und noch begegnen werden, besser an sich abprallen zu lassen. Er muss jetzt schnell lernen, um sich in der neuen Führungsrolle zu bewähren. Bloß keine offene Flanke zeigen. Nicht versagen und seine weitere Karriere damit gefährden.

Wie Sie merken, steht Armin zu jener Zeit enorm unter Druck, seinen bisherigen Führungsstil zu verändern. Die Angst, zu versagen, vielleicht seine Teamleiterstelle zu verlieren, beflügelt ihn darin, schnell dazuzulernen und sich an die Anforderungen anzupassen. Gleichzeitig soll er aber Druck auf seine Mitarbeiter ausüben, damit die sich in ihrem Leistungsverhalten im gewünschten Sinne verändern. Eine Kette des gegenseitigen Drucks, von oben nach unten.

Wie viel Druck hält ein Mensch eigentlich aus?

Bleiben wir bei Armin, um diese Frage zu beantworten. Er befindet sich in einer Situation, die Veränderungspsychologen als Leidensdruck beschreiben. Diesen Druck hat sein Chef durch das Feedback in jenem Vieraugengespräch aufgebaut. Das ist das Führungsverhalten, das ich eingangs als martialische Methode beschrieben habe: Der Vorgesetzte gibt einen deutlichen Anstoß für Veränderung, der beim anderen Druck erzeugt.

Leidensdruck bei anderen Menschen zu erzeugen, ist sicherlich nicht schön, aber vielfach nötig, damit sich etwas verändert. So beschreibt es auch der Psychologieprofessor Dietmar Schulte sehr klar in seinem Buch »Therapiemotivation«: »Menschen beginnen in den meisten Fällen erst dann, sich für neue Wege zu öffnen, und sind bereit, etwas zu verändern und dazuzulernen, wenn der Leidensdruck groß genug ist.[103]

Nun geht es im Unternehmen nicht darum, Menschen zu therapieren. Doch die Gesetzmäßigkeiten der Veränderung gelten auch bei Veränderungsprozessen im wirtschaftlichen Sinne. Sie bilden sogar einen wichtigen Teil von Personalentwicklungsmaßnahmen.

Leidensdruck ist etwas sehr Subjektives. Was für den einen schlimm ist, ist für den anderen nur zartes Blätterrauschen im Wald. Für Armin war es schlimm genug, dass seine Karriere auf dem Spiel stand. Also begann er sich zu ändern.

In so einem Fall findet immer eine Abwägung statt. Was passiert, wenn ich mich nicht verändere? Was passiert, wenn ich mich verändere? Wie individuell unterschiedlich dieser innere Prozess des Abwägens ist, lässt sich sehr gut am Beispiel der bereits erwähnten unglücklichen Paarbeziehungen verdeutlichen. Für manch einen ist Dauer-Zoff in der Ehe weniger schlimm als wieder allein als Single durch die Welt zu gehen. Lieber sogar Prügel als gar keinen Partner.

Ob Leidensdruck entsteht oder nicht, ist also sehr stark abhängig von eigenen Motiven und Werten.

Selbst wenn es hier erst einmal negativ klingt: Leidensdruck hat tatsächlich etwas Gutes. Ich will Ihnen das am Beispiel einer Weinbergschnecke erläutern, die über die Straße kriecht. Zentimeter um Zentimeter zieht sie die Schleimspur hinter sich her. Beeil dich doch, denkt ein Fußgänger, der das langsame Tier beobachtet. Und dann kickt er doch tatsächlich die arme Kreatur mit dem Fuß von der Straße, dass sie in hohem Bogen ins nahe

Gebüsch plumpst. Was würden Sie wohl dazu sagen, wenn Sie Schnecke wären? Vermutlich so etwas wie: »elender Tierquäler!«

Doch wenn Sie den Blick über den Tellerrand bewegen, wird Ihnen deutlich, dass Ihnen der Fußgänger geholfen hat. Er sah ein Auto kommen und hat Sie mit seinem Tritt gerade noch gerettet. Was ich damit ausdrücken will: Im ersten Moment tut äußerer Druck zwar weh wie ein Fußtritt und fühlt sich auch überhaupt nicht gut oder fair an. Doch auf lange Sicht entsteht auf dieser Basis oftmals persönliches Wachstum.

Armin muss also erst einmal durch ein tiefes Tal hindurch, wo ihn der Leidensdruck belastet. Der Schritt vom Kollegen zum Vorgesetzten ist nicht einfach, weil sich die Rolle wandelt, die er im Team auszufüllen hat. Wenn gleichzeitig ein Change-Prozess mit Umstrukturierungen und Personalabbau ansteht, ist natürlich eine gewisse Anpassungszeit nötig, um mit all diesen neuen Anforderungen umzugehen zu lernen.

Sind Sie neugierig, wie Achims Geschichte weitergeht?

Die Zeit geht ins Land, das Spiel bleibt das gleiche. Hohe Zielvorgaben. Immer höhere Taktung. Umstrukturierung. Neues Personalkarussell im Team. Die Performance und die Zahlen müssen stimmen. Armin versuchte die Firmeninteressen durchzusetzen und sich nicht zu sehr von den menschlichen Schicksalen der Mitarbeiter berühren zu lassen. Ohne Narben geht das nicht ab.

Besonders machen ihm zwei Situationen zu schaffen, in denen er hart sein muss. In seinem Team gibt es eine Mitarbeiterin, die in der Schwangerschaft ihr Kind verloren hat. Mitten in so einem Change-Prozess. Sie ist emotional angeschlagen. Doch er muss sie aufgrund ihrer mangelnden Leistungen der letzten Monate anzählen. »Ich wusste genau, ich kann sie damit überhaupt nicht konfrontieren, und eigentlich kann ich ihr das nicht antun«, berichtet Achim mir später. »Ich habe mir gesagt: Um Gottes willen, lass sie bloß in Ruhe mit so einem Kram. Aber ich musste.«

In dem anderen Fall sitzt ein gestandener, langjähriger Mitarbeiter in seinem Büro und weint, weil sein Vater gestorben ist. Für ihn ist eine Welt zusammengebrochen. »Ich werde nie vergessen, wie ich ein paar Wochen später von meinem Chef angesprochen wurde, warum es denn mit ihm nicht aufwärtsgeht. Da sagte ich: ›Hey, sein Vater ist vor kurzem gestorben.‹ Und was hat er erwidert? ›Ja, aber das ist doch schon zweieinhalb Monate her. Der muss doch auch mal wieder auf die Beine kommen.‹ Da habe ich gedacht: Mann, wo bin ich hier nur gelandet.«

Trotz allem versucht Achim mit seinen Mitarbeitern weiterhin offen, ehrlich und wertschätzend umzugehen, um Motivation und Leistungsfreude aufrechtzuerhalten. Doch sein Chef hat den Eindruck, dass er sich damit keinen Gefallen tut. Er lädt ihn mittags zu einer Pizza in einem nahegelegenen Restaurant ein, damit sie ungestört miteinander sprechen können.

»Du lässt das alles viel zu nah an dich ran«, kommt sein Chef gleich zur Sache, nachdem sie bestellt haben. »Als Führungskraft musst du einfach auch unbequeme Entscheidungen treffen. Du kannst nicht immer Rücksicht nehmen. Und du kannst auch nicht jeden retten, dass er sich hier wohl fühlt.«

Armin starrt in sein Glas Sprudel. Die Blasen steigen blubbernd auf. Doch sie sagen ihm auch nicht, ob sein Führungsstil so falsch ist, wie sein Chef behauptet. »Ich will nicht jeden retten. Aber ein offenes Ohr hat jeder Mitarbeiter verdient. Und auch, dass ich seine Sorgen und Nöte ernstnehme.«

»Mag sein«, tut sein Chef den Einwand mit einer Handbewegung ab. »Aber du bist nicht die Sozialberatung. Du kannst nicht monatelang zusehen, wie jemand seine Leistung nicht bringt. Das müssen die anderen Kollegen dann ja mittragen. Das ist nicht gut.«

»Hm«, stimmt Armin leise zu. Das Argument sitzt.

»Es ist höchste Zeit, dass du da besser wirst«, betont sein Chef zwischen zwei Bissen von der Salami-Pizza, die zwischenzeitlich eingetroffen ist. »Du kriegst jetzt einen Mentor, der dich da weiterbringt. Ich habe schon mit den Kollegen aus der Personalentwicklung gesprochen. Die empfehlen das auch, dass du dich einfach mit einer sehr erfahrenen Senior-Führungskraft regelmäßig austauschst und von deren Erfahrungen profitierst.«

»Vielleicht hast du recht. Da kann ich bestimmt noch etwas lernen.«

»Ja. Und wir werden jetzt künftig einen Jour fixe einrichten, wo wir regelmäßig darüber sprechen, welche Erkenntnisse du gesammelt und umgesetzt hast. Es ist ja nicht so einfach, sich zu verändern. Ich weiß das von mir selbst. Du kriegst alle Unterstützung, die du brauchst, denn ich schätze deine Arbeit sehr.«

Armin entspannt sich etwas. Sein Chef glaubt noch an ihn. Er will ihm helfen.

Und so trifft sich Armin monatlich mit seinem Mentor. Jeden zweiten Monat hat er den Jour fixe mit seinem Chef, der ihn stets fragt, welche Fortschritte er mache. Die regelmäßigen Treffen bringen Armin in Handlungsdruck. Doch er betrachtet den Mentoring-Prozess als Hilfe, um am Ball zu bleiben.

Bis ihn seine Frau eines Tages besorgt anspricht:

»Sag mal, Armin, was passiert mit dir?« Sie beobachtet, wie er robotergleich und mit leerem Blick sein Brötchen beim gemeinsamen Frühstück kaut. So sieht das in letzter Zeit immer aus. »Du wirst mir zunehmend fremder. So kenne ich dich gar nicht.«

»Was meinst du?«

»Du bist sehr oft in Gedanken, du bist nicht mehr aufmerksam. Was beschäftigt dich so sehr?« Ihre Frage löst einen Knoten in ihm. Und wie ein Wasserfall sprudelt es aus ihm heraus.

»Ich fühle mich einfach unwohl dabei, wie ich mit meinen Mitarbeitern umgehen muss. Weißt du, all das, was mich ausmacht, als Mensch, als Person – was du an mir schätzt, was meine Eltern mir mitgegeben haben –, das darf ich in der Firma nicht zeigen. Es fühlt sich so an, als müsste ich mich ein bisschen selbst aufgeben oder mindestens zur Seite legen. Und das Gefühl wird von Tag zu Tag schlimmer.« Jetzt ist es ausgesprochen. Es tut ihm gut. Er spürt eine Erleichterung in seinem Körper. Zu lange hat er das Gefühl eingesperrt.

»Das ist ja schrecklich. Wieso machst du das alles bloß schon so lange mit?« Seine Frau sitzt ihm fassungslos gegenüber und greift nach seiner Hand.

»Ich weiß auch nicht. Ich habe es gar nicht gemerkt. Es war immer so viel los. Keine Zeit durchzuatmen. Ich habe auch echt geglaubt, die versuchen mir alle zu helfen. Es ist ja wirklich was anderes, wenn du auf der Führungsseite bist. Aber eigentlich war es die letzte Zeit die reinste Überwachung. Immer diese Fragen, was ich schon umgesetzt habe. Die haben mich total unter Druck gesetzt.«

»Und nun?« Seine Frau blickt ihn fragend an.

Das Ende vom Lied ist, dass Achim für sich die Notbremse zieht und dem Unternehmen den Rücken kehrt. Inzwischen ist er zufrieden in einem anderen Unternehmen, wo Platz für seinen Führungsstil und seine menschliche Ader ist. Er hat sich von dem Leidensdruck befreit, anstatt weiter ein Opfer der Personalentwicklung zu sein.

Denn das war er letztendlich. Sein Chef versuchte ihn zu mehr

»Härte« zu entwickeln, und die Abteilung Personalentwicklung half dabei. In guter Absicht. Damit er in seiner neuen Rolle als Führungskraft so funktionierte, wie es in dem Change-getriebenen Unternehmen notwendig erschien.

Leidensdruck bringt Menschen in Bewegung – auf die eine oder andere Weise. Dieses Gesetz der Veränderung gilt immer, für Führungskräfte wie für Mitarbeiter. Doch Leidensdruck hat auch seine Schattenseiten, wie Ihnen diese Geschichte zeigt. Die martialische Methode funktioniert auf Dauer nicht, wenn Menschen sich gegen ihre inneren Werte verhalten sollen. Dann ist sie richtig schädlich. Doch das wird im Eifer der Personalentwicklungsarbeit leicht übersehen. Zu dominierend ist die Erwartung von Seiten der Geschäftsführung oder Führungskräften, dass Sie als Mitarbeiter funktionieren sollen wie eine Maschine – und das möglichst schnell. Personalentwicklern sitzt ein Dauer-Mantra aus der Geschäftsführungsetage im Nacken, das da lautet: »Geht es nicht auch in der halben Zeit?« Wissenserwerb und Veränderung müssen so schnell gehen wie ein Raketenstart. Druckbetankung mit Tiefenwirkung. Denn angesichts rasanter technologischer Entwicklungen und Marktanforderungen sollen Sie sich als Mitarbeiter natürlich möglichst rasch an wandelnde Anforderungen anpassen.

Diese Erwartungshaltung hat die kleinen grauen Zellen der Personalentwickler und Weiterbildner zum Kochen gebracht. Und was sie unter dieser geistigen Hitze des Innovationsdrucks ausgebrütet haben, ist schon genial. Die Methode, von der nun die Rede ist, geht in eine ganz andere Richtung als der erwähnte Leidensdruck. Zum ohnehin schon üppigen Methodenarsenal der Personalentwicklung sind neuerdings noch ein paar Wunderwaffen hinzugekommen.

Doppelte Taktung: Die Wunderwaffen der Personalentwicklung

Während die Digitalisierung einerseits den allgemein schon hohen Wettbewerbsdruck noch weiter erhöht, hat sie andererseits doch auch ihre guten Seiten. Denn die technischen Möglichkeiten der Digitalisierung erweitern den Werkzeugkoffer der Personalentwicklung um ungeahnte Möglichkeiten. »Digitale Lernformate« und »E-Learning« lauten die Schlagworte, jederzeit und an jedem Ort lernen ist das Versprechen. Flächendeckende und schnelle Versorgung mit Lernstoff zu den verschiedensten Themen – sei es Compliance, Arbeitssicherheit, Führung oder Kommunikation. Keiner muss mehr reisen, um dazuzulernen. Sogenannte »Learning Management-Systeme« ersetzen den Schulungsraum. Das spart Reise- und Ausfallkosten.

All diese Optionen bereiten neuen Lernformaten den Weg, die wenig Lernzeit kosten. Eines davon nennt sich »Learning Nuggets«.[104] Damit ist eine Lerneinheit von etwa fünf Minuten zu einem bestimmten Thema gemeint. Aufgrund der Kürze lässt sich so ein »Nugget« im Arbeitsalltag leicht integrieren. Die Methode verspricht einen permanenten Lernprozess mit geringem Aufwand. Die bevorzugte Art und Weise der Vermittlung ist ein Video. Es können aber auch Podcasts im Audioformat oder vertonte Präsentationen sein – immer didaktisch hochwertig aufbereitet. Praktisch sieht das so aus, dass zum Beispiel ein Bankmitarbeiter in regelmäßigen Abständen eine E-Mail mit einem Link zu einem Learning Nugget erhält, aus dem er die besten Tipps und Tricks für gute Beratungsqualität erfährt und dann direkt umsetzen kann.

Die Art, wie Lernen in den Firmen passiert, verändert sich gerade enorm. Die Wahrscheinlichkeit ist groß, dass Sie als Angestellter schon erste Erfahrungen damit gemacht haben.

Gefragt ist bei diesen neuen Methoden der selbstverantwortlich Lernende – und das aus gutem Grund. Denn der neue Ansatz lautet: Anstatt sich Wissen tonnenweise auf Vorrat in die Hirnzellen zu prügeln, wie das noch bei den klassischen Seminaren der Fall ist, holt sich jeder das Wissen, das er gerade im Moment bei seiner Arbeit benötigt. Es braucht dazu nur einen großen Wissenspool, den die Firma selbst erstellt oder passend bei einem Dienstleister einkauft. Von entscheidender Bedeutung ist natürlich eine laufende Aktualisierung dieses Wissens. Das Zauberwort heißt »Learning on Demand«. Bedarfsgerechter kann Lernen kaum noch werden.

Im Prinzip funktioniert das wie die Informationssuche in einer Suchmaschine. Vielleicht kennen Sie den Werbeclip eines Suchanbieters, in dem zwei junge Männer über ihren Küchentisch gebeugt stehen. Ihr ratloser Blick trifft die glasigen Augen eines toten Fischs. »Google, zeige mir per Video, wie man einen Fisch filetiert«, spricht einer der beiden überdeutlich in sein Smartphone. Sein Kumpel steht mit einem scharfem Messer im Anschlag, schaut konzentriert auf das erste Video und fängt an, den Worten zu folgen: »Direkt am Kopf schneidet man ein …«

Dieser Clip trifft genau ins Herz all jener Menschen, die Lernen einfach und mundgerecht haben wollen. Die Botschaft lautet: Frag einfach Google oder das firmeneigene E-Learning-Lernportal, und du bekommst genau die Information, die die aktuelle Situation erfordert. Besonders beliebt sind dabei kurze Lernvideos. Eigentlich trockene Materie wird unterhaltsam aufbereitet und verständlich vermittelt. Sofort einsetzbar. Passgenau. Zeitsparend. Ein Wissenshäppchen, das schmeckt.

Ein Beispiel dazu aus der Unternehmenspraxis erzählte mir die E-Learning-Verantwortliche eines großen Unternehmens aus der Banken- und Versicherungsbranche. Die Vertriebsleute bekamen iPads. Diese sind an das firmeneigene internetbasierte Lernmanagement-System angeschlossen, wo die Mitarbeiter stets mit den neuesten Produktinformationen und anderem Wissenswertem versorgt sind. Und damit der menschliche Kontakt nicht zu kurz kommt, gibt es flächendeckende Webinare, die bedarfsgerecht und zeitsparend die neusten Updates ermöglichen. Einfach nur rechts ranfahren, iPad an, einloggen, und los geht es.

Der Fokus all dieser digitalen Lernformate liegt typischerweise auf der Wissensvermittlung. Doch die neuen Technologien unterstützen auch Verhaltensänderungen, damit Ihr Gehirn im Daily Business nicht vergisst, dass es sich neu verschalten soll.

So gibt es spezialisierte Anbieter, die aktivierende Erinnerungen versenden. Eigentlich ganz einfach: Immer wieder saust in regelmäßigen Abständen eine Mail oder auch SMS rein. Das Versprechen ist, dass Sie sich nur drei Minuten damit befassen müssen, aber damit den Grundstein legen, um Neues zu lernen oder lästige Gewohnheiten zu verändern. Das könnten dann Impulse sein wie: »Hallo Heiner, was hast du heute schon zur kontinuierlichen Verbesserung in der Produktion beigetragen?«

Doch das Ende der Fahnenstange ist noch nicht erreicht. Ein Werkzeugmaschinenbauer ist gerade mitten dabei, seinen weltweit agierenden Servicetechnikern Videos auf Abruf zur Verfügung zu stellen, die zeigen, wie die Maschinen zu reparieren sind. Der Servicetechniker diagnostiziert vor Ort das Störungsbild der Maschine. Mit dem passenden Suchbegriff kann er auf seinem Smartphone ein Video abrufen, aus dem er ersehen kann, wie er die Maschine wieder instand setzt. Best practice auf Knopfdruck.

Die neue Kompetenz heißt: Wissen, wie man Wissen findet. Dann muss man es einfach nur nachmachen. Die neuen Systeme unterstützen uns dabei optimal. Personalentwicklung kann so einfach und schnell gehen – als würde man Google fragen.

Ich finde diese technologischen Entwicklungen und Möglichkeiten bahnbrechend. Sie begeistern mich. Ich habe meine Diplomarbeit noch mit einer Reiseschreibmaschine geschrieben. Sie wissen schon: Das sind die Dinger, wo Sie immer mit den Fingern zwischen die Tasten geraten, Wurstfinger vielleicht ausgenommen. Ich bin noch zu Fuß in die Bibliothek gewandert, wenn ich spezielles Wissen brauchte. Ich habe Bücher durchgearbeitet. Und jetzt sind die Mitarbeiter nur einen Mausklick entfernt von einem YouTube-Video, das ihnen die Welt erklärt. Einfach klasse! Wenn es so etwas nur schon zu meinen Studienzeiten gegeben hätte …

Doch bei aller Euphorie über die neuen Möglichkeiten dürfen wir eine Frage nicht außer Acht lassen: Lässt sich das zunehmende Change-Tempo tatsächlich in YouTube-Einheiten messen, geschweige denn beherrschen?

Sicherlich nicht allein. Kurzformate sind kein Ersatz für alle Anforderungen, die Veränderungsprozesse an die Personalentwicklung stellen. Doch sie sind eine gute Methode, um bestimmte Themen in kleinen Dosen bedarfsgerecht zu vermitteln oder an die Umsetzung von Vorsätzen zu erinnern. Letztendlich geht es in der Personalentwicklungssicht immer um einen Mix an Maßnahmen. Digital allein ist selten ausreichend.

Manchmal ist die beste Maßnahme, dass Ihre Kollegen und Sie sich zu einem Team-Meeting zurückziehen, um darüber zu sprechen, wie Sie den Veränderungen am besten begegnen. Ein anderes Mal ist ein Seminar die bessere Lösung, weil es darauf ankommt, Kollegen mit anderen Erfahrungen zu treffen, Übungen zu absolvieren und Feedback zu bekommen. Und bei wieder einer anderen Gelegenheit mag die beste Lösung sein, eine sogenannte »Blended Learning-Maßnahme« durchzuführen, bei der die Vorteile von E-Learning-Formaten mit den Vorteilen eines Präsenzseminars gekoppelt sind.

Das Gute an den neuen Lernmethoden ist, dass diese für die meisten von uns kein Buch mit sieben Siegeln sind. Denn wir sind aus dem privaten Bereich gewöhnt, YouTube als Informationsplattform zu nutzen und uns benötigtes Wissen schnell aus dem Netz zu holen.

So gesehen müsste in der Kombination aller Methoden, die die Personalentwicklung so zu bieten hat und welche die Kollegen in dieser Abteilung fachgerecht einzusetzen wissen, doch eigentlich jeder Wandel zu bewältigen sein? Theoretisch schon – wenn es da nicht noch eine Besonderheit unseres Gehirns gäbe, die sich nicht so einfach umprogrammieren lässt.

Schachmatt: Amygdala gegen Selbstlern-Formate

Im Grunde seines Wesens ist unser Gehirn ganz einfach gestrickt: Es möchte Belohnung maximieren und Bedrohung minimieren. Eis essen – ja! Dafür ewig weit zur Eisdiele gehen – nein! Und so werden alle Signale, die aus dem Umfeld kommen, danach eingeordnet, ob sie in ihrer Bedeutung positiv oder negativ sind. Genauso verhält es sich da auch mit dem Lernstoff, den Sie sich als Mitarbeiter im unternehmensinternen E-Learning-System beschaffen und aneignen könnten. Verantwortlich dafür ist die Amygdala, ein kleiner Bereich im Limbischen System, der wegen seiner Form auch Mandelkern genannt wird.

Dieser Mandelkern gibt der Personalentwicklung eine harte Nuss zu knacken. Auf viele Menschen wirken Selbstlern-Formate nämlich genauso bedrohlich wie Ringelnattern im Unterholz – sie lösen den Fluchtreflex aus. Die im Gehirn damit verbundenen Turbulenzen sind ähnlich wie bei meinem zehnjährigen Sohn, wenn er für die Schule lernen oder Hausaufgaben machen soll. Dann funkelt er mich aus flackernden Augen an, dass die Luft zwischen uns brennt. Mit einer Explosivkraft, die einer Kernfusion gleichkommt, gibt er mir zu verstehen, dass er dazu keine Lust hat.

An den Arbeitsplätzen spielt sich das Ganze natürlich gesitteter ab. Da hören Sie eher Äußerungen wie »Habe ich jetzt keine Zeit für«. Und schwupp – ist die Lernanforderung vom Tisch, mit der gemurmelten Selbstberuhigung »Mache ich später«. Also nie. Auch gern genommen: »Das geht hier bei uns nicht so gut.« Zum Beispiel, weil Menschen im Großraumbüro arbeiten und es einfach schlecht aussieht, wenn jemand lernt, während die anderen arbeiten. Der Fluchtreflex an sich ist unwillkürlich und tief verankert. Bei den Ausreden, die wir dafür finden, ihm zu folgen, sind wir dagegen ganz schön kreativ.

Hätten Sie das gedacht? Die schönen neuen Lernmethoden sind eine Bedrohung für unsere Gehirne. Die wenigsten Menschen haben Lust, jederzeit an jedem Ort zu lernen. Technische Innovationen treffen auf jahrtausendealte Hirnfunktionalität. Die Helmi Baumgarts aus der dritten Etage stören die Kreise. Kommt Ihnen das irgendwie vertraut vor?

Neben der Amygdala hat uns der Herrgott im Laufe der Evolution eine Großhirnrinde als Grundausstattung mit auf den Weg gegeben. Und die ist eigentlich dafür gedacht, dass wir uns mit der nötigen Willenskraft und Selbstmotivation auch über Unlust hinwegsteuern können. Die Kreativität, die wir bei den Ausreden entwickeln, könnten wir dafür nutzen, getreu dem Sprichwort »Wo ein Wille ist, ist auch ein Weg«. Nur schade, dass nicht jeder seine Amygdala im Griff hat!

Reine Faulheit also, wenn wir uns weigern, dazuzulernen?

Nein, so einfach ist es dann doch nicht. Beim Selbstlernen sind zwei psychologische Prozesse im Spiel: Motivation und Volition. Motivation braucht es erstmal, damit Sie überhaupt anfangen zu lernen. Volition betrifft die geistigen Prozesse, die Ihnen helfen, auch am Ball zu bleiben und sich nicht durch andere Dinge ablenken zu lassen.[105] Der Begriff bezeichnet die bewusste, willensgesteuerte Umsetzung von Zielen in Resultate einschließlich der Überwindung von Hürden.

In beiden Fällen handelt es sich um Selbststeuerungsprozesse in Ihrem Kopf. Das ist die Art, wie Sie denken und mit sich selbst sprechen. So können Sie sich zum Beispiel ganz bewusst für eine Lerneinheit motivieren und auch dranbleiben, wenn Sie Selbstbelohnungsstrategien einsetzen. Eine Wirksamkeitsstudie hat gezeigt, dass es sehr hilfreich ist, wenn Sie den Blick darauf lenken, was Sie an einem Thema persönlich interessiert – also wo Sie dem Ganzen etwas Gutes abgewinnen können. Die Belohnung liegt also im Lernstoff selbst. Doch der sticht manchmal nicht direkt ins Auge, sondern will bewusst entdeckt werden.[106]

Wenn Sie sich bewusst auf Veränderungsprozesse einlassen wollen, kommt es im Kern darauf an, dass es Ihnen gelingt, ein Lern- oder Veränderungsthema so wichtig oder interessant in Ihrem Kopf zu machen, dass Sie freiwillig anfangen, sich damit zu befassen. Doch damit nicht genug: Sie brauchen auch noch gute innere Abschirmungsstrategien, um sich nicht von anderen Dingen ablenken zu lassen, sondern am Ball zu bleiben.

Typischerweise lernen Sie Motivations- und Volitionsstrategien im Elternhaus. Das geschieht allerdings nur dann, wenn Ihre Eltern selbst diese Strategien beherrschen und im Erziehungsprozess immer wieder darauf hinarbeiten. Kinder müssen Lernmotivation also von der Pike auf lernen – sie fällt nicht vom Himmel.

Leider ist es tatsächlich sehr mühsam, den lieben Sprösslingen das alles beizubringen. Das kann ich aus eigener Erfahrung mit meinen zwei Kindern sagen. Noch schwieriger wird es dadurch, dass es eine Weile braucht, bis die Bemühungen fruchten: Diese geistigen Selbststeuerungsprozesse gelingen erst mit zunehmendem Alter und der damit verbundenen Hirnreifung immer besser Doch spätestens, wenn es in die Schule geht, müssen die ersten Schritte in diese Richtung gegangen werden: wenn Kinder nämlich lernen sollen, sich hinzusetzen und Hausaufgaben zu machen, anstatt nach rechts und links abzudriften und lieber mit Lego zu spielen, ein Hörspiel anzumachen oder mit dem Smartphone zu daddeln.

Natürlich versuchen auch die Schulen, diese Selbststeuerungs-kompetenzen zu fördern. Mal mit mehr, mal mit weniger Erfolg. Gerade erst gestern hat mir mein Sohn erzählt, dass seine Leh-rerin drei Mitschüler vor die Tür gesetzt hat, weil sie im Unter-richt die ganze Zeit nur gestört haben. Das ist weder motivierend noch volitional …

Es ist kein Kinderspiel, Motivations- und Volitionsstrategien zu lernen, sondern mindestens genauso anspruchsvoll wie Ma-the und Deutsch. Nur mit dem Unterschied, dass dies Hauptfä-cher sind, während Motivations- und Volitionsstrategien in kei-nem Lehrplan offiziell vorkommen. Liebe Bildungsministerien: Eure Lehrpläne sind so vollgepackt wie der überdimensionierte Schulranzen, unter dem ein Erstklässler zusammenzubrechen droht. Doch was die Kinder an Psychologie brauchen könnten, um gut im Leben zurechtzukommen – dafür ist kein Raum. Im Zeitalter des lebenslangen Lernens wird es höchste Zeit, dass sich daran etwas ändert. Diese Kompetenzen bei unseren Kin-dern dem Zufall zu überlassen ist wie Russisches Roulette mit der Zukunft unserer kleinen Nachwuchsbürger: Vielleicht haben die Kids Glück und bekommen Motivations- und Volitionsstra-tegien zu Hause oder anderswo vermittelt. Oder auch nicht. Und damit beschließe ich diese Randbemerkung, bevor ich anfange, mich noch mehr darüber zu ärgern.

In gewissem Maße können Sie natürlich auch als Erwachsener noch Motivations- und Volitionsstrategien erlernen. Das be-stätigen diverse Studien.[107] Doch die Erfahrung zeigt, dass wir uns damit viel schwerer tun, wenn wir es nicht von klein auf verinnerlicht haben. Und da es eben kein Schulfach gibt, in dem jeder von uns gleichermaßen Motivations- und Volitionsstrate-gien lernt, haben Personalentwickler mit einem sehr, sehr brei-ten Spektrum von unterschiedlich vorgeprägten Mitarbeitern zu tun, die das mehr oder weniger gut können.

In der Tendenz wohl eher weniger, wie mir Personalentwickler immer wieder aus leidvoller Erfahrung berichten. Dasselbe Bild zeigt das Ergebnis einer großen Studie an rund 10 000 Mitarbeitern. Danach meint nur etwa ein Viertel der Befragten (23 Prozent), ein gutes Durchhaltevermögen beim Lernen zu haben. Auch kümmern sich die Befragten höchstens zu einem Drittel aktiv um ihren eigenen Lernprozess und Lernerfolg. Die Studienautorin Nele Graf kommt daher zu dem Schluss, dass »sich die Selbststeuerung von Lernprozessen bei den Mitarbeitern noch nicht etabliert hat«.[108]

Kein Wunder also, dass der eine oder andere Personalentwickler verzweifelt ist. Da gibt es die schönsten digitalen Lernformate, und die Beschäftigten honorieren das mit dem gleichen Schlafzimmer-Blick, wie ihn Kühe beim Grasen an den Tag legen.

Versuchen Sie sich mal für einen Moment in die Personalentwickler hineinzuversetzen, die Ihnen mit ihren Schulungen und E-Learning-Formaten im Alltag vielleicht wie ein lästiges Insekt hinterherzusurren scheinen. Die Damen und Herren haben eine Mission. Nämlich Sie als Mitarbeiter wissensmäßig auf dem neuesten Stand zu halten. Die Digitalisierung bringt einfach mit sich, dass die Halbwertzeit des Wissens immer kürzer wird. Erworbenes Wissen überholt sich mit dem Flügelschlag eines Kolibris. Das kann Produktwissen sein genauso wie neue Richtlinien im Bereich Regulatorik und Gesetzgebung. Personalentwickler werden nicht müde, immer neue Wege auszutüfteln, um Ihnen das Lernen leichtzumachen. Und so heißt dann die Antwort auf Lernunlust: Lerninhalte so verpacken, dass sie locker und unterhaltsam daherkommen und uns Spaß machen.

Unter uns gesagt: Dem Personalentwickler vergeht bei solchen Anforderungen der Spaß. Fortbildung an sich ist schon schwer genug. Wenn Sie wissen möchten, warum, fragen Sie mal die Comedians: Was am Ende so locker-flockig lustig daherkommt, ist für diese Menschen beinharte Arbeit. Und so drückt die Last der Lustigkeit auf die Gemüter: Wie bitte schön bringt man den Spaßfaktor in die neuesten Hygienerichtlinien? Vielleicht mit »Bakteri – der lustigen Samonelle«, die wie Scrat, das großäugige Säbelzahn-Eichhörnchen aus dem Film Ice Age, durch den Lernclip huscht?

Da muss uns doch noch was Besseres einfallen. Im Kampf gegen Lernmüdigkeit ist ein neuer Ansatz auf dem Vormarsch: Gamification. Das bedeutet im Klartext: Lernmedien ziehen den Nutzer ins Thema rein wie Computerspiele und lassen uns nicht mehr los. Ein schlauer Gedanke: Compliance-Lernen mit Suchtfaktor. Stellen Sie sich nur vor, Ihr Chef oder Ihre Kollegen müssten Sie vom Bildschirm wegreißen wie pubertierende Jugendliche beim Computerspiel World of Warcraft. Nicht auszudenken. Nur eine Frage der Zeit, bis ein neues Krankheitsbild die Runde macht: Lernsucht. »Sie müssen aufhören zu lernen, Herr Schmidt: Ihre Kompetenz ist für unser Team zu einer Last geworden.«

Doch Spaß beiseite – die Gamification ist in der Weiterbildung bereits Realität. Längst hat die beliebte App Quizduell Einzug in manche Firmen gehalten, damit die Mitarbeiter spielerisch und im lustvollen Wettbewerb miteinander das nötige Wissen erwerben. Wie bei der Original-App für den Privatgebrauch ist die Spielidee auch in der Firmen-Variante simpel: Die Mitspieler müssen in verschiedenen Fragenkategorien mehr Fragen richtig beantworten als ein ausgewählter oder zufällig vom Algorithmus bestimmter Kontrahent. Und so machen sich bereits zahllose Firmen daran, Themen wie Produktwissen oder betriebswirtschaftliche Grundkenntnisse in einen großen Pool an Fragen umzusetzen, damit die Mitarbeiter beim Lernen ihren Spaß haben können.

Machen wir uns nichts vor: Auch diese Methode stößt schnell an Grenzen. Nicht jeder Mitarbeiter hat Lust und Zeit, auf diese

Weise Wissen zu erwerben. Größere und komplexe Themengebiete lassen sich schwerlich in einfachen Multiple-Choice-Fragen abbilden, die die Welt auf vier Antwortoptionen reduzieren. Zudem lässt sich die Idee nicht endlos neu bespielen, da sie sich sonst abnutzt und ihren Spaßfaktor verliert.

Ob Quizduell oder andere spielerisch designte Lernformate – sie sind am Ende kaum mehr als ein kleiner Farbtupfer im Meer der Lernangebote mit zumeist großem Aufwand. Denn neben dem Inhalt ist auch die aufwändige und teure Programmierung der Spiel-Apps zu stemmen.

Schlussendlich können Sie es drehen und wenden, wie Sie wollen: Lernen und Veränderung brauchen erst einmal Motivation – ob im Seminarraum oder beim Lernen am Arbeitsplatz mit digitalen Medien. Selbst mit den besten Tricks und Methoden brauchen Sie zum Lernen außerdem Zeit. Sie müssen sich mit dem Wissensstoff auseinandersetzen, ganz egal, wie er aufbereitet ist und wie lange eine Lerneinheit dauert. Auch der Humor- und Unterhaltungsfaktor hat seine Grenzen beim Versuch, Ihr Gehirn in seiner Lernunlust auszuhebeln. Letztlich liebt Ihr Gehirn nichts mehr, als seine Runden in vertrauten Bahnen zu ziehen und sich wie auf einem Wattebausch den Fluss des Lebens hinuntertreiben zu lassen. Denn das ist so schön energieeffizient.

Bleibt also nur das andere Prinzip übrig, nach dem Ihr Gehirn arbeitet: Vermeidung von Bedrohung. Das heißt, dass Sie beim Versuch zu lernen mit Leidensdruck arbeiten müssen. Leider haben wir auch in Bezug auf diese Strategie bereits festgestellt, dass das Prinzip nur begrenzt nutzbar ist und eindeutig seine Schattenseiten hat.

Dennoch gibt es auch eine gute Nachricht aus der Hirnforschung: Wir sind zeitlebens in der Lage, die komplexen Nervenverschaltungen im Gehirn an neue Nutzungsbedingungen anzupassen, wie der bekannte Hirnforscher Gerald Hüther beschreibt.[109] Das ist die sogenannte Plastizität des Gehirns. Tatsächlich ist die Gültigkeit des alten Grundsatzes auch aus neurologischer Sicht nachweisbar: »Du kannst alles lernen, wenn du nur willst.«

So dachte zunächst auch Andrea, als sie von der vollen Härte einer Umstrukturierung getroffen wurde. Erst viel später merkte sie, dass die vermeintlich unendlichen Möglichkeiten des menschlichen Lernwillens doch so ihre Grenzen haben.

Hirnstark: Was passt in eine kleine graue Zelle?

»In den kommenden Wochen erfolgt in unserem Haus eine Umstrukturierung. Wir werden den Bereich Krankengeld in einer einzigen Geschäftsstelle zusammenfassen«, verkündet der Geschäftsführer einer Krankenversicherung bei einer großen Belegschaftsversammlung. »Durch die Fusion kommt es jetzt zu Zentralisierungen. Ihr Vorgesetzter wird in den nächsten Tagen mit Ihnen besprechen, wie es für diejenigen weitergeht, deren Arbeitsplatz hier in dieser Geschäftsstelle wegfällt.«

Andrea fühlt sich wie vor den Bug geschossen. In ihr kocht es vor Wut. Nur mühsam kann sie sich auf ihrem Stuhl beherrschen. Wie kann der nur so kalt wie ein Eisbrecher verkünden, dass sie vielleicht gerade ihren Job verloren hat?

»Das ist doch jetzt nicht wahr«, flüstert sie ihrer Sitznachbarin zu, die sie nur flüchtig vom Sehen kennt.

»Ja, das ist bitter. Nur gut, dass ich in einem anderen Bereich arbeite. Das ist ganz schön hart für die Kollegen im Krankengeld.«

»Ich bin so jemand. Mich hat es jetzt voll erwischt.« Ihr Blick könnte Granitblöcke zertrümmern.

»Oh, das tut mir leid«, murmelt die Kollegin zerknirscht.

137

»Ich weiß gar nicht, wie das weitergehen soll.« Andrea ringt um Fassung. »Mir hat das so viel Spaß gemacht. Ich konnte den Leuten wirklich helfen, nicht nur Papiere von einer Seite auf die andere drehen. Da hat sich ja auch ein Vertrauensverhältnis zu den ganzen Kunden entwickelt, über die lange Betreuungszeit.« Sie schluckt. »Alles weg. Einfach so.«

»Na, es scheint ja Alternativen zu geben. Hat sich jedenfalls so angehört.« Die Sitznachbarin versucht ihr Mut zu machen.

»Das sagt sich so leicht. Ich mache den Job seit neun Jahren. Ich glaube, Sie können das gar nicht verstehen. Ihr Arbeitsplatz ist ja nicht betroffen«, giftet sie und bedauert sogleich die Schärfe in ihrem Tonfall. Sie erkennt sich kaum wieder. Das ist einfach zu viel. Sie hätte nie gedacht, dass sowas mal kommen könnte. Bis zum Ende der Versammlung kämpft sie gegen die Tränen an.

Schon einen Tag nach der Versammlung teilt ihr Vorgesetzter Andrea einen Gesprächstermin mit. Wenigstens muss sie nur eine Woche warten, bis sie weiß, wie es weitergeht. Doch die scheint ihr endlos lang.

Als sie sich endlich im schwarz-weiß designten Büro ihres Chefs treffen und sich an dem runden weißen Besprechungstisch gegenübersitzen, ist Andreas Gemütsverfassung schon hundertmal zwischen Panik und Resignation hin- und hergeschwankt.

»Wie geht es Ihnen, Frau Hohenstein?«

»Mittlerweile wieder etwas besser. Das war zuerst schon ein Schock«, gesteht sie. Sie hat einen guten Draht zu ihrem Chef. Mit ihm kann sie offen reden. »Es war ganz gut, dass ich alles erstmal ein bisschen sacken lassen konnte. Jetzt sehe ich es schon wieder etwas neutraler. Aus Unternehmenssicht verstehe ich es sogar. Grundsätzlich finde ich Veränderung auch gut, weil man sich weiterentwickeln kann. Da steckt ja auch eine Chance drin. Es ist natürlich die Frage, wie es jetzt für mich weitergeht.«

»Schön, dass Sie da offen sind. Es tut mir auch leid für Sie. Ich weiß, dass Sie ihre Arbeit gern gemacht haben. Nun, ich kann Ihnen zwei Angebote machen, in welchem Bereich Sie weiterarbeiten können.«

Am Ende des Gesprächs steht fest: Andrea geht in den Bereich Hilfsmittelversorgung. Das ganze Feld von Brillen und Hörgeräten, Prothesen, orthopädischen Hilfsmitteln wie Schuhen oder Rollstühlen bis hin zu Inkontinenz- und Stoma-Artikeln. Das kann sie sich noch am besten als neues Arbeitsfeld vorstellen – auch wenn sie davon fachlich noch keine blasse Ahnung hat.

So beginnt Andrea sich einzuarbeiten. Sie bekommt Schulungen und lernt Richtlinien wie die Hilfsmittelversorgung nach § 33 Abs. 1 SGB V kennen.[110] Und sie ist motiviert bei der Sache: Andrea hat den Ehrgeiz, schnell auf ein gutes fachliches Niveau zu kommen.

Bis zu diesem Zeitpunkt war ihr gar nicht bewusst, was es alles an Wissen über Rollstühle gibt. Das braucht sie nun, um ihre Kunden richtig beraten zu können. Angefangen von Sitzbreite, Sitztiefe, Höhe der Rückenlehne, Sitzhöhe. Oder auch Details wie: Wie hoch müssen die Armlehnen sein, damit die Räder mit den Händen gut erreichbar sind? Welche Beschaffenheit müssen die Räder haben, damit der Rollstuhl nicht umkippt oder sie sich in Bodenunebenheiten festklemmen? Soll es ein Faltrollstuhl sein, den der Besitzer gut transportieren kann? Vollgummi-Räder oder doch mit Luft? Wenn Luftbereifung, dann mit Autoventilen?

Es ist einfach alles neu für sie. Schon bald schwirrt ihr der Kopf. Die fachliche Unsicherheit bleibt eine sehr lange Zeit ihr ständiger Begleiter.

»Du bist ja ganz schön geladen. Was ist los?«, fragt ihr Freund, als Andrea eines Abends wieder mal geschafft von der Arbeit heimkommt und ihre Handtasche in hohem Bogen auf das Sofa im Wohnzimmer schmettert.

»Absolut nervtötend, diese ganzen Anträge. Ich versinke nur noch in administrativem Mist. Das macht gar keinen Spaß. Ich habe kaum noch Kontakt zu Kunden.«

»Das ist ja blöd, wo du doch gerade das Gespräch mit den Kunden so magst.« Ihr Freund will sie tröstend in den Arm nehmen, doch sie wehrt die lieb gemeinte Geste stachelig wie ein Kaktus ab. Sie weiß gar nicht, wohin mit ihrem Überdruss.

»Ich wünschte, ich könnte das Rad wieder zurückdrehen. Krankengeld war doch mehr meins. Zu diesen Hilfsmitteln habe ich gar keinen Bezug. Da kann ich mich gar nicht mit identifizieren. Vielleicht bräuchte ich ein Holzbein, damit ich damit besser klarkomme.«

»Zumindest hast du deinen Humor noch nicht verloren.«

»Ha, ha, ha«, tönt sie sarkastisch. »Vielleicht brauche ich einfach noch Zeit, um mich dran zu gewöhnen.« Und sie beginnt, sich langsam wieder runterzufahren. So wie fast jeden Abend in letzter Zeit.

Die Zeit geht ins Land, und Andrea bemerkt zusehends Veränderungen an sich. Sie beschreibt es mir später so: »Ich bin morgens aufgestanden und hatte überhaupt keine Lust zur Arbeit zu gehen. Da war so eine richtige Demotivation. Ich bin dann zwar hin und habe meine Arbeit gemacht. Aber es ging mir überhaupt nicht leicht von der Hand. Früher bin ich gerne zur Arbeit gegangen. Aber jetzt konnte ich machen, was ich wollte, es lag mir einfach nicht.«

Trotzdem hält Andrea diese Situation fast zwei Jahre lang aus. Warum eigentlich? »Ich hatte in dem Moment keine andere Wahl. Und grundsätzlich war man ja mit dem Unternehmen zufrieden. Ich fühlte mich da auch ein Stück weit verwurzelt. Es war ja nur der Bereich, der mich unzufrieden machte. Und ich hatte auch die Hoffnung, dass sich vielleicht noch eine andere Chance im Unternehmen auftut.«

Zwischenzeitlich checkt sie halbherzig die Lage auf dem Arbeitsmarkt und spricht auch mit ihrem Chef über ihre Unzufriedenheit. Doch der kann ihr keine Alternative anbieten.

Was ist mit Andrea passiert? Sie ist im Laufe der Zeit zunehmend in einen Opfermodus geraten. Sie fühlt sich gefangen in einer Stelle, die ihr nicht liegt. Und das, obwohl sie offen für Veränderung ist, obwohl sie lernbereit ist und obwohl sie die Abteilung Personalentwicklung mit entsprechenden Maßnahmen unterstützt hat, damit sie in ihr neues Tätigkeitsfeld hineinwachsen kann.

Das ist schon eine überraschende Entwicklung. Wir sind ja bisher von der Annahme ausgegangen, dass Menschen alles lernen können, wenn sie nur wollen. Das stimmt in gewisser Weise auch. Andrea zählt sicherlich nicht zu den Mitarbeitern, die gleich in den Sack hauen, wenn es schwierig wird. Sie hat sich immerhin eine lange Zeit bemüht, in die neue Arbeit hineinzukommen und sich das Fachwissen anzueignen.

Doch offenbar gibt es da eine Grenze. Bei Andrea können wir etwas beobachten, was schon bei Armin als Thema aufgeblitzt ist – dem jungen Teamleiter, der härter werden sollte, um mehr Leistung von seinen Mitarbeitern einzufordern und auch Entlassungen auszusprechen. Achtung, jetzt müssen Sie stark sein: Wir müssen die Annahme »Sie können alles lernen, wenn Sie nur wollen« revidieren.

Richtig ist sicherlich: Sie können sich mit der nötigen Zeit und Unterstützung in völlig neue Tätigkeitsfelder einarbeiten. Was Sie aber mit Willenskraft nicht schaffen, ist, dass Ihnen eine Arbeit leicht von der Hand geht und Ihnen Spaß und Erfüllung bringt, wenn sie nicht Ihren Werten und Stärken entspricht, also »nicht Ihr Ding« ist. Sie können auch mit eisernem Willen nicht vermeiden, dass Sie beginnen zu leiden und Ihre Motivation nachlässt. Sie befinden sich ständig in einem inneren Kampf. Lieber würden Sie flüchten als weiterzumachen. Letztendlich versuchen Sie irgendwie den Tag rumzukriegen. Höchstleistung entsteht so auf jeden Fall nicht. Sie und Ihr Arbeitgeber können froh sein, wenn Mittelmaß dabei herauskommt.

Armin oder Andrea und jeder Einzelne von uns: Vor den psychologischen Gesetzmäßigkeiten der Veränderung sind alle Führungskräfte und Mitarbeiter gleich.

Was meinen Sie: Wie geht es bei Andrea weiter?

Im Bereich Hilfsmittel formiert sich eine Projektgruppe, die sich mit dem Thema befasst, bisherige Prozesse wie Antragstellungen zu digitalisieren. Die Verantwortlichen suchen noch Leute, die sich mit der neuen Technik auseinandersetzen wollen. Als Andrea davon hört, sieht sie Licht am Ende des Tunnels: Kann nicht schaden, das auszuprobieren. Vielleicht liegt es mir besser als die jetzige ungeliebte Tätigkeit – und schlimmer kann es ja kaum werden. »Ich habe mich dann voll in die neue Arbeit reingestürzt und gemerkt, dass mir diese Techniksseite mehr liegt. Das hat mich wieder auf die richtige Bahn gerückt.« Mit Freude erzählt sie mir: »Da habe ich eine neue Stärke gefunden. Ohne die Umstrukturierung wäre ich da wohl nie hingekommen.«

Durch diese Erfahrung habe es bei ihr »Klick« gemacht, berichtet mir Andrea. Hinzu kommt die positive Beobachtung, dass ihr Freund zwischenzeitlich durch einen mehrfachen Wechsel schlussendlich seinen Traumjob gefunden hat. Sie denke jetzt nicht mehr, dass sie in einem Job ausharren muss, der ihr nicht liegt. Vielmehr hat sie die Überzeugung gewonnen: »Veränderung ist nichts Schlimmes und auch nicht unbegrenzt. Selbst wenn ich einen bestimmten Weg einschlage, kann ich den auch wieder ändern, wenn er nicht zu mir passt.«

Andrea ist klargeworden: Künftig wird sie viel schneller handeln und auch die Firma verlassen, wenn es sein muss. Denn noch etwas hat sie gelernt: Wenn sie nicht die Initiative ergriffen hätte, wäre sie auf dem falschen Posten versauert. Ihr Unternehmen hat sie nicht gelotst oder ihr geholfen, ihre Stärken und Schwächen zu erkennen. Weder ihr Chef noch die Personalentwicklung hatten ihre Not im Blick.

Andrea ist in diesem Punkt alles andere als ein Einzelfall: Hier können die Vorgesetzten und Personalentwickler in den Firmen vieles besser machen. Entscheidend ist, dass sie eng mit den Mitarbeitern zusammenarbeiten und gut darauf achten, dass eine neue Tätigkeit auch wirklich den Stärken der Menschen entspricht, die da verändert werden.

Winfried hat in dieser Hinsicht Glück gehabt. In diesem Sinne hat sein Unternehmen bei ihm alles richtig gemacht – mit einem kleinen Schönheitsfehler.

Innere Inkongruenz: Ihr Körper-Detektor lügt nicht

Der Bohrer gräbt sich blitzschnell in das dicke Metallteil, das in einem Schraubstock eingeklemmt ist. Nach rechts und nach links fliegen feine silberne Späne. Fräsen, drehen, bohren, feilen, Teile zusammenbauen: Das ist das Leben von Winfried, Fertigungsmechaniker in einem großen Unternehmen der Automobilindustrie. Zu seiner Arbeit gehört auch, Maschinen zu bedienen, die ihm bei seiner Arbeit helfen.

Jetzt sitzt er mit seinem Chef und einer Mitarbeiterin aus der Personalentwicklung an einem Tisch, und sie besprechen, wie es für ihn weitergehen kann. Denn sein Arbeitsplatz wird vollautomatisiert.

»Wir haben ja schon darüber gesprochen, dass wir mit Ihnen gemeinsam nach einem anderen Arbeitsplatz Ausschau halten wollen, der auch für Sie passt. Ich welche Richtung wollen Sie sich denn gerne entwickeln?« Die Personalentwicklerin lächelt ihn freundlich und ermutigend an.

»Ich weiß nicht so genau. Am liebsten weiter was in der Fertigung. Wo ich auch was mit den Händen machen kann.«

»Das geht ja leider nicht mehr«, schaltet sein Chef sich in das Gespräch ein. »Aber du hast ja bisher auch schon die Maschinen bedient. Du könntest etwas in Richtung Maschinensteuerung machen. Da kennst du dich vom Grundsatz her schon aus. Und du wärst weiter in der Fertigung. Die Fähigkeiten hast du alle schon, das weiß ich. Und ich schätze dich sehr in deiner Arbeit.«

»Ich weiß nicht. Nur noch Bildschirme?« Winfried lehnt sich in dem schwarzen Drehstuhl zurück. Die Skepsis steht ihm ins Gesicht geschrieben. Das sieht auch sein Chef und macht ihm Mut.

»Du würdest lernen, wie du die Programme bedienst, die dann die Fertigung von Teilen übernehmen. Das wäre sogar ein Aufstieg für dich, weil du dann ja die Systeme überwachst und kontrollierst. Ich kann verstehen, dass es dir schwerfällt nach so vielen Jahren, etwas anderes zu machen. Aber du kriegst ja auch die volle Unterstützung, dass du da gut reinkommst in die neue Aufgabe.«

»Ja, hier schauen Sie mal.« Die Personalentwicklerin zeigt ihm das Programm des Anbieters. »Das sind die Schulungen, die Sie dann in den nächsten Wochen besuchen würden. Was meinen Sie?«

»Hört sich auf jeden Fall spannend an. Wenn ich mir das so anschaue, was ich da lernen werde, da gibt es schon viele Verbindungen zu dem, was ich bisher gemacht habe.« Winfried spürt die Wertschätzung und wie sich die beiden ehrlich um ihn bemühen.

»Wie fühlt es sich denn für Sie an, wenn Sie sich vorstellen, dass das künftig Ihre Arbeit sein könnte?« Die Personalentwicklerin will sichergehen, dass Winfried wirklich hinter dem vorgeschlagenen Weg steht.

»Schon komisch. Ich werde die Handarbeit vermissen. Ich finde aber auch toll, wie Sie mich hier unterstützen. Ich meine, es ist halt hart, dass mein alter Job weg ist. Den hätte ich gern weitergemacht.«

»Das schaffst du schon, Winfried«, sagt sein Chef zum Abschluss bestärkend.

Nach dem Gespräch mit Winfried sitzt die Personalentwicklerin, die mir später von diesem Fall erzählt, noch mit seinem Chef zusammen. Sie tauschen sich aus, ob der neue Weg für Winfried wirklich der richtige sei. Trotz einer gewissen Skepsis scheint er doch bereit, sich umzustellen. Und so wollen die beiden erst einmal abwarten, wie Winfried mit der neuen Situation zurechtkommt. Er absolviert insgesamt vier Schulungsblöcke von jeweils fünf Tagen. Zwischendurch erhält er zusätzlich direkt am Arbeitsplatz weitere Unterstützung, um in seine neue Stelle gut hineinzuwachsen.

»Und, wie gefällt es Ihnen?«, fragt die Personalentwicklerin ihn nach einem Schulungsblock.

»Das ist schon genial, was technisch alles möglich ist. Sehr spannend.«

»Das freut mich zu hören. Kommen Sie denn auch mit der neuen Arbeit klar?«

»Ja, ich bekomme sehr viel Hilfe. Es ist einfach toll, dass ich hier nicht alleingelassen werde.«

»Vermissen Sie die Arbeit mit den Händen denn sehr, oder haben Sie sich gut umgewöhnen können?«

»Ich denke schon noch an meine alte Arbeit zurück. Aber das ist ja eine gute Chance, die Sie mir hier bieten.«

Nach einem weiteren Schulungsblock fragt sie auch bei Winfrieds Chef nach, wie er dessen Entwicklung einschätzt. Der ist ganz begeistert, wie sich Winfried in seine neue Arbeit eingefunden hat, obwohl er ja anfangs doch eher reserviert war. Aber nach jeder Schulung käme er noch ein Stück motivierter zurück an seinen Arbeitsplatz.

So vergeht ein halbes Jahr, bis die Personalentwicklerin beschließt, noch einmal telefonisch nachzufragen, wie es Winfried inzwischen geht. Sie hat lange nichts mehr von ihm gehört – wahrscheinlich ein gutes Zeichen. Sie greift zum Hörer und wählt Winfrieds Durchwahl.

»Meier.«

»Hallo, ich möchte Winfried Schuster sprechen. Können Sie mir den mal bitte geben?

»Der arbeitet hier nicht mehr.«

Bei dieser Nachricht fällt der Personalentwicklerin fast der Hörer aus der Hand. »Wie bitte? Wo ist er denn hin?«, bringt sie mühsam hervor.

»Der hat vor kurzem gekündigt«, kommt es emotionslos aus dem Hörer. »Er meinte, die ganze Technik sei nichts für ihn.«

Die Personalentwicklerin hat diesen Schock bis heute nicht verdaut. Damit hatte sie nicht gerechnet: Winfried schien ihr ein Beispiel für gelungene Entwicklung zu sein. Seit seiner Lehre war er im Unternehmen – 30 Jahre lang. Und dann einfach weg, so plötzlich und ohne ein Gespräch? Bedauerlich findet sie vor allem, dass er nicht mit offenen Karten gespielt hat. Denn immerhin hat die Firma sich seine Schulungen viel Geld kosten lassen.

Was war nur passiert?

Wir können nur mutmaßen, was in Winfried wirklich vorgegangen ist. Doch eines ist klar. Winfried hat von Anfang an ein inneres »Ja, aber …« gegenüber der neuen Stelle gespürt, das er auch im Gespräch geäußert hat. Vermutlich haben Sie so ein Gefühl auch schon erlebt. Meistens versuchen wir uns das »Ja, aber …« wegzureden. Nach dem Motto: Erst mal schauen, wie es wird. Vielleicht gibt sich das ja mit der Zeit.

Es ist nur so: Ich habe in all meinen Berufsjahren als Trainer und Coach bisher noch kein einziges Mal erlebt, dass sich so ein Gefühl gelegt hat. In der Regel wird es mit der Zeit eher stärker. Und meistens wird es irgendwann übermächtig.

Wenn ich Geschichten wie die von Winfried höre, muss ich immer an eine Geschichte denken, die ich einmal erlebt habe. Ich war bei Bekannten zu Besuch, und im Laufe des Gesprächs zeigte die Gastgeberin auf eine Stehlampe. Sie hatte einen betonfarbigen, viereckigen Fuß, aus dem wie Blumenstängel drei verschiedene lange Stäbe ragten. An deren Enden waren Lampenschirme in Beige, Grau und Weiß befestigt, die wie umgekehrte Blumentöpfe aussahen.

»Das ist eine Kompromisslampe«, so die Gastgeberin zu mir.

»Was bitte?«, fragte ich verwundert nach.

Und sie erzählte mir, wie sie mit ihrem Mann einkaufen war und er diese Lampe richtig klasse fand. Ihn versetzte das Design in Hochstimmung, und er wollte sie unbedingt für das Wohnzimmer haben.

Sie dagegen war zwiegespalten. Irgendwie sah das Ding ganz neckisch aus; immerhin kein Nullachtfünfzehn-Design wie bei Tante Hilde in Hinterkuckuckssheim. Anderseits wirkte das Ganze auf sie ein wenig wie wankende Streichhölzer im Wind. Doch trotz des unguten Gefühls stimmte sie dem Kauf zu – vor allem um des lieben Friedens willen. Da kann ich schon drüber wegschauen, beruhigte sie sich selbst. Und so schlecht sieht es ja auch nicht aus.

Denkste! Denn jedes Mal, wenn sie seitdem die Lampe sieht, ist da immer derselbe Gedanke: Was ist die hässlich! Sie hat sich nicht an die Lampe gewöhnt. Letztlich ist die Lampe ein fauler Kompromiss. Und so taufte sie das blöde Ding, sicher nicht ohne ein Gefühl der Genugtuung: Kompromisslampe.

Psychologisch gesehen haben wir es bei einer solchen inneren Gefühlslage mit einer Inkongruenz zu tun. Ihr Körper spürt normalerweise blitzschnell und mit der Empfindlichkeit eines hochsensiblen Metall-Detektors, dass Sie auf dem falschen Weg sind. Ihr Kopf jedoch versucht genau diesen Weg mit guten Argumenten zu rechtfertigen – immerhin gibt es ja gute Gründe dafür. Ihre Gedanken und Gefühle sind also nicht stimmig.

Oft können wir diese Inkongruenz anfangs gar nicht in Worte fassen. Das ist so ähnlich, als wenn Sie aus dem Haus gehen und denken: Irgendwas habe ich vergessen. Nur was? Irgendwann trifft Sie dann wie ein Schlag die Erkenntnis, dass Sie zum Beispiel die Kaffeemaschine angelassen haben. Und genauso wird Ihnen erst nach einer gewissen Zeit klar, was die Inkongruenz von Gedanken und Gefühlen in Ihnen auslöst.

Gerade wenn Ihr Chef samt Personalentwickler wie Super-Nannys um Sie herumschwirren, um Ihnen mit einer Jobalternative etwas Gutes zu tun, sollten Sie also genau in sich hineinhören. Wenn Sie dann eine innere Stimme vernehmen, die Ihnen sagt: »Ich kann denen doch nicht sagen, dass ich das gar nicht will oder dass es nicht für mich passt« – dann ist größte Vorsicht geboten. Dann rutschen Sie nämlich in eine ähnliche Situation wie in dem TV-Sketch, in dem ein Mann eine alte, tattrige Oma über die Straße führen will. Sie sträubt sich. Er zieht daraufhin nur noch stärker an ihr, weil die Grünphase sicher bald vorbei ist. Er redet auf sie ein, sie möge ihm doch folgen. Sie keift herum, doch sie kommt nicht gegen ihn an. Und schließlich haben sie die andere Seite erreicht. Der Mann glaubt, er habe ein gutes Werk getan. Doch anstatt eines Dankeschöns haut ihm die Oma mit ihrem Regenschirm auf den Kopf. Sie wollte nämlich gar nicht über die Straße.

Seien Sie also nicht die Oma, die etwas mit sich geschehen lässt und hinterher mit dem Schirm ausholt – oder grußlos ihr Wohl in der Ferne sucht wie Winfried. Hören Sie rechtzeitig in sich hinein, spüren Sie dem Gefühl einer inneren Inkongruenz nach, und nehmen Sie es ernst.

Im Idealfall haben Sie Vertrauen und eine gute Beziehung zu Ihrem Chef oder zumindest zum zuständigen Personalentwickler und können dieses innere »Ja, aber …« ansprechen. Doch natürlich kann ich auch Ihre Angst verstehen, wenn Sie sagen: Wenn ich so klar sage, dass eine Jobalternative nicht zu mir passt, dann halten die mich doch für undankbar. Da kann ich ja gleich sagen: Nein, danke – schmeißen Sie mich lieber direkt raus! Sie haben schon recht mit Ihrer Vorsicht. Der Umgang mit der inneren Inkongruenz ist ein schmaler Grat und immer auch abhängig davon, wer Ihnen gegenübersitzt. Narzisstische Holzklötze auf Ihre innere Stimme anzusprechen wäre sicherlich beruflicher Selbstmord.

In den meisten Fällen sind Ihre Kollegen aus der Personalabteilung oder, falls vorhanden, aus der Personalentwicklung die besten Ansprechpartner für solch einen inneren Konflikt. Denn deren Berufsethos und Job ist es, neutral und diskret zu beraten, wenn ein Mitarbeiter sich komplett unwohl fühlt und sich in dieser Situation an sie wendet.

Der Vorteil an einem solchen Gespräch ist, dass sich eventuell doch noch andere Lösungen finden lassen. Dieser Weg ist nämlich relativ schnell versperrt, wenn Ihre Ansprechpartner das Gefühl haben, es ist alles stimmig für Sie – wie bei Winfried.

Einen Königsweg gibt es für solche Situationen sicherlich

nicht. Ich will auch nicht ausschließen, dass es manchmal das Beste sein kann, es zu halten wie manche Menschen in einer unglücklichen Beziehung: »Sichern und weitersuchen.«

Wofür ich Sie sensibilisieren will, ist, genau hinzuschauen – Ihre Optionen zu sehen und zumindest sich selbst gegenüber klar und ehrlich zu sein. Sehr oft kann es helfen, wenn Sie Ihr »Ja, aber-Gefühl« nicht allein mit sich herumtragen, sondern zumindest mit einem vertrauten Menschen darüber sprechen. Das hilft Ihnen, die eigenen Gedanken zu klären – und oft erwachsen daraus neue Ansatzpunkte oder sogar der Mut, vielleicht doch innerhalb der Firma ins Gespräch zu gehen.

Schlussendlich gibt es aber auch immer zwei Seiten, wenn eine solche Veränderung ausgehandelt wird. Auch die Chefs und die Personalentwickler müssen aufpassen. Im Fall von Winfried hat die Personalentwicklerin sicherlich schon einen guten Job gemacht. Doch es wäre durchaus noch mehr gegangen. Winfried tat – im Gegensatz zu vielen anderen Menschen in dieser Situation – seinen inneren Einwand mit den folgenden Worten durchaus kund: »Ich weiß nicht so genau. Am liebsten weiter was in der Fertigung. Wo ich auch was mit den Händen machen kann.« Hier hätte die Personalentwicklerin einhaken und nachfragen können: »Das heißt, Ihnen ist die Arbeit mit den Händen sehr wichtig. Und Sie haben das Gefühl, die neue Arbeit könnte daher nicht passen? Zu wie viel Prozent empfinden Sie die neue Stelle oder die neuen Aufgaben als stimmig für sich? Was bräuchten Sie, um es genau einschätzen zu können?«

Mit diesen und weiteren Fragen hätte sie den inneren Einwand auf den Punkt gebracht. Damit hätte sie den Raum geschaffen, intensiv darüber ins Gespräch zu kommen und sich gemeinsam an eine Lösung heranzutasten, was für Winfried innerlich stimmig ist bzw. wo die Grenze überschritten ist. Mutmaßlich hätte sich dann bereits in diesem Gespräch herausgestellt, dass die

Abwehr doch etwas stärker ist, als Winfrieds späteres Einlenken es vermuten ließ. Doch so weit kam es nicht. Stattdessen wischte Winfrieds Chef diesen Konflikt – sicherlich in guter Absicht – vom Tisch, als er sagte: »Das geht ja leider nicht mehr«. Gleich im Anschluss begann er, ihm die Vorzüge der neuen Stelle zu »verkaufen«. An diesem Punkt ist es sicherlich schwer, als Mitarbeiter dagegenzuhalten – gerade auch, wenn Sie das Gefühl haben, dass man sich ehrlich um Sie bemüht. Doch genau das kann der Moment sein, in dem die Falle zuschnappt, weil Sie Ihr Inkongruenz-Gefühl beiseiteschieben.

Sowohl im Verlauf des weiteren Gesprächs als auch bei den Folgekontakten schimmerte der innere Konflikt von Winfried weiter durch, wenngleich manchmal nur dünn und im Nebensatz. Er blieb wie ein stiller Hilferuf ungehört im Raum stehen.

Wie kommt es, dass sowohl Winfrieds Chef als auch die Personalentwicklerin solche Signale überhört haben? Ich sehe eine zentrale Ursache darin, dass beide zu sehr auf ihre gute Absicht fixiert waren. Sie wollten Winfried helfen, dass er im Unternehmen bleiben kann und weiterhin einen Arbeitsplatz hat. Sie wollten auch der sozialen Verantwortung des Unternehmens gerecht werden. Das alles finde ich sehr lobenswert. Der Haken dabei ist nur, dass die gute Absicht wie ein Filter wirkt, der alles ausblendet, was diesem Ziel entgegenspricht. Sie wollen als Chef oder als Personalentwickler im Grunde gar keinen Einwand hören, geschweige denn sich damit befassen. Ein Einwand ist eine Bedrohung für das Ziel. Was ist, wenn Sie keine Antwort auf den Einwand haben? Dann lieber ausblenden und erst mal die Situation retten. Doch damit ist ein Problem nicht gelöst, sondern wird auf Dauer größer.

Erwarten Sie als Mitarbeiter lieber nicht, dass Ihr Chef Ihre inneren Konflikte erkennt und zum Thema macht. Viele Chefs haben hier einen blinden Fleck. Das ist eine Beobachtung, die ich in meinen Führungskräfte-Schulungen immer wieder mache.

Wenn Sie Glück haben, ist Ihr Chef in diesem Feld gut trainiert. Doch aufs Glück sollten Sie sich nicht verlassen. Werden Sie sich immer erst selbst darüber klar, wie Ihre Wunschlösung aussehen würde. In dieser Hinsicht können Sie sich oft nämlich auch nicht blind darauf verlassen, dass Ihre Personalentwickler Ihnen die passende Lösung auf dem Silbertablett servieren. Denn sie stehen viel zu sehr unter Druck, ihrer Rolle gerecht zu werden und die Menschen im Unternehmen an neue Anforderungen anzupassen. Und dieser Druck kommt aus der Geschäftsführung, aber auch von Seiten der Vorgesetzten aus den Fachabteilungen. Letztere haben klare Vorstellungen, wie sie ihre Mitarbeiter künftig gern hätten. Die Erwartungen sind hoch. Angesichts mancher Aufträge zucken selbst sturmerprobte Personalentwickler zusammen, als hätten sie einen Zitteraal berührt.

Die Menschenschmiede: Die gute Absicht stirbt zuletzt

»Machen Sie mal aus der Taube einen Adler«, sagte ein Vorgesetzter zu einer Personalentwicklerin. Gemeint war, dass eine junge Teamleiterin mehr Durchsetzungskraft lernen, also Rasierklingen an den Ellenbogen bekommen sollte. Die Entwicklungswünsche der Chefs klingen bisweilen wie Reparaturarbeiten: »Können Sie den mal coachen, mit dem stimmt irgendwas nicht.«

Die Botschaft ist stets die gleiche: Mein Mitarbeiter funktioniert nicht, machen Sie ihn mir bitte heil. Das erinnert mich an einen Puppendoktor: Hilfe, bei meinem Bärchen ist der Arm ab. Können Sie den wieder drannähen?

Bloß ist das Arbeitsmaterial der Personalentwicklung kein Stück Holz oder Stoff oder Metall. Es ist ein Mensch, an dem gebastelt und geschraubt werden soll, damit er angesichts von Veränderungen im Unternehmen und letztlich im Markt passt.

Personalentwicklung nach dem Baumarkt-Prinzip also: »Was nicht passt, wird passend gemacht.« Ganz gemäß dem Titel der gleichnamigen Fernsehserie, bei dem es um ein Bauunternehmen aus dem Ruhrgebiet geht.[111]

Da wird also in guter Absicht an Menschen gewerkelt, um sie für anstehende Aufgaben und Herausforderungen fit zu machen und so den Unternehmenserfolg zu sichern. Dabei schwingt stets auch mit, dass persönliche Entwicklung etwas Gutes ist. Dass Menschen dabei wachsen und ihre persönlichen Potentiale entfalten können. Doch der Grat zwischen Baumarkt-Prinzip und Potentialausschöpfung ist schmal.

Wo fängt die Grenzüberschreitung an, bei der ein Mensch so lange wie ein grober Klotz auf der Werkbank zurechtgeschliffen und angepasst wird, bis er genauso aussieht und funktioniert, wie sein Schöpfer es will? Frankenstein lässt grüßen.

Wir müssen aufhören, die vielzitierte Plastizität des Gehirns als Freifahrtschein für Entwicklungsaufträge zu missbrauchen. Genau diese Denkweise sorgt dafür, dass Personalentwicklung im Taumel der guten Absicht und Entwicklungsfreude über die Grenzen geht. Es ist Zeit, mit dem Irrtum aufzuräumen, alles sei entwickelbar!

Wenn jeder nämlich alles lernen und entwickeln könnte, dann müssten wir doch umgeben sein von glückseligen, kompetenten und erfolgreichen Leuten. Denn nichts anderes suggerieren uns eloquente Speaker oder die große Zahl von Erfolgsbüchern: Du kannst der perfekte Redner werden! Der geniale Verhandler! Der mitreißende Motivator! Suchen Sie sich ein Thema aus, und Sie werden feststellen, dass es für alles Tipps und Regeln gibt, die man angeblich nur beherzigen muss, und schon kann man alles.

Genau hier liegt der Denkfehler, der den Firmen bei dem zunehmenden Change-Tempo auf die Füße fällt: Es ist eben nicht alles machbar. Es gibt den Faktor Persönlichkeit. Wenngleich schwer fassbar, so ist sich die Persönlichkeitspsychologie doch einig, dass es bestimmte Wesensmerkmale bzw. Verhaltensregelmäßigkeiten gibt, die uns ausmachen und zeitlich stabil sind.

Es gibt verschiedene Theorien über die Beschaffenheit der menschlichen Persönlichkeit. Über die Jahre hat sich ein Konsens in der Forschung herausgebildet, wonach sich die Struktur unserer Persönlichkeit in fünf Faktoren darstellen lässt. Diese fünf Faktoren – auch »Big Five« genannt – heißen:

- Extraversion,
- Verträglichkeit,
- Gewissenhaftigkeit,
- Neurotizismus und
- Offenheit für Erfahrungen.[112]

Jeder dieser Faktoren ist bei jedem Menschen unterschiedlich ausgeprägt, bildet also eine eigene Dimension. In der Kombination aller fünf entstehen Persönlichkeitsprofile, die einzigartig sind.[113]

Betrachten wir zur Veranschaulichung einen Fall, der aufzeigt, wo die Grenzen der Personalentwicklung beginnen und ab welchem Punkt unsachgemäß an der Persönlichkeit eines Menschen »herumgeschraubt« wird.

In einer Buchhaltung entfallen durch eine Umstrukturierung Stellen. Den überzähligen Mitarbeitern wird eine Arbeit im Call-Center angeboten, wo sie leichte Telefontätigkeiten durchführen sollen. Typisch für die Arbeit ist eine Vielzahl von etwa zweiminütigen Telefonaten, bei denen die Telefonagenten Kundenanliegen aufnehmen.

Eine Mitarbeiterin, die die Stellenkürzung getroffen hat und die nun am Telefon sitzt, ist Sabine. Was für eine Persönlichkeit ist Sabine? Beim Persönlichkeitsfaktor Extraversion lässt sich ihr Wesen als eher ruhig und zurückhaltend beschreiben. Sie ist also nicht sonderlich gesprächig und nach außen orientiert. Der Persönlichkeitsfaktor Gewissenhaftigkeit ist bei ihr so ausgeprägt, dass sie organisiert und verantwortungsbewusst ist – durchaus passend also für die Buchhaltung.

Der neue Job im Call-Center erfordert eine extravertierte Persönlichkeit. Er ist geeignet für jemanden, der gern und viel mit Kunden spricht. Also nicht Sabine.

Typischerweise reagieren Menschen, so auch Sabine, in so einer Situation recht schnell mit dem inneren Gefühl »Das passt nicht zu mir«. Oder: »Da fühle ich mich gar nicht mehr so ausgelastet.« Doch dann kommt vielleicht schon im gleichen Atemzug der Gedanke »Ich brauche doch aber den Job!«. Und schon ist der innere Einwand vom Tisch.

Als Folge nimmt Sabine an einem Personalentwicklungsprogramm teil, wo sie lernt, wie sie die neue Stelle kompetent ausfüllen kann. Dazu gehört auch, extravertierter zu sein. Und damit nimmt das Unheil seinen Lauf.

Sabine merkt bei jedem Kundenkontakt, dass sie sich innerlich sehr anstrengen muss, das Gespräch zu führen. Es kostet sie Kraft und Überwindung. Das Telefonieren geht ihr nicht leicht von der Hand. Nun lernt sie in einem Training, wie sie sich innerlich für die Gespräche motivieren kann. Sie erfährt Kommunikationstechniken, wie sie eine freundliche Ausstrahlung am Telefon erreichen kann oder mit den richtigen Fragen Kundenanliegen klärt. Später erhält sie noch ein Training »on the job«, bei dem sich ein Trainer neben sie an den Arbeitsplatz setzt und ihr zu jedem Telefonat weitere Handlungsempfehlungen gibt. Obwohl sich all das, was der Trainer vermittelt, auf der Ebene von Einstellungen und Verhaltensweisen bewegt und erst einmal machbar erscheint, bleibt bei Sabine permanent das Gefühl bestehen: »So bin ich nicht.«

Manchmal kann es sogar von außen betrachtet so erscheinen, dass jemand die Trainingsinhalte gut umsetzt. Nur innerlich fühlt es sich für die Betroffenen falsch an. Etwa so ähnlich, als wenn Sie bei einem Nachmittagskaffee bei Bekannten deren selbstgebackenen Käsekuchen loben, obwohl sie ihn eigentlich lieber im Klo entsorgen würden: Sie kriegen das hin, aber der Kuchen schmeckt dadurch trotzdem nicht besser.

Das klare Signal, dass etwas schiefläuft, besteht darin, dass das schlechte Gefühl auch durch viel Übung und Wiederholung nicht verschwindet. Erinnern Sie sich nur mal an Ihre erste Stunde Autofahren. Das fühlte sich alles nicht stimmig an und war anstrengend. Doch mit zunehmender Übung hatten Sie nicht mehr den Eindruck, sich »verbiegen« zu müssen. Auch fühlte sich das Autofahren bald durchaus authentisch an; es ging Ihnen in Fleisch und Blut über. Dieser Effekt stellt sich bei einer neuen Tätigkeit nach einer gewissen Zeit entweder ein – oder eben nicht. Deshalb ist es wichtig, darauf zu achten, ob das Gefühl, sich »verbiegen« zu müssen, bei einer Verhaltensänderung nur eine Durchgangsphase ist oder auch mit Übung und Wiederholung erhalten bleibt.

In anderen Fällen ist von außen schon sichtbar, dass ein Mitarbeiter wie Sabine nicht die Ausstrahlung oder Kommunikationsfreude mitbringt, die für eine Call-Center-Stelle erforderlich ist. Dann wird es sehr anstrengend für Trainer und Teilnehmer, wenn dieselbe Schleife sich permanent wiederholt, aber keinen Effekt zeigt: »Versuch mal innerlich mehr Freude zu entwickeln. Stell dir vor, wie schön es ist, wenn der Kunde zufrieden auflegt. Visualisiere den Erfolg.«

Das mögen gute Instruktionen sein, die aber einen ständigen inneren Kraftakt bedeuten, während andere, extravertierte Teilnehmer einfach loslegen können, ohne sich überwinden zu müssen. Wenn diese grundsätzlich extravertierten Mitarbeiter ein Training bekommen, können sie dadurch noch mehr aus sich herausholen, denn das Training setzt an den schon vorhandenen gut ausgeprägten Persönlichkeitsanteilen an. Bei Sabine dagegen greift es mehr oder weniger ins Leere – denn Sabine sollte eigentlich gar nicht dort sitzen.

Kurz: Menschen merken in der Regel instinktiv, wenn sie an ihre inneren Grenzen stoßen. Das erste Warnzeichen ist das erwähnte Inkongruenz-Gefühl. Wenn sie sich dann trotzdem auf Personalentwicklungsmaßnahmen einlassen, fühlt sich der Lernprozess trotz bester Methoden anstrengend an. Die Umsetzung neuer Denk- und Verhaltensweisen ist für sie ein innerer Kraftakt. Es klappt trotz Wille, Übung und Wiederholung nicht gut oder gar nicht.

Dadurch verändert sich das persönliche Selbstwertgefühl. Selbstzweifel setzen ein: Mir fehlt etwas. Ich kann etwas nicht. Oder sogar: Ich bin falsch. Ich darf hier nicht so sein, wie ich bin. Gleichzeitig tut sich die innere Zwickmühle auf, dass Sie nicht »nein« sagen dürfen, weil der Job, Einnahmen, Status, der eigene Lebensstandard oder wichtige persönliche Ziele daran geknüpft sind.

Aus dieser unangenehmen Lage heraus versuchen Menschen, geforderte Entwicklungsziele zu erreichen, obwohl sie nicht dahinterstehen. Sie strengen sich an und scheitern. Und je weniger sie es schaffen, umso mehr fühlen sie sich als Versager. Oft kommt dadurch im Unternehmen ein tückischer Mechanismus in Gang: Je weniger Sie es schaffen, umso mehr Aufmerksamkeit bekommen Sie. Sie rutschen in den Status eines »Low Performers«, also »Schwachleisters«. Und das bedeutet, Sie werden noch vehementer durch die Entwicklungsmühle gedreht – obwohl Ihre Leistungsbereitschaft gar nicht das Problem ist.

Ist diese Negativspirale einmal in Rotation, wird Personalentwicklung zur fürsorglichen Besessenheit. Die Entwickler beißen sich an der Zielperson fest wie ein Piranha im Blutrausch. Und die Betroffenen benötigen all ihre Kraft, um den Anschein zu erwecken, sie seien so, wie es von ihnen erwartet wird. Für Ihr Gehirn ist das ein ungeheurer Stress, der Sie auf Dauer krankmacht.

Die Tragik dabei ist, abgesehen von den Auswirkungen auf den Einzelnen: In dieser Menschenschmiede wird in guter Absicht auch sehr viel Geld für Entwicklung vernichtet, das letztlich aus dem Fenster geworfen ist.

Wer gerade mittendrin in diesem Prozess steckt, glaubt lange Zeit oft selbst, dass ihm Gutes widerfährt. Sie müssen aufpassen, dass Sie sich von den Entwicklungsansprüchen nicht rechts überholen lassen. Vielmehr müssen Sie auf die Bremse treten und wachsam sein, wenn jemand Sie reparieren will, damit Sie wieder nahtlos ins Firmengefüge passen. Sie sind eben keine Maschine, kein Stück Holz und kein Klumpen Metall. Sie sind ein Mensch mit einem äußerst komplexen Gehirn zwischen den Ohren – und eben keine Weinbergschnecke, die sich so einfach mit einem Tritt retten lässt.

Seien Sie vor allem mit sich selbst ehrlich – so wie Armin, Andrea und Winfried es letztlich waren. Spüren Sie, ob ein angepeilter Entwicklungsweg machbar ist oder direkt in einen Leidensprozess führt. »Think it yourself« statt Baumarkt-Prinzip ist angesagt, wenn das Leben Ihnen eine Baustelle präsentiert. Auch wenn das am Ende tatsächlich bedeuten kann, dass Sie Ihrem Unternehmen besser den Rücken kehren.

Wenn Menschen zu Adlern werden sollen, obwohl sie Tauben sind, ist eine Grenze überschritten. Dann wird an der Persönlichkeit herumgeschraubt. Und wer sich darauf einlässt, zahlt einen hohen Preis.

Ich befürchte, dass das Risiko, irgendwann einmal zum Opfer des Baumarktprinzips zu werden, in Zeiten der ständigen Veränderung wächst. Immer öfter ändern sich die Bedingungen unserer Arbeit. Immer größer wird die Wahrscheinlichkeit, dass

Sie als Mitarbeiter demnächst an anderer Stelle oder mit einem veränderten Aufgabenprofil gebraucht werden. Wenn aber das Veränderungstempo die Mehrzahl aller Firmen gleichermaßen betrifft, können Sie sich womöglich nicht einmal damit retten, dass Sie Ihre Firma verlassen – denn woanders sieht es ja auch nicht anders aus.

Und was machen wir dann? Wo soll bloß die Reise hingehen, wenn wir es mit dem Veränderungstempo noch weiter übertreiben und das Baumarkt-Prinzip noch weiter um sich greift?

Gibt es Hoffnung?

5 Das mörderische Spiel mit dem Leben: Der Veränderungs-Kollaps

»Frau Herwegger, wir haben uns Gedanken über Sie gemacht. Leider haben Sie keine Zukunft im Personal. Ihre Stelle dort entfällt mit sofortiger Wirkung. Ich habe aber auch eine gute Nachricht: Sie können ab sofort in den Vertrieb wechseln.«

Dunja schnappt nach Luft. Abrasiert! Sie kann es nicht glauben, was ihr Geschäftsführer ihr gerade an den Kopf geknallt hat. Umsonst gehofft, dass es vielleicht nicht so schlimm werden wird: Der angekündigte Change-Prozess trifft sie mit ganzer Härte. Sie erinnert sich an die außerordentliche Belegschaftsversammlung vor etwa vier Monaten hier am Standort mit rund 250 Mitarbeitern. Große Änderungen stehen an, hieß es damals vom neuen CEO des Mutterunternehmens. Nun ist aus dem mulmigen Gefühl schmerzhafte Gewissheit geworden. Ihr Blick wandert zu ihrer Chefin, die ebenfalls mit im Büro sitzt und wie versteinert Löcher in die Luft starrt.

Die verarschen mich doch hier, schießt es der 25-Jährigen durch den Kopf, und sie kann die Tränen nicht mehr halten. Sie ist verzweifelt, weil sie nicht weiß, was jetzt passieren wird. Bisher lief es hier super mit ihrer Ausbildung zur Industriekauffrau. In etwa einem halben Jahr steht die Abschlussprüfung an. Bis zu diesem Moment hat sie sich hier geborgen gefühlt. Es gab stets ein offenes Ohr für sie. Sie hatte sogar einen Mentor. Die Firma fand sie spitze. Und jetzt dieser Blattschuss. Alles eine einzige Lüge. So herzlos wie in diesem Moment hat sie ihre Firma noch nie erlebt. Sie ist schockiert.

An den Rest des Gesprächs kann sie sich schon Minuten später nur noch schemenhaft erinnern, als sie den Raum verlässt. Ihre Chefin will ihr gleich noch eine E-Mail schicken, um ihr mitzuteilen, welche Aufgaben sie heute noch abschließen soll und was sie alles zu übergeben hat.

Als sie die Tür hinter sich zuzieht, brechen die ganzen Gefühle endgültig aus ihr heraus. Völlig aufgelöst geht sie erst einmal auf die Toilette, um sich zu beruhigen. In ihrem Kopf hämmert es wie auf einer Baustelle, wo große dicke Stahlträger in den Boden gerammt werden. Ich will nicht in den Vertrieb. Ich will nicht. Nein. Ihr hallen die Worte einer Kollegin im Ohr, die in der Vertriebsabteilung arbeitet. Sie hat ihr erzählt, dass dort eine richtige Auftragshetzerei stattfindet. Die Kollegen kämen schon morgens in aller Frühe ins Büro und stürzten zum Fax, um für sich neue Aufträge einzuheimsen. Jeder kämpft gegen jeden. Denn wer viel verkauft, verdient mehr, und jeder will natürlich hohe Zielerreichungsprämien einheimsen. So zu arbeiten ist ganz und gar nicht ihr Ding. Never ever.

Doch sie muss, sagt eine innere Stimme in ihr. Du willst hier die Ausbildung beenden, und das Gehalt brauchst du auch.

Als sie sich wieder einigermaßen gefasst hat, geht sie zurück an ihren Arbeitsplatz in der Personalabteilung. Eine Kollegin in ihrem Alter sieht sie und nimmt sie wortlos in den Arm. Sie hat offenbar sofort gemerkt, dass etwas nicht stimmt. Das tut so gut. Dunja erzählt ihr, was passiert ist.

Als Dunja schließlich wieder an ihrem Schreibtisch sitzt, dauert es auch nicht lange, bis die Mail von ihrer Chefin eingeht. Doch was ist das? Die Zeilen klingen wie in Eis gemeißelt. »Sehr geehrte Frau Herwegger, …«, beginnt die Nachricht. Bisher hat ihre Chefin immer »Liebe Dunja« geschrieben. Die warme, freundliche Art, die Dunja so an ihr geschätzt hat, ist komplett verschwunden. Der einst so gute Draht ist verglüht. Alles ist nur noch distanziert, sachlich und kühl. Das tut weh.

Was habe ich ihr denn getan? Wieder und wieder stellt Dunja sich diese Frage. Aber ihr fällt keine Antwort darauf ein. Hat ihre Chefin vielleicht ein schlechtes Gewissen, weil sie ihr Versprechen gebrochen hat? Denn es hieß, sie könne nach der Ausbildung in der Personalabteilung bleiben. Oder ist das einfach nur eine Vorgabe von oben, nur noch formal mit ihr zu kommunizieren?

Die Ziele, die Dunja hier in der Firma erreichen wollte, sind zerplatzt wie eine Seifenblase.

Tags drauf beginnt bereits ihre Arbeit in der Vertriebsabteilung. Sie arbeitet nun mit zwei weiteren Kolleginnen an einer Insel im Großraumbüro. Mit gemischten Gefühlen nähert sie sich ihrem neuen Arbeitsplatz und ist dann völlig überrascht. Das kann doch nicht wahr sein! Ein freudiges Grinsen macht sich auf Dunjas Gesicht breit: endlich ein Lichtblick! Denn die eine Kollegin, die da sitzt, kennt sie schon länger privat. Es ist diejenige, die ihr von der Auftragshetzerei im Vertrieb berichtet hat. Anna-Maria ist etwa in Dunjas Alter. Die beiden haben sich in der gemeinsamen Stammdisco kennengelernt.

Die andere Kollegin am selben Tisch ist die Schwester des Geschäftsführers. Bloß nichts Falsches sagen, sind sich Anna-Maria und Dunja nach einem kurzen Gespräch in der Teeküche einig. Dann kriegen wir das hier schon hin.

Anna-Maria hilft Dunja in der nächsten Zeit, wo sie kann. Sie nimmt sich Zeit, wenn Dunja etwas nicht versteht, und erklärt ihr alles geduldig. Denn Dunja muss sehr viel lernen. Alles ist neu. Angefangen von Prozessen und Abläufen bis hin zu technischen Aspekten des neuen Jobs. Die Firma verkauft Reinigungs- und Desinfektionsgeräte für den medizinischen Bereich. Zu Dunjas Aufgaben gehören die Bearbeitung von Anfragen, die Erstellung von Angeboten sowie die Zuarbeit für den Außendienst. Außerdem plant sie die Montage der Geräte. Dazu gehört, Termine für die Techniker zu vereinbaren und dafür Sorge zu tragen, dass

Werkzeuge und Geräte für die Installation vor Ort sind, wenn die Techniker anreisen.

Erschwerend kommt hinzu, dass zeitgleich Änderungen im Medizingesetz von heute auf morgen umgesetzt werden müssen. Dabei ist Dunja im Nachteil: Ihre Kollegen haben ein halbes Jahr zuvor eine Schulung gehabt, als sie noch nicht in der Abteilung war. Und so bringt sie sich alles mühsam selbst bei. Die Tage sind lang. Sie fängt morgens früher an und geht abends später heim. Sie nimmt sich abends sogar noch Arbeit mit nach Hause. Eine 50-Stunden-Woche ist ganz normal für sie. Doch das interessiert keinen. Die ganzen Stunden bekommt keiner mit, weil sie Vertrauensarbeitszeit hat.

Als wenn das nicht alles schon genug wäre, landen noch zusätzliche Stapel mit Anfragen und Aufträgen auf ihrem Tisch, wenn ihre Kollegen aus Urlaubs- oder Krankheitsgründen nicht da sind. Und ein oder zwei Kollegen sind fast immer weg. Die Abteilung ist stets unterbesetzt. Dunja beginnt bald unter dem Stress zu leiden, doch sie hält tapfer durch.

Einmal fasst sie sich ein Herz und versucht, das Problem bei ihrem Chef zu platzieren. Doch der winkt nur ab: »Das ist ja nur vorübergehend, Frau Herwegger. Halb so wild.« Es scheint, als hält er ihr Feedback nur für Jammerei. Als sie Anna-Maria davon erzählt, sagt die nur: »Das hätte ich dir gleich sagen können. Andere haben das auch schon mal versucht und sind auf taube Ohren gestoßen.«

Doch der Arbeitsdruck ist nicht das einzige Problem. Schnell merkt Dunja, wie hier der Wind unter den Kollegen weht. Als sie wieder einmal eines dieser aufwändigen schriftlichen Angebote für einen Kunden erstellt, hofft sie natürlich, den Auftrag zu bekommen. Die Provision ist nämlich ganz ansehnlich. Weil es an diesem Tag schon zu spät für die Post ist und sie am nächsten Tag für eine Woche auf Dienstreise sein wird, bittet sie ihre Kollegin Jana, den Versand des Angebots zu übernehmen.

Als sie nach einer Woche wieder zurück an ihrem Arbeitsplatz ist, prüft sie, ob das Angebot auch wirklich rausgegangen ist. Doch was sie da sieht, raubt ihr fast den Atem. Mit hochrotem Gesicht eilt sie zu Jana, um sie zur Rede zu stellen. Doch an der perlt das Gespräch ab wie Öltropfen an einer Fahrradkette.

Dunja kochte vor Wut und stürzte ins Büro ihres Vertriebsleiters, wo ihre ganze Hilflosigkeit aus ihr herausprudelt.

»Jana hat mir mein Angebot weggenommen. Ich habe es letzte Woche ausgearbeitet. Es war fix und fertig. Sie sollte es nur noch versenden. Und jetzt habe ich auf der Kopie des Angebots ihre Unterschrift vorgefunden. Es sieht so aus, als wenn sie das Angebot erstellt hat. Und das stimmt überhaupt nicht!« Dunja merkt, wie sich ihre Stimme fast überschlägt.

»Das soll ja nicht so sein«, sagt ihr Vertriebsleiter. Für sie hört es sich an, als würde er über so etwas Belangloses wie die Fischpreise auf dem Markt sprechen. «Ich habe Ihnen allen doch schon öfter gesagt, Sie sollen sich nicht gegenseitig die Aufträge klauen.« Das Gespräch scheint ihm irgendwie unangenehm zu sein, so wie er auf seinem Drehstuhl hin und her rollt. Das alles bringt Dunja nur noch mehr auf die Palme.

»Das ist eine Frechheit. Jetzt kriegt Jana die Provision, wenn der Kunde kauft. Das kann doch nicht sein. Das ist doch unfair. Ich habe da so viel Arbeit investiert.«

»Hm, sprechen Sie doch mal mit ihr«, kommt der Rat zurück, bei dem Dunja nicht mehr stillsitzen kann und von ihrem Stuhl aufspringt. Checkt der denn gar nichts?

»Das habe ich natürlich schon längst getan! Sie sagt, sie habe ja schließlich auch noch Arbeit damit gehabt und den Auftrag finalisiert. Das stimmt alles gar nicht. Sie lügt. Das war höchstens noch ein Job von fünf Minuten.« Diese Ungerechtigkeit. Sie weiß gar nicht wohin mit all dem Ärger. Und ihren Chef interessiert das offenbar einen Scheißdreck.

»Das ist ja jetzt schwer nachweisbar«, entgegnet er sachlich. »Nehmen Sie es nicht so schwer. Ist doch nur der eine Auftrag. Und wer weiß, ob der Kunde kauft.« Damit ist das Gespräch für ihn offenbar beendet, denn er dreht sich zu seinem Computer um und beginnt irgendetwas zu lesen.

Dunja zieht hilflos von dannen. Wer solche Kollegen wie Jana hat, braucht keine Feinde. Und wer solche Chefs hat …

Nach fünf Monaten im Vertrieb fällt dann auch noch Anna-Maria als Stütze an ihrer Seite weg. Sie ist nun Mitglied eines Projektteams, das die Einführung einer neuen Software im Unternehmen unterstützen soll, und arbeitet fortan in einem anderen Bereich.

Die Zeit im Vertrieb hinterlässt bei Dunja ihre Spuren. Sie leidet zunehmend unter Schlafstörungen und ist extrem gereizt. Selbst ihr Mann kann das irgendwann nicht mehr mit ansehen: »Wenn das nicht aufhört, gehe ich persönlich in die Firma und rede Tacheles!«

Doch Dunja hat ihren Urlaub vor Augen. Schon lange zählt sie die Tage bis zum ersten Urlaubstag – wie ein Inhaftierter Striche an die Wand malt, um zu wissen, wann es wieder in die Freiheit geht. Bald bekommt sie eine Verschnaufpause, und dann wird es schon wieder gehen.

Juhu! Beschwingt macht Dunja sich für die Arbeit zurecht. Heute ist der letzte Tag vor ihrem Urlaub. Acht Monate ist es her, seit sie im Vertrieb angefangen hat. Endlich mal richtig Pause. Nur noch einen Tag in der Tretmühle! Noch einmal die Zähne zusammenbeißen, dann ist für zwei Wochen Ruhe. Dieser Gedanke gibt ihr die nötige Kraft, als sie zu ihrem Schreibtisch geht.

Doch was ist das? Ein leerer Stuhl. Eigentlich müsste ihre Kollegin – die Schwester des Geschäftsführers – an der Insel sitzen. Sie hat die letzten zwei Wochen Urlaub gehabt. Überrascht geht Dunja zum Vertriebsleiter und fragt, was los sei. Er hat das selbst noch gar nicht mitbekommen und fragt beim Geschäftsführer nach, um ihr danach die Sachlage zurückzumelden.

»Sie kommt erst in einer Woche zurück. Sie hat den Urlaub nochmal kurzfristig verlängert.«

»Bitte?« Dunja traut ihren Ohren nicht.

»Sie können nicht in Urlaub gehen. Sie müssen warten, bis sie wieder da ist«, antwortet der Vertriebsleiter unbeteiligt. Der hat doch die Empathie einer Litfaßsäule, denkt Dunja entrüstet. Merkt der denn gar nichts? Blöde Frage, Dunja, korrigiert sie sich selbst: Langsam könntest du ihn kennen.

»Ja, aber, was ist denn, wenn wir was fest gebucht haben?«, würgt sie hervor. Ihr ganzer Körper ist in Schockstarre. Nur noch Leere im Kopf.

»Dann kriegen Sie natürlich die Kosten erstattet.«

Sie muss hier raus. Vor ihren Augen flimmert es. So ähnlich, wie sie es schon mal erlebt hat, als sie morgens zu schnell aus dem Bett aufgestanden ist und ihr Kreislauf noch nicht richtig in Gang war. Nur diesmal ist es anders. Schlimmer. Wie ein Wirbelsturm hinter den Augen. Auch ihr Mund ist staubtrocken. Sie braucht jetzt dringend ein Glas Wasser.

Doch als Dunja ein Glas aus dem Schrank holen will, sind ihre Knie plötzlich ganz weich. Ihr Körper macht sich selbstständig, und sie knickt einfach ein. Fällt zu Boden. Was und wie genau, kriegt sie gar nicht mit. Sie spürt nur die Fliesen unter sich und diesen Nebel im Kopf. Die Tränen fließen haltlos. Und mit einem Mal sind da diese höllischen Kopfschmerzen.

Wie durch einen Schleier bekommt Dunja mit, wie jemand aus der Nachbarabteilung in die Küche kommt und in hektische Aktivität verfällt. Sie hochhebt und fragt, wie es ihr gehe. Was passiert sei. Er bringt sie ins Krankenlager und versucht unterwegs mit ihr zu sprechen, doch Dunja heult nur und ist völlig außer sich. »Ich kann nicht mehr«, schluchzt sie mit letzter Kraft.

Ein schnell herbeigeholter Arzt untersucht sie eingehend und stellt ihr Fragen zu ihrer beruflichen und privaten Situation. »Das sieht nach psychovegetativer Erschöpfung aus«, eröffnet er ihr schließlich. »Ich schreibe Sie ab sofort krank. Ruhen Sie sich erstmal aus. Sie dürfen auf keinen Fall arbeiten.«

»Was für eine Erschöpfung?«, fragt Dunja verwirrt nach. Diesen Begriff hat sie noch nie gehört.

»Psychovegetative Erschöpfung. Das beschreibt einen Zusammenbruch aufgrund von psychischer Überlastung. Zu dem Krankheitsbild gehört eine Vielzahl von verschiedenen Symptomen. Das ist von Mensch zu Mensch verschieden. Sie haben ja von ihren Schlafstörungen und ihrer zunehmenden Müdigkeit gesprochen. Und auch, dass sie pausenlos unter Hochdruck gearbeitet haben. Auch Ihre starke Gereiztheit. Das sind alles Symptome, die zeigen, dass sie in der letzten Zeit zu viel Stress und Belastung hatten. Sie müssen wirklich auf sich aufpassen und Ihr Pensum runterfahren. «

O Gott, denkt Dunja, und wenn ich jetzt meinen Job verliere, was dann? Ich kann nicht einfach aufhören. Was soll aus den Angeboten werden? Wer kümmert sich um die Aufträge? Wer koordiniert die Termine? Ich kann doch nicht einfach …

Der Arzt scheint ihre Gedanken lesen zu können. »Noch ist alles nicht so schlimm bei Ihnen. Betrachten Sie es als Warnschuss Ihres Körpers. Sie können froh sein, dass Sie nicht viel ernstere Symptome haben. Aus einer Dauer-Überlastung können sich leicht psychosomatische Erkrankungen oder auch Depressionen entwickeln.«

Langsam realisiert Dunja, wie ernst die Situation ist. Ihr Zusammenbruch ist ein Zeichen. Ihr wird bewusst: Der Schlafmangel, das ständige Gefühl von Erschöpfung, das waren Signallampen. Sie hat es zwar gemerkt, aber keinen Ausweg gesehen. Und dann heute Morgen dieser Schlag ins Gesicht. Diese Hiobsbotschaft, dass ihr Urlaub wegfällt. Da war das Fass voll.

Zwischenzeitlich ist die Nachricht über Dunjas Zusammenbruch auch zu ihrem Chef, dem Vertriebsleiter, durchgedrungen. Als sie aus dem Krankenzimmer kommt, wartet er schon vor der Tür. Bevor sie nach Hause geht, will er noch mit ihr sprechen. Er bittet sie, noch kurz in sein Büro zu kommen.

»Wie geht es Ihnen? Was ist denn genau passiert«, fragt er sichtlich betroffen.

»Ich bin in der Küche zusammengebrochen.« Und sie erzählt die Einzelheiten.

»Ja, wieso sind Sie denn nicht schon früher zu mir gekommen und haben mir gesagt, dass es Ihnen nicht gutgeht und dass Sie so überlastet sind?« Ihr Chef sitzt kerzengerade an seinem Schreibtisch und unterstreicht seine Frage mit einer Armbewegung, die Ratlosigkeit ausdrückt.

»Aber ich habe Sie doch neulich, als wir wieder so unterbesetzt waren, darauf angesprochen. Und andere Kollegen haben es auch schon versucht, wie ich gehört habe. Dass wir überfordert sind und sowieso viel zu wenige Leute haben.«

»Jetzt ist Schluss. Wir müssen jetzt auf jeden Fall etwas tun«; verspricht ihr Chef mit entschlossener Stimme. Und sie merkt an seinem Gesichtsausdruck, wie leid ihm das alles tut. Ein schwacher Trost, denkt Dunja auf dem Weg nach draußen. Jetzt merkst du es? Wenn einer zusammenbricht?

Doch zu Dunjas Überraschung lässt der Vertriebsleiter seinen Worten wirklich Taten folgen und stellt eine Halbtagskraft ein. Damit gibt es wieder Luft zum Atmen. Durch die Krankschreibung und diese Entlastung beginnt Dunja sich zu erholen.

Irgendwann ist auch der Punkt erreicht, an dem sie sich in ihr neues Aufgabenfeld eingearbeitet hat. Ihr Traumjob wird die Stelle im Vertrieb dennoch nicht, und an der Auftragshetzerei im Team ändert sich auch nichts. Dennoch bleibt sie fast anderthalb Jahre, bis sie sich endlich zum Absprung überwinden kann und kündigt. Inzwischen ist sie an ihrem Ziel angekommen und arbeitet im Personalbereich einer anderen Firma.

Dunja ist voll unter die Change-Räder geraten. Glücklicherweise hat sie zum Schluss noch die Kurve gekriegt. Welchen Mechanismen ist Dunja zum Opfer gefallen, damit es überhaupt so weit kommen konnte?

Der erste davon springt schon zu Beginn jedes Change-Prozesses an. Und zwar in dem Moment, wenn eine Geschäftsführung eine anstehende Veränderung ankündigt. Meistens ist an diesem Punkt noch recht unkonkret, was der Change für den Einzelnen bedeuten wird. Gerüchte machen die Runde, und einzelne Mitarbeiter reagieren darauf je nach Naturell mit Unruhe, Angst und schlechter Stimmung. Unklarheit und Unsicherheit bestimmen die Situation. Je bedrohlicher die Lage erscheint, umso schlimmer ist die Gefühlslage.

Dann geht es früher oder später los: Die Veränderungen werden konkret. Es folgen Umstrukturierungen, Tätigkeitswechsel, Stellen- und Personalabbau. Für die Mitarbeiter stellt sich spätestens an diesem Punkt die Frage: gehen oder bleiben? Und damit setzt eine Art Selektionsmechanismus ein. Welche Mitarbeiter setzen sich überhaupt dem Change-Prozess aus, und welche entziehen sich von vornherein?

Grundsätzlich lässt sich festhalten, dass im Durchschnitt nur ein kleinerer Teil der Belegschaft das Unternehmen verlässt – statistisch betrachtet vor allem die jüngeren Mitarbeiter bzw. die Mitarbeiter mit kurzer Firmenzugehörigkeit. Sie gehen eher, wenn sie den Eindruck haben, dass der Change schlecht für ihre beruflichen Wünsche ist oder sich nachteilig auf ihr Wohlbefinden auswirkt.

Wie groß die durchschnittliche Zahl derer ist, die sich dann aktiv etwas Neues suchen, ist schwer sagen. Laut der Studie *Global Talent Monitor* suchen 15 Prozent der Arbeitnehmer nach neuen Jobs in anderen Unternehmen, weil sie sich dort bessere Chancen für persönliches und professionelles Wachstum erwarten. Außerdem zeigt die Studie: je mehr Wandel, desto höher die Fluktuation. Besonders betriebliche Umstrukturierungen und Änderungen in der oberen Führungsebene frustrieren die Mitarbeiter, weil diese Formen von Change alles infrage stellen.[114]

Es gibt also eine kleine Gruppe von Beschäftigten, die generell wechselfreudig ist und schnell die Flucht ergreift, wenn vielleicht noch eine attraktive Abfindung im Raum steht. Sie glauben daran, schnell etwas anderes oder sogar Besseres zu finden.

Die große Mehrheit der Mitarbeiter bleibt jedoch im Unternehmen, wenn der Change kommt. So wie Dunja. Die Gründe hierfür sind unterschiedlich. Die einen sehen in dem Change etwas Positives. Sie sehen eine Chance, dadurch zu wachsen und etwas Neues zu lernen. Sie lieben die Herausforderung.

Die anderen machen mit, weil in ihren Augen die Nachteile oder Risiken überwiegen, wenn sie das Unternehmen verlassen. Dunjas Motivation zu bleiben war, dass sie ihre Ausbildung im Unternehmen beenden wollte, und natürlich die finanzielle Sicherheit einer festen Stelle.

Diese und ähnliche Gründe reichen für die meisten Mitarbeiter, um für sich festzustellen: Ich will oder ich muss hierbleiben. Und damit ich auch ja nicht rausfliege, muss ich mich möglichst gut anpassen und den Erwartungen gerecht werden. Change, komm über mich!

Psychologisch gesprochen stellen diese Annahmen einen sogenannten »Denkrahmen« dar – also eine Haltung, von der es gefühlt kein Abweichen nach links oder rechts gibt. Es ist vergleichbar mit einem Tunnel, durch den Sie fahren: Geradeaus ist die einzige Option.

Lassen Sie uns nun betrachten, was Dunja in diesem »Tunnel« passiert ist. Die junge Frau musste von null auf hundert eine komplett andere Tätigkeit übernehmen. Sie musste sehr schnell funktionieren. Sie war gewillt, schnell und viel zu lernen. Und genau an diesem Punkt beginnt der nächste elementare Mechanismus zu greifen: Die im Grundsatz positiven Werte von Veränderungsbereitschaft und Flexibilität treiben den Mitarbeiter an, die geforderte Anpassung zu bewältigen. Vielen passiert dabei das, was auch Dunja zum Verhängnis geworden ist: Sie übertreiben es mit der Anpassung und merken es erst einmal gar nicht.

Dunja war so stark gewillt, die geforderten Leistungen zu erbringen, dass sie sich quasi freiwillig 50-Stunden-Wochen auferlegte, die sie nicht bezahlt bekam. Sie nahm sich Arbeit mit nach Hause und opferte dafür auch ihr Privatleben. Ihr Freund litt darunter. Und sie selbst beraubte sich der Zeit für Ausgleich und Erholung. In den Worten der Erholungsforschung lässt sich sagen: Sie betrieb damit einen Raubbau an ihren eigenen Energien – zumal diese Belastung keine kurzfristige Ausnahme, sondern der Normalzustand war.

Außerdem kümmerte Dunja sich selbstverantwortlich darum, das zu lernen, was ihr fehlte. Sie ließ sich von Anna-Maria coachen und arbeitete auch die Schulungen zum neuen Medizingesetz selbstständig nach, ohne dass der Arbeitgeber sie dabei irgendwie unterstützt hätte. Nicht einmal einen Einarbeitungsplan gab es. Sie wurde einfach mitten in die Arbeit geworfen – als Nichtschwimmer ohne Schwimmflügel ins kalte Wasser.

Der Mechanismus des Leidensdrucks, den Sie im vorigen Kapitel kennengelernt haben, wirkt hier ebenfalls. Denken Sie nur daran, dass Dunjas Gehalt von Provisionen abhing: Auch aus diesem Grund musste sie schnell lernen. Eine weitere Komponente des Leidensdrucks war die ständige Unterbesetzung im Team. Und Dunja war stets bereit, die Extrameile zu gehen, um fehlende Teamkollegen zu kompensieren.

Dynamisierend kam noch hinzu, dass ihr Chef seine Führungsaufgaben schlecht wahrnahm. Zum einen duldete er eine Teamkultur, bei der Mitarbeiter nur auf eigene Vorteile bedacht waren, zum anderen fehlte ihm die Sensibilität für die Überlastung seiner neuen Mitarbeiterin, die als Quereinsteigerin in kurzer Zeit die volle Leistungskraft zeigen sollte. Der Führung fällt bei Veränderungen eine zentrale Rolle zu. Wenn sie nicht ausgefüllt wird, sind Mitarbeiter auf sich allein gestellt.

Zusätzlich war Dunja auch noch in einem Tätigkeitsfeld gelandet, das vom Grundsatz her nicht zu ihr passte. Ihr Herzenswunsch war die Arbeit im Personalbereich. Sie mochte Konkurrenzkampf, Ellenbogen-Mentalität und Provisionsdruck gar nicht. Hier ist ein weiterer Mechanismus am Wirken, den Sie auch schon im vorherigen Kapitel kennengelernt haben. Wenn Sie gegen Ihre innere Werte und Wünsche handeln, bedeutet das einen inneren Konflikt, der Ihnen mit zunehmender Zeit Motivation, Kraft und Leistungsfreude raubt oder sie auch krankmachen kann.

Trotz alldem gab Dunja immer weiter Vollgas. Und hier sind wir schon beim nächsten heimtückischen Mechanismus. Dunja nahm nämlich die zunehmenden Warnzeichen der eigenen Überlastung nicht zur Kenntnis. Besonders die zunehmende Gereiztheit, die Schlafstörungen und die Erschöpfung. Sie machte weiter und hoffte auf ihren Urlaub.

Dunja spürte sicherlich, dass es da irgendwo in ihr eine Art Grenze gab, der sie sich bedrohlich näherte. Eine Grenze, die signalisierte, dass alles zu viel ist. Sie wusste, dass der Job eigentlich nicht zu ihr passte, und sie spürte auch die ersten Symptome der Überlastung. Doch sie ignorierte die Warnsignale ihres Körpers, bis die ersten Symptome von Anpassungsstörungen aufgrund von Stress und Belastung einsetzten.

Diese Situation konnte sie eine Zeitlang aushalten, doch irgendwann war auch bei ihr der Punkt erreicht, wo die Natur sich ihr Recht verschafft. Die lange aufrechterhaltene Fassade der Leistungskraft brach zusammen, als Dunja ihre Rettungsinsel Urlaub davonschwimmen sah, weil die Schwester des Geschäftsführers kaltschnäuzig ihren Urlaub verlängert hatte.

Acht Monate hat es bei Dunja gedauert, bis der Kollaps kam. Wie schnell ein Zusammenbruch kommt oder sich mindestens negative psychische oder körperliche Folgen zeigen, ist individuell ganz unterschiedlich. Das hängt von vielen Faktoren ab: von Ihrer Konstitution und Vorbelastung ebenso wie von den speziellen Bedingungen in Ihrer Situation.

Sehr typisch ist am Beispiel von Dunja, dass sie mehr oder weniger unbewusst in die beschriebenen Mechanismen hineingerutscht ist. Das ist tatsächlich der Regelfall – und der Grund, warum die beschriebenen Mechanismen so gefährlich sind. Wenn sie einmal in diesem Tunnel stecken und auf Gedeih und Verderb durchhalten wollen, blenden die meisten Menschen die Warnsignale aus – zumal sich die wenigsten der Risiken bewusst sind. Und wer ahnungslos ins Verderben tappt, kann auch nicht gegensteuern.

Change-Betroffene sehen meist keine Chance, der Situation zu entweichen. Sie versuchen den Erwartungen gerecht zu werden und sich ständig selbst zu optimieren. Gleichzeitig überhören sie die Warnsignale ihres Körpers. Die Folge ist: Früher oder später sendet ihr Körper einen unüberhörbaren Warnschuss. Das kann alles Mögliche sein: von starken Hautreaktionen und Magen-Darm-Problemen über einen Tinnitus oder Migräne bis hin zum Kreislaufzusammenbruch.

Dunjas Beispiel macht drastisch deutlich, was passiert, wenn

Menschen zu viel Veränderung in zu kurzer Zeit realisieren sollen – zumal in einem Arbeitsfeld, das nicht ihren Stärken und Neigungen entspricht. Dann schlägt der »Veränderungskollaps« erbarmungslos zu: Sie brechen zusammen, weil die Grenzen des persönlichen Veränderungstempos und -Umfangs erreicht sind.

Wenn selbst junge Menschen wie Dunja mit ihren 25 Jahren am Change zerbrechen können – was bedeutet das erst für ältere Mitarbeiter ab 50 Jahren aufwärts? Sie trifft das Veränderungstempo, besonders oft etwa durch die Beschleunigungsfalle Digitalisierung, noch einmal in einem ganz anderen Ausmaß als die junge Generation, die zumindest mit Computer- und Internettechnologie groß geworden ist.

Digitalhorror statt Pensionsschock

»Was jetzt kommt, hat nur Vorteile für Sie. Ihre Provisionen fließen schneller. Die Arbeitswege sind kürzer. Und für Ihre Mandanten ist das Ganze auch viel einfacher!«, dröhnt es aus den Lautsprecherboxen des großen Saals Auf der Bühne steht der Vorstand eines Finanzberatungsunternehmens. Seine Stimme ist voll Dynamik und Energie. Er strahlt vor Freude über die neuen Möglichkeiten, die er da propagiert. Er erinnert dabei an einen Vater, der seinen Kindern besonders dicke Pakete unter den Weihnachtsbaum legt. Die Szenerie gleicht einer Konzertveranstaltung: helle Scheinwerfer. Eine riesige Leinwand, auf der der Guru-hafte Redner in Großaufnahme zu sehen ist. Unten im Publikum sitzen rund 1000 Finanzberater aus ganz Deutschland. Die meisten lassen sich mitreißen von der Botschaft, die von der Bühne schallt wie die Hymne einer olympischen Eröffnungszeremonie: Dies ist der Aufbruch in die digitale Welt. Eine Welt, in der alles besser ist! Eine Welt, die Sie alle begeistern wird!

»Was für ein Scheiß«, denkt Herbert, der irgendwo inmitten der Menge sitzt. Was soll das ganze Theater? Wieso muss jetzt alles auf papierlos umgestellt werden? Warum muss er in seinem Alter auf einem Tablet rumkloppen wie die Kiddies in der U-Bahn? Bisher ging es doch auch ohne. Läuft alles auch so beim Kunden, mit Papierantrag und Excel-Sheet auf dem Laptop. Was ihm da von der Bühne entgegendröhnt, schmeckt ihm überhaupt nicht. In Zukunft werden nämlich alle 250 Gesellschaften, mit denen die Finanzberater zusammenarbeiten, nach und nach auf papierlos umstellen, verkündet der Vorstand nunmehr in sachlichem Tonfall. Herbert schnauft verächtlich. Das hat ihm mit seinen 56 Jahren gerade noch gefehlt.

In der Kaffeepause bilden sich Grüppchen. »Wie findest du das alles?«, fragt ihn Marlies, die noch recht neu in seinem Team ist.

»Ich weiß gar nicht, wie das gehen soll. Alles am Tablet. Da brauchst du Kinderfinger, damit du auf der Tastatur überhaupt die Buchstaben triffst!« Demonstrativ hält er seine knubbeligen Finger hoch. »Mit den Wurstfingern hast du doch keine Chance.«

»Es gibt ja externe Tastaturen, daran wird es schon nicht scheitern. Ich finde das alles toll. Das hört sich super an«, lacht sie ihn an, und ihre langen dunklen Haare wippen dabei hin und her, als führten sie einen Freudentanz auf.

»Na, ich weiß nicht.« Herbert runzelt skeptisch die Stirn.

Ein paar Tage später sitzt er im Büro und flucht mit puterrotem Kopf vor sich hin. »So ein Scheiß. So ein beschissener Scheiß«, keift er in den Raum. Ihm ist völlig egal, was seine Kollegen denken. Er kann einfach nicht an sich halten. Während er weiter auf das Tablet vor sich auf dem Tisch einprügelt, gibt er knurrende Laute von sich, die an einen Tiger im Zoo bei der Fütterung erinnern.

In seinem Zorn bekommt Herbert kaum mit, wie Marlies zu ihm herüberkommt und sich zu ihm an den Schreibtisch stellt. »Was ist denn los? Dich hört man ja bis runter zur Bushaltestelle. Erzähl mal, was ist denn los, was willst du denn machen?"

»Dieser gottverdammte Scheiß. Scheiße. Scheiße, Scheiße.« Herbert läuft innerlich Amok. Das ist ihm einfach zu viel auf seine alten Tage. Es könnte alles so schön sein. Noch ein paar ruhige Jahre bis zur Rente. Alles wie gehabt. Lief ja prima. Marlies nimmt er gar nicht richtig wahr.

»Jetzt beruhige dich doch erstmal, Herbert. Was funktioniert denn nicht?« Sie holt sich einen Drehstuhl heran und setzt sich neben ihn.

»Dieser Antrag hier. Wo soll ich denn klicken? Überall muss man Häkchen setzen. Ich komme nicht auf das Unterschriftenfeld.« Und er wischt das Dokument auf seinem Bildschirm hoch und runter und tippt wild darin herum, als wäre das Tablet ein störrischer Getränkeautomat. Doch es tut sich nichts. Tablets haben auch ihren Stolz.

»Komm, ich zeig dir, wie Du das mit dem Antrag machst. Das ist gar nicht so schwer«, redet Marlies geduldig auf ihn ein wie ein Rettungssanitäter, der ein traumatisiertes Unfallopfer psychisch zu stabilisieren versucht. »Das übst du bei zwei, drei Kunden, und dann hast du es drin«, sagt sie. »Kann ich aus eigener Erfahrung sagen. Das geht.«

»Das krieg ich nie hin. Bin ja keine 29 mehr wie du. Wir Älteren haben hier alle unsere Probleme. Ich habe den Mist jetzt schon mehrfach versucht. Das klappt nicht.«

»Mag sein, aber dann dauert es halt etwas länger. Ich habe von anderen gehört, dass sie es auch hinbekommen. Auch wenn es erst mal schwierig war.«

»Ich versteh es einfach nicht. Verdammt. Wo muss ich klicken?« Wieder fuhrwerkt er hektisch mit seinen Fingern über den Bildschirm. Wie hat Marlies das gerade gemacht? Das kriegt er nie in den Kopf. Wieso muss das jetzt alles noch kommen? Ihn nerven dieses Geklicke und diese Masken wie Sau. Alles unnötige Schikane. Braucht kein Mensch.

»Jetzt mach doch mal langsam. So wird das doch nichts.« Er hört an Marlies' Stimme, dass sie nun langsam auch kribbelig wird. Sie versteht ihn einfach nicht. Und er hört sie sagen: Darauf einlassen musst du dich aber schon.

»Jetzt reicht's mir. Ich hab die Schnauze voll.« Und Herbert holt seinen Laptop hervor. Klappt das vertraute Gerät auf und schickt einen Druckauftrag los, um den Antrag gleich – wie gewohnt – in der Papierversion auszufüllen. Für ihn ist klar: Den Zirkus macht er nicht mehr mit. Dann lässt er halt künftig die Gesellschaften bei Kundengesprächen raus, die unbedingt jetzt schon alles digital wollen. Nicht sein Problem. Fallen halt ein paar Produkte unter den Teppich. Ist ja immer noch genug Auswahl für die Kunden. Machen andere ältere Kollegen auch so, wie er mitbekommen hat. Merkt doch keiner. Scheiß drauf.

Szenen wie diese wiederholen sich in deutschen Unternehmen tagtäglich in dieser oder ähnlicher Form. Viele Mitarbeiter 50plus stehen auf Kriegsfuß mit den neuen digitalen Technologien, die vehement Einzug in den Firmen halten. Besonders hart trifft es Mitarbeiter, die bisher wenig oder gar nicht mit Computern, neuen Medien und Internettechnologie zu tun hatten. Vielleicht kennen Sie diese Situation auch von sich selbst oder haben Ähnliches mit Ihren Eltern oder Schwiegereltern erlebt. Mein Schwiegervater beispielsweise hat sich mit seinen fast 80 Jahren noch ein Auto mit einem supermodernen Navi angeschafft und ein Smartphone, damit er »up to date« ist. Ich finde es klasse, dass er dafür offen ist. Doch irgendwie bekommt er nur mühsam Zugang zu der neuen Welt. Obwohl er dazu bereit ist, das alles zu lernen, tut er sich sehr schwer damit, sich die ganzen Funktionen zu merken und abzurufen und die ganzen Neuerungen zu verstehen.

Und so kommt es zu Szenen wie diesen: Er sitzt vor der Abfahrt in seinem Auto, tippt auf das Display des Navis und fragt mich: »Wo muss ich jetzt noch mal draufdrücken?« Fast sieht es so aus, als wolle er den Touch Screen hypnotisieren, so gebannt schaut er darauf. Dann packt es ihn, und er hackt mit dem Finger auf die verschiedenen Menüpunkte ein, wie ein Buntspecht mit seinem Schnabel einen Baum traktiert. Auch etwa mit der gleichen Frequenz.

Meine Schwiegermutter stellt bei alldem eine erstaunlich hohe Leidensfähigkeit unter Beweis. Sie hat meinen vollen Respekt. Denn die Programmierung des Navis dauert oft länger als die anstehende Fahrt selbst. Als es neulich dann einmal schnell gehen musste, hat ihr Mann es einfach ganz gelassen. Er ist dann nach Karte und Gefühl gefahren. So wie früher.

So ähnlich geht es Herbert: Er würde lieber dauerhaft weiter nach Karte und Gefühl fahren.

Vielleicht geht es Ihnen angesichts solcher Szenen wie mir: Wenn Sie das von außen sehen und Ihnen die ganzen technischen Zusammenhänge vergleichsweise leicht von der Hand gehen, wundern Sie sich, warum es den anderen so schwerfällt. Noch habe ich Hoffnung, dass ich weiter mit der technischen Entwicklung zurechtkomme. Aber ich mache mir natürlich schon Gedanken, dass es mir irgendwann gehen könnte wie meinem Schwiegervater. Schließlich bin ich gerade 50 geworden und reihe mich damit auch in die Kategorie Mitarbeiter 50plus ein. Ich habe so eine unschöne Ahnung, dass meine Enkel mich irgendwann schief anschauen und sagen: »Der Opa ist ganz schön verkalkt.«

Das Gespräch, das ich kürzlich mit der Mitarbeiterin eines Telekommunikationsunternehmens geführt habe, hat mich dabei nicht eben beruhigt. Sie ist selbst 55 Jahre alt. Und sie hat mir berichtet, wie sie mit zunehmendem Alter Veränderungen an sich bemerkt, die sie nie von sich erwartet hätte.

Wenn es Ihnen geht wie mir und Sie die magische Marke 50 bereits passiert haben, müssen Sie jetzt stark sein.

Die hohe Kunst des Tarnens und Täuschens

Katharina hat schon einige Change-Prozesse hinter sich: Vor 12 Jahren erlebte sie die Schließung des Standortes, wo sie im Rechnungswesen gearbeitet hatte. Innerhalb von vier Wochen und aus dem Urlaub heraus musste sie sich entscheiden, ob sie künftig eine komplett andere Tätigkeit an einem mehrere hundert Kilometer entfernten Standort der Firma machen wollte. Sie musste sich in amerikanisches Recht einarbeiten und hatte plötzlich spezielle Kontrollaufgaben zu erfüllen. Eine schwere Zeit. Bis heute pendelt sie noch zwischen ihrem Zuhause am alten Standort und ihrer Arbeitsstelle am neuen Standort. Zwischenzeitlich gab es noch weitere Umstrukturierungen, die sich jedes Mal wieder auf ihre Tätigkeitsbeschreibung auswirkten. Und auch in puncto Digitalisierung hat Katharina schon einiges mitgemacht – neue Technik, neue Systeme, neue Prozesse.

Trotz allem ist Katharina bei ihrer Firma geblieben. Wegen der finanziellen Absicherung und weil es sich als schwierig erwies, ab Mitte 40 noch einen vernünftigen Job auf ihrem Level zu finden. Über die harten Zeiten während all der Change-Prozesse redet sie nur ungern. »Dann ärgere ich mich nur.«

Heute arbeitet Katharina vor allem in Projekten mit. Das findet sie spannend, weil es immer wieder neue Themen gibt. Sie ist offen für vieles. Ätzend ist nur, wenn so ein Projekt keinen Spaß macht. »Dann kann man sich nur durchwurschteln.«

Seit etwa drei Jahren macht sie nun eine Beobachtung an sich, die sie irritiert: »Bei mir hat es immer im Zeugnis geheißen: ›Sie hat eine rasche Auffassungsgabe.‹ Das Gefühl habe ich jetzt nicht mehr so ganz. Manchmal denke ich, ich habe ein Brett vor dem Kopf. Man ist nicht mehr so geistig flexibel, habe ich das Gefühl. Ich finde, ich bin schwerer von Begriff als früher. Das stört mich sehr. Ich habe das auch noch nicht so ganz akzeptiert.«

»Das kann ich kaum glauben«, gebe ich spontan zurück. »Sie wirken so energiegeladen und lebendig."

»Ich glaub es auch selbst nicht«, sagt sie lachend. »Aber ich merke, dass es so ist, und tue mich immer schwerer noch mitzukommen. Das Rad dreht sich wirklich schneller, und die Anforderungen steigen.«

Und sie zählt mir verschiedene Beispiele auf, was gerade in ihrer Firma passiert. So verkündete das Unternehmen vor etwa zwei Jahren, dass es internationaler werden wolle. Viele neue ausländische Kollegen sind seither an Bord gekommen. Neuerdings finden alle Meetings auf Englisch statt, auch wenn nur ein oder zwei ausländische Teilnehmer dabei sind. Da ist sie wie auch andere Kollegen mit ihrem Schulenglisch sprachlos. Sie findet es unmöglich, dass alle von jetzt auf gleich das nötige Sprachlevel haben sollen. »Das ist ein Veränderungstempo, dem viele nicht folgen können. So eine Vorgehensweise erzeugt ein Gefühl der Ausgrenzung, Scham, den Anforderungen nicht zu genügen, Stress und Verdruss.«

Aber auch technisch tut sich einiges: Die Firmenleitung hat Festnetz-Telefone abgeschafft. Alles läuft nur noch über den Computer und Internet. Früher hätte sie mit so einer technischen Änderung keine Schwierigkeiten gehabt und einfach losgelegt. Doch jetzt braucht sie viel mehr Zeit, um die Details zu verstehen. So habe sie etwa lange mit einem speziellen Programm gekämpft, mit dem sie sich selbst zu Schulungen anmelden muss. Und die Zeit, sich in so etwas mühevoll einzuarbeiten, ist im Arbeitsalltag oft nicht da. So schiebt sie es nach hinten, um sich später mal intensiv mit dem Thema zu befassen. Sie kriegt es zwar irgendwann doch hin, aber es dauert. Sie empfindet das alles als super kompliziert. Genau wie die Schulungen selbst, die zunehmend nur noch aus Online-Kursen bestehen.

Das alles findet Katharina ziemlich anstrengend. Zumal es noch gar nicht lange her ist, dass es sich anders anfühlte. »Ich stelle einfach fest, dass ich zwar immer noch dazulernen will, es aber manchmal einfach nicht mehr geht. Es ist wirklich so. Man wird mit dem Alter schwerfälliger.«

Dazu gehöre auch, dass sie mehr Erholungszeiten brauche als früher, berichtet sie ein wenig niedergeschlagen. Während sie früher einen Zehn-Stunden-Arbeitstag mit links wegsteckte und ihr auch die Reiserei zu ihrer Arbeitsstelle nichts ausmachte, sei sie nun viel schneller »platt«.

Im Alltag versucht sie das alles möglichst zu vertuschen und nicht aufzufallen. »Ich habe immer gedacht, nee, nee, bei dir nicht, Katharina. Du lässt dich vom Alter nicht aufhalten. Bei dir ist es anders. Falsch gedacht.«

Inzwischen überlegt sie sogar ernsthaft, ob sie das Angebot ihrer Firma zur Altersteilzeit annehmen soll. »Ich könnte das jetzt machen. Dann wäre ich in gut vier Jahren hier raus. So lange würde ich es hier gerade noch gut aushalten.« Entschieden hat sie sich noch nicht. Denn anderseits fühlt es sich auch komisch für sie an, wenn sie sich vorstellt, dass so bald Schluss ist. »Ich möchte hinterher nicht nur die Enten füttern.«

Die Erfahrungen, die Katharina macht, decken sich mit den Ergebnissen mehrerer Studien. Danach können viele Menschen mit zunehmendem Alter weniger schnell Informationen verarbeiten. Das liegt wohl daran, dass Ältere nicht mehr so viele Informationen im Kurzzeitgedächtnis speichern können. Hinzu kommt auch eine nachlassende Wahrnehmung.[115] Wenngleich sich die Forschung streitet, in welchem individuellen Ausmaß und in welchem Alter diese Probleme vorhersehbar auftreten, so lässt sich weitgehend zweifelsfrei festhalten, dass die Begeisterung für Weiterbildung und Lernen im Alter nachlässt.

Nur knapp jeder Fünfte zwischen 50 und 64 Jahren nimmt pro Jahr an einer Weiterbildung teil, sagen Arbeitsmarktexperten.[116] Je länger Menschen im Berufsleben stehen, desto seltener bilden sie sich fort.[117] Meistens fehlt die Lust. Ein oft gehörter Satz ist: Es ging doch bisher auch so.

Angesichts des demographischen Wandels ist aber gerade die Altersgruppe der Mitarbeiter 50plus in den Firmen stark vertreten. Die Alterspyramide zeigt ihre dickste Ausbuchtung für die Altersgruppe von 50 bis 60 Jahren. Und das führt zu einer besonderen Situation, von der mir Personalverantwortliche unterschiedlichster Firmen berichtet haben: Die Lernmotivation in dieser Gruppe und auch die Aufnahmegeschwindigkeit sinken, während gleichzeitig die Digitalisierung eine höhere Lernmotivation und ein höheres Lerntempo erfordern. Hinzu kommt, dass sich besonders Ältere mit E-Learning und neuen technischen Entwicklungen schwertun, wie es Katharina beschreibt. Diese Beobachtung machen auch zahlreiche Personalentwickler. Dabei sollen ja gerade die digitalen Lernformate dazu dienen, schnell Wissenslücken zu schließen, die sich durch das Veränderungstempo ergeben.

Die Firmen stehen folglich vor einem Problem. Eine Lösungsstrategie geht dahin, dass sie mit Programmen wie Lernfitness oder Digitalkompetenz für Ältere aufrüsten, um den Engpass zu schließen. Plötzlich schießen Programme zum Thema »Personalentwicklung Mitarbeiter 50plus« aus dem Boden. Immer häufiger trifft man auch auf Konzepte wie eine lebensphasenorientierte Personalentwicklung. Denn eines ist den Firmen natürlich ebenso klar wie Ihnen und mir: Wer heute 50 Jahre alt ist, wird vermutlich noch 17 Berufsjahre vor sich haben. Und in dieser langen Zeit kann noch viel Wandel passieren.

Wie wir bereits festgestellt haben, sind es zudem gerade die Älteren, die die Firmen auch angesichts schwieriger Change-Prozesse nicht mehr verlassen. Denn andere Jobs sind in dieser Altersphase schwer zu finden. Und errungene Vorteile wie Einkommen, Altersabsicherung oder Status machen es zunehmend schwer zu gehen.

Als ob Change-Prozesse im Alter nicht schon belastend genug wären, zeigt eine Studie des Wissenschaftlichen Instituts der AOK für seinen Fehlzeiten-Report 2017 auch noch, dass die Lebensphase zwischen 50 und 65 Jahren noch eine zusätzliche Herausforderung mit sich bringt: Mit zunehmendem Alter häufen sich nämlich Lebenskrisen. Zwei Drittel der 2000 befragten Erwerbstätigen berichtet von solchen einschneidenden Wendepunkten. Die große Mehrheit der Betroffenen hat daraufhin körperliche oder psychische Probleme zu verkraften, und ihre Leistungsfähigkeit ist vielfach eingeschränkt. Jeder Dritte meldet sich häufiger krank.[118] Bei kleineren Unternehmen macht sich das natürlich noch viel gravierender bemerkbar als in großen Konzernen.

Angesichts dieser Gesamtsituation bleibt eigentlich nur ein Fazit, das ich als 50-Jähriger nur schweren Herzens ausspreche. Firmen müssen in Zeiten des digitalen Wandels schnell wie ein Rennwagen sein – und sie haben mit uns Mitarbeitern 50plus dabei offenbar einen Bremsklotz am Bein. Selbst wer sich die Lernfreude erhalten hat und sich mit den neuen Technologien anfreunden kann, stößt mit hoher Wahrscheinlichkeit früher oder später an gewisse natürliche Grenzen seiner geistigen und körperlichen Leistungsfähigkeit. Wir können zwar auf viel Erfahrungswissen verweisen, aber bei schnellem Wandel, wo es auf rasche Anpassungsfähigkeit ankommt, sind wir oft Sand im Getriebe. »Oldies but Goldies«? Manche Firma dürfte das anders sehen.

Was heißt das für uns als Mitarbeiter 50plus? Sollen wir alle geschlossen abtreten, in Altersteilzeit gehen? Sollen wir uns am besten so früh wie möglich der Arbeit im Schrebergarten widmen, anstatt noch die Welt im Großen und Ganzen mitverändern zu wollen?

Nicht so schnell: Es gibt einen Hoffnungsschimmer. Schlimmer als das kalendarische Alter selbst sind nämlich die Vorurteile darüber und ihre Wirkung auf die Realität. Sprichwörter wie »zum alten Eisen gehören« oder »einem alten Hund bringt man keine neuen Tricks mehr bei« sprechen Bände. Laut dem Bremer Lernforscher Prof. Dr. Christian Stamov Roßnagel sind diese Defizitannahmen zum Lernen jedoch überholt. Signifikante Alterserscheinungen treten nach seinen Analysen erst bei Personen jenseits der 65 auf.[119]

Dass wir früher an Grenzen stoßen als jüngere Kollegen, heißt also noch längst nicht, dass wir gar nicht mehr lernfähig wären. Solange auf unsere Grenzen Rücksicht genommen wird, können auch wir Menschen 50plus sehr wohl noch konstruktiv mitgestalten.

Noch mehr Mut kann uns die Studie von Thomas W. H. Ng von der Universität Hong Kong und seinem Kollegen Daniel C. Feldman von der Universität Georgia machen. Die beiden Forscher sichteten 418 Studien mit insgesamt über 200 000 Teilnehmern, um der Frage nachzugehen, inwiefern Vorurteile gegenüber älteren Beschäftigten in den Firmen tatsächlich nachweisbar sind. Und jetzt kommt die gute Nachricht aus dieser Meta-Studie: Es ließ sich nicht bestätigen, dass Ältere weniger bereit sind, sich an neue Anforderungen anzupassen, oder gar veränderungsresistent. Richtig ist aber, dass sie nicht mehr so gern an Trainings- oder Karriereentwicklungsmaßnahmen teilnehmen mögen.[120]

Danach sind es also weniger die Alterserscheinungen an sich, mit denen wir zu kämpfen haben, als vielmehr unsere Einstellungen zum Alter. Und dieser Einstellungen werden wir uns durch das Change-Tempo heute einfach viel deutlicher und mutmaßlich auch früher bewusst als in der Vergangenheit. Als Mitarbeiter 50plus sind Sie neuerdings viel mehr gezwungen, sich mit Ihrem Alter und Ihrer Anpassungsfähigkeit auseinanderzusetzen, weil eben immer mehr Veränderungsprozesse in den Firmen ablaufen. Wenn sich – wie früher noch – oft über viele

Jahre hinweg wenig innerhalb eines Unternehmens bewegt und Sie in ihren gewohnten Bahnen arbeiten können, fällt Ihnen gar nicht groß auf, inwiefern sich Ihre Leistungsfähigkeit verändert. Wenn dann aber plötzlich immer wieder Veränderung von Ihnen gefordert wird, fühlen und erleben Sie plötzlich am eigenen Leib, wie gut oder wie schlecht Sie tatsächlich noch mitkommen.

Wenn Mitarbeiter diese Erfahrung machen, ist der Schuldige schnell gefunden: Das muss am Alter liegen. Doch es muss gar nicht unbedingt das Alter sein. Vielleicht geht es einfach nur um den höheren Zeitaufwand und mangelnde Lust, sich intensiv mit einem neuen Thema zu befassen – schließlich ging es ja viele Jahre auch ohne Veränderungsdruck. Und je nachdem, ob eine neue Aufgabe den eigenen Stärkenbereich betrifft oder nicht, ist die Überwindung auch mehr oder weniger aufwändig.

Mir imponieren Menschen wie Katharina, die nicht aufgeben, sondern sich den neuen Herausforderungen stellen – auch wenn es ihr manchmal schwerer fällt als früher. In dieser Hinsicht ist Katharina von einem ganz anderen Schlag als Herbert, der das Neue lieber gänzlich meidet und sich innerlich gegen jede Ver-änderung sperrt.

Ich kann nicht leugnen, dass ich mir – ungeachtet unseres Al-ters – Sorgen mache, wie sich das Arbeitsleben angesichts des weiter steigenden Change-Tempos für uns alle entwickeln wird. Einerseits wegen Geschichten wie der von Dunja, die ich immer wieder höre. Sie machen die psychologischen Mechanismen deutlich, die uns darin begrenzen, wie viel und wie schnell wir uns verändern können. Und andererseits aufgrund der Tatsache, dass es klare Belege dafür gibt, dass es mit zunehmender Be-triebszugehörigkeit und steigendem Alter immer mehr Gefan-gene im Job gibt, die dem Wandel mehr oder weniger unfreiwil-lig und zwangsweise ausgesetzt sind. Und schließlich sieht es drittens danach aus, dass keiner von uns sich dieser Entwicklung dauerhaft wird entziehen können, weil das Change-Tempo vor keiner Firma mehr Halt macht.

Kurzum: Junge und Alte sitzen im gleichen Schnellboot. Worauf rasen wir bloß zu, wenn das Change-Tempo weiter anzieht?

Endzeit? Was von Wirtschaft und Gesellschaft übrigbleibt

Ich sehe vor allem zwei zentrale Szenarien, die auf kurz oder lang vor unserer Haustür stehen:

- Szenario 1: Change-Lähmung mit explodierenden Kosten
- Szenario 2: Das Ende des Vollzeitarbeitsverhältnisses

Wenngleich sich beide in ihrer Erscheinungsform unterscheiden, so führen sie am Ende doch auf denselben Ausgang hin, der Sie als Mitarbeiter kaum erfreuen wird.

Beginnen wir mit Szenario 1, der Change-Lähmung mit explodierenden Kosten.

Wie ich Kapitel 3 bereits ausführlich beleuchtet habe, bedeutet jeder Change-Prozess durch Mehrarbeit, Arbeitsverdichtung und Anpassungsdruck vermehrten Stress für die Beschäftigten. Waren vor knapp zehn Jahren bereits etwa 50 Prozent der Firmen in einer Beschleunigungsfalle gefangen, ist heute kaum ein Unternehmen mehr davor gefeit. Immer öfter haben Mitarbeiter überhaupt keine Zeit mehr zum Durchatmen. Damit liegen die Bedingungen für Dauerstress mit allen Variationen von Anpassungserkrankungen bereits heute vor. Angesichts der Tatsache, dass heute psychische Erkrankungen mit gut 17 Prozent auf Platz zwei aller Erkrankungen in Deutschland stehen, ist folgerichtig davon auszugehen, dass sie bald auf Platz eins liegen werden. Genauso wird auch die Zahl der Frühverrentungen aufgrund psychischer Erkrankungen weiter steigen. Auch der Griff zu Neuro-Enhancern und anderen Aufputschmitteln wird nicht seltener, sondern häufiger werden – was sich längerfristig wiederum auf die Krankenzahlen auswirken wird, denn Hirn-Doping ist immer nur für einen kurzfristigen Pyrrhussieg gegen das Change-Tempo gut, macht dafür aber verlässlich krank.

Wenn immer mehr Mitarbeiter durch Krankheit ausfallen, bleibt die Change- und Arbeitslast an den robusten verbliebenen Mitarbeitern hängen. Doch auch das geht nicht ewig gut, da jeder Mensch irgendwann seine Belastungsgrenze erreicht. Das zeigt das Beispiel von Dunja, in deren Team ständig Unterbesetzung herrschte – wahrlich kein Ausnahmefall.

Außerdem ist zu berücksichtigen, dass aufgrund des demographischen Wandels großenteils Mitarbeiter ab 45 Jahren aufwärts in den Firmen beschäftigt sind. Menschen also, die meistens schon mehrere Change-Prozesse erlebt haben und dementsprechend ermüdet sind. Mit jedem neuen Change lässt das Verständnis für dessen Sinnhaftigkeit nach. Einsatzwillen und Motivation sinken bei jedem weiteren Change.

Worauf läuft all das hinaus? Wenn das Change-Tempo steigt, werden die Unternehmen noch mehr mit Arbeitsausfällen, Erkrankungen sowie Leistungs- und Motivationsschwund zu kämpfen haben. In den Firmen sitzen also künftig immer mehr angeschlagene, gestresste, demotivierte Mitarbeiter, die sich von einem zum nächsten Change aufs Neue aufrappeln müssen, um mit den verbliebenen Kräften die Anforderungen zu stemmen.

Ein Unternehmen in diesem Zustand zuckt wie ein fiebriger Körper im Überlebenskampf am Markt. Längst gehört der Veränderungskollaps, wie Dunja ihn am eigenen Leib erlebt hat, bei den Beschäftigten zur traurigen Normalität. Mit einem derart geschwächten Unternehmens-Organismus immer neue Erfolgshöhen erklimmen zu wollen, ist ähnlich paradox, als wenn Sie einen total erschöpften Sportler zu den Weltmeisterschaften im 100-Meter-Lauf anmelden, damit dieser den Sieg holt.

Das alles treibt natürlich auch die Kosten der Krankenversicherung nach oben. Bereits heute steigen die Versicherungsbeiträge durch längere Lebensdauer und technologische Fortschritte stetig an. Vielleicht sind wir bald so weit, dass die Krankenkassen einen Change-Beitrag von den Firmen fordern, weil die Change-Dynamik die Krankenzahlen so stark nach oben treibt, dass die Solidargemeinschaft die damit verbundenen Kosten nicht mehr allein abfedern kann. Das gleiche Prinzip könnten die Rentenversicherungen für sich übernehmen, um die ganzen Frühverrentungen bezahlen zu können.

Für Sie als Beschäftigte kann das im schlimmsten Fall bedeuten, dass die Versicherungsleistungen – so wie in den vergangenen Jahren bereits – immer weiter gekürzt werden und Ihre Beiträge steigen. Sie werden dann durch das Change-Tempo doppelt bestraft. Der Change in Ihrer Arbeit richtet Sie zugrunde, und gleichzeitig müssen Sie auch noch tiefer in die Tasche greifen, damit das Gesundheitssystem nicht auch daran zugrunde geht. Sonst läuft nämlich alles darauf hinaus, dass Ihnen die Kasse die Behandlungen für entstandene Anpassungskrankheiten gar nicht mehr oder nur noch in Teilen bezahlen kann.

Gesellschaftlich gesehen bekommt vor diesem Hintergrund das Thema Gesundheit noch eine größere Bedeutung als bisher schon. Gegentendenzen wie die Slow-Bewegung mit ihrem Versuch, die Geschwindigkeit der Gesellschaft zu reduzieren, werden sicherlich noch mehr Anhänger finden als heute schon, da der Wunsch nach Ruhe und Stabilität verständlicherweise steigt. Vielleicht begegnen wir irgendwann dem modifizierten Anti-Kriegs-Slogan: »Make slow, not change«.

Und das ist nur der eine Teil der Wahrheit. Hinzu kommt, dass gerade die jüngeren Mitarbeiter bei überbordendem Change-Wahnsinn nicht unbegrenzt mitmachen. Sie verlassen die Firma eher als die Älteren, wenn ihnen die Veränderung gegen den Strich geht. Das ist umso bitterer, weil gerade die Jungen meist noch eher veränderungsfreudig und offen für Herausforderungen sind. Sie wollen sich beweisen, weiterentwickeln und weiterkommen.

Daher liegt es nahe, dass bei weiter ansteigendem Change-Tempo die jüngere Generation noch weniger Federlesens macht als bisher und immer früher die Koffer packt, wenn ein Change abzunerven droht. Klar, in der nächsten Firma wartet garantiert auch ein Change. Doch da der Arbeitsmarkt gut ist und die Jungen gefragt sind, haben sie erst einmal reichlich Wahlmöglichkeiten. Und wer fachlich auch noch richtig etwas draufhat und deshalb wertvoll für viele Unternehmen ist, hat ohnehin gute Karten.

Für die Firmen hat das zur Folge, dass die Kosten für Rekrutierung und Einarbeitung immer weiter steigen. Problematisch ist dabei auch, dass neu gewonnene Mitarbeiter nicht wie Computer-Zubehörgeräte im Sinne von »Plug and Play« einsetzbar sind, sondern eine gewisse Zeit brauchen, um die gewünschte Leistung zu bringen und auch in Change Prozessen gute Unterstützer zu sein. So steigen die internen Kosten in den Firmen nicht nur, weil die Mitarbeiter durch Change krank werden, sondern auch, weil sie aufgrund des Change-Wahnsinns kündigen.

Zusammengefasst sorgen diese ganzen Entwicklungen dafür, dass Change-Prozesse noch weniger erfolgreich laufen als heute schon. Die Firmen sind angesichts der Change-geschwächten Belegschaft in ihrer Handlungsfähigkeit gelähmt. Von »Survival of the Fittest« kann nicht die Rede sein, wenn keiner mehr fit ist. Durch all das steigen die Kosten für die Firmen. Und wie werden sie darauf reagieren? Natürlich so, wie sie es schon immer gemacht haben: Sie führen Restrukturierungen zur Kostensenkung durch. Mehr Change, noch mehr Change, nur noch Change!

Schlussendlich höhlen sich die Unternehmen mit ihrem Veränderungswahn also immer weiter selbst aus. Die schon in einigen Studien ermittelten Folgen wie Produktivitätsverluste und Insolvenzen dürften damit zwangsläufig weiter ansteigen.

Ade, gelobter Wirtschaftsstandort Deutschland.

Doch Moment mal – wie steht es eigentlich mit Stand heute um unsere Wettbewerbsfähigkeit? Hat sich der Change-Irrsinn womöglich längst bemerkbar gemacht? Wie eine Studie des Schweizer IMD World Competitiveness Center in Lausanne aufzeigt, sind wir tatsächlich bereits auf dem absteigenden Ast. Das IMD bewertet die Leistungskraft von Staaten anhand von rund 340 Kriterien. Im internationalen Vergleich der 63 leistungsstärksten Staaten landete die Bundesrepublik im Jahr 2017 nur noch auf dem 13. Platz. Vor vier Jahren belegten die Deutschen noch den sechsten Rang. Ein deutlicher Absturz.

Neben der international oft mit Skepsis beäugten deutschen Steuerpolitik sind ein weiterer wichtiger Grund für den Abstieg die Praktiken deutscher Manager. Und dazu gehört, Probleme unter den Teppich zu kehren, wie wir es unter anderem beim VW-Skandal erleben konnten.[121] Das tut der Wirtschaft nicht gut. Und in diesem Fahrwasser solcher Vertuschungsmaßnahmen sehe ich auch den stillschweigend vorangetriebenen Raubbau mit der Ressource Mitarbeiter. Wenn Firmenchefs ihre Mitarbeiter verheizen wie Briketts, ist das weder ethisch hinnehmbar noch hilfreich, um die Leistungskraft einer Firma und am Ende eben auch einer Nation auf den vorderen Plätzen im internationalen Vergleich zu halten. Noch hat Deutschland einen sehr guten Ruf in Sachen Qualität. Noch hat das Prädikat »Made in Germany« einen Wert.[122] Doch diese Qualität lässt sich nur mit motivierten, gesunden und leistungsstarken Mitarbeitern erreichen – und erhalten.

Noch schlechter sieht es in demselben Ranking mit Blick auf die Digitalisierung aus. Denn nach dem vom IMD erstmals erstellten Ranking zur digitalen Wettbewerbsstärke stehen wir als Europas größte Volkswirtschaft im weltweiten Vergleich lediglich auf Rang 17.[123] Um hier vorn mitspielen zu können, sind erfolgreiche Change-Prozesse unumgänglich. Doch genau die sind angesichts dieses Szenarios nicht zu erwarten.

Daher kann ich nur den dringenden Appell an die Unternehmen richten, ihre bisherige Change-Praxis zu überdenken. Schließlich gibt es durchaus auch Firmen, die bereits andere Wege gehen, um ihre Mitarbeiter im Zuge von Wettbewerbsdruck und Change nicht zu verheizen. Sei es, dass Firmen eine Sperre für neue Projekte verhängen, bewusst Verschnaufpausen nach Umstrukturierungen einplanen oder Erfolge zum Ende eines Projektes mit ihren Mitarbeitern feiern, damit die auch ein Gefühl dafür bekommen, dass ihre Leistung etwas wert ist. Sinnvoll finde ich auch den Einsatz von Feedbacksystemen, die sichtbar machen, ob Mitarbeiter sich selbst überlasten.[124]

Solange Unternehmen ihre Mitarbeiter fahrlässig immer tiefer in den roten Bereich steuern, steht zu befürchten, dass Sie als Mitarbeiter eines Tages auf der Straße stehen, weil Ihre Firma die Raserei nicht überlebt hat. Diese Art Führung wirkt sich langfristig nämlich so ähnlich aus wie die Einnahme der Droge Ecstasy: Man kann damit Energiemangel und Schmerzen überwinden und spürt die eigenen Grenzen nicht mehr. Doch die Nebenwirkungen sind scheußlich, und eine Überdosis führt schnell zum Tod.[125]

Indem sich die Unternehmen durch diesen Raubbau selbst schwächen oder gar dezimieren, schwinden nach diesem Szenario also früher oder später auch die Arbeitsplätze, und die Arbeitslosigkeitszahlen steigen.

Das hat zwar auch sein Gutes: Das Change-Tempo kann Ihnen dann erstmal nichts mehr anhaben. Dafür drücken Ihnen vermutlich recht bald finanzielle Sorgen aufs Gemüt. Denn wer weiß, ob Sie der Arbeitslosigkeit in diesem Szenario so bald wieder entfliehen können. Und wenn doch: In der nächsten Firma wartet der nächste Change …

Ich gebe zu: Bei diesem Szenario habe ich hemmungslos schwarzgemalt. Aus der Luft gegriffen ist all das aber keineswegs. Die Vorboten dieser Entwicklung stehen schwarz auf weiß bereits in zahlreichen Studien und Praxisberichten – und sind nicht zuletzt aus den realen Fallgeschichten in diesem Buch in aller Deutlichkeit ablesbar. Denn die sind nicht schwarzgemalt, sondern pure Realität.

Doch es könnte auch ganz anders kommen. Und damit wären wir bei Szenario 2: dem Ende des Vollzeitarbeitsverhältnisses.

Im ersten Szenario verhalten sich die Firmen sehr unflexibel und gehen letztlich nicht zuletzt daran möglicherweise zugrunde. Sie müssen typischerweise mit den Mitarbeitern, die sie einmal eingestellt haben, das Change-Tempo irgendwie halten und gestalten. Das Problem dabei ist, dass diese Mitarbeiter mit ihren Fähigkeiten und ihren Anpassungsmöglichkeiten leicht an ihre Grenzen stoßen bzw. nicht schnell genug hinterherkommen, wie wir verschiedentlich festgestellt haben.

Ein Ausweg aus dieser Begrenzung des Veränderungspotentials wären flexible Arbeitsverhältnisse, die einen bedarfsgerechten und variablen Einsatz von Personal erlauben, ohne dass arbeitsrechtliche oder tarifliche Beschränkungen dieser Beweglichkeit einen Riegel vorschieben würden.

In einem zusammenfassenden Bericht der Bertelsmann-Stiftung aus dem Jahr 2014 geht hervor, dass das unbefristete Vollzeitarbeitsverhältnis in Deutschland mit etwa 60 Prozent aller Erwerbstätigen noch die vorherrschende Erwerbsform darstellt.[126] Ein solches Arbeitsverhältnis ist dadurch gekennzeichnet, dass Sie Ihre Arbeitskraft einem Unternehmen zur Verfügung stellen und als Gegenleistung dauerhaft und unbefristet in Vollzeit angestellt sind. Sie bekommen damit monatlich Ihr Gehalt und sind auch durch Arbeitslosen-, Kranken-und Rentenversicherung abgesichert. Hinzu kommen Kündigungsschutz und andere arbeitsrechtliche bzw. tariflich abgesicherte Regelungen.[127]

Doch diese Beschäftigungsform bröckelt bereits, weil sie im ständigen Wandel den Nachteil hat, dass ein Unternehmen nicht schnell genug auf veränderten Personalbedarf reagieren kann. Zum einen lässt sich deshalb ein Trend zu befristeten Verträgen beobachten. Hier zeigt sich, dass fast jeder Zweite, der neu eingestellt wird, nur noch einen befristeten Vertrag bekommt.[128] Allerdings gibt es hier rechtliche Beschränkungen. Denn befristete Verträge können nur innerhalb gewisser Grenzen eingesetzt werden, um eine dauerhafte Ausbeutung von Mitarbeitern gegen geringe Gehälter und Sicherheiten zu verhindern.[129]

Ähnlich verhält es sich mit dem Trend zu sogenannten atypischen Beschäftigungsverhältnissen, die den Firmen ebenfalls mehr Flexibilität schenken. Dazu zählen sogenannte reduzierte Normarbeitsverhältnisse wie Minijobs oder Beschäftigungen auf Stundenbasis. Weiterhin sind auch Werkverträge oder der Einsatz von Leiharbeitern in diesem Zusammenhang zu nennen. Ebenfalls beliebt ist das Outsourcing von Tätigkeiten und Prozessen an externe Dienstleister oder der Einsatz von selbstständigen Spezialisten bzw. Freiberuflern.

Während einerseits Vollzeitarbeitsverhältnisse auf dem Prüfstand stehen, lässt sich andererseits der Wandel von hierarchischen und funktionalen Unternehmensgebilden hin zu Netzwerkorganisationen beobachten. Die Idee ist, unternehmensintern und unternehmensübergreifend netzwerkartige Strukturen aufzubauen und so die Kompetenzen zu bündeln, um sich Wettbewerbsvorteile zu verschaffen.[130] Ein Netzwerk kann dabei aus einzelnen Personen, Gruppen oder auch Organisationen bestehen. Solch ein Netzwerk kann zum Beispiel eine Einheit im Unternehmen sein, die sich mit Produktentwicklung befasst. Und Teil eines solchen Netzwerkes wären dann unter anderen auch Kunden, wie es schon heute beim Crowdsourcing der Fall ist. Dabei entwickeln Kunden oder andere Interessierte Produkte mit, ohne in einem klassischen Vertragsverhältnis mit der Firma zu stehen.[131]

Solche Netzwerke können sich immer wieder bedarfsgerecht bilden und verfeinern. So haben Unternehmen die Möglichkeit, auf externes Expertenwissen zurückzugreifen, ohne dass sie diese Kompetenzen aufwändig und kostenintensiv selbst aufbauen müssten. Die Experten arbeiten meist an verschiedenen Arbeitsplätzen, zum Teil auch quer über den Globus verteilt, und schließen sich per Internet zu einem Wissens-Netzwerk zusammen.[132]

Fällt Ihnen etwas auf? Flexible Arbeitsverhältnisse passen genau zum Trend von Netzwerkorganisationen. Nicht zuletzt deshalb sind sie längst auf dem Vormarsch.

Angesichts dieser Trends liegt der Gedanke nahe, dass Unternehmen dem Change-Tempo dadurch begegnen, dass sie die klassische Beschäftigungsform Festanstellung immer weiter reduzieren – gerade in den Unternehmensteilen, die vom Wandel immer wieder stark betroffen sind.

Eine historisch gute Chance für diesen Umbruch bietet der demografische Wandel. Denn in den nächsten Jahren tritt eine große Zahl von Mitarbeitern aus Altersgründen aus den Unternehmen aus, die noch klassische Vollzeitarbeitsverträge haben. Ihre Nachfolger – oder wenigstens ein großer Teil von ihnen – werden möglicherweise nur noch flexible Beschäftigungsverhältnisse erhalten.

Sollte dies Szenario wahr werden, ist ein neuer Mitarbeitertypus gefragt: der Arbeitskraftunternehmer. Das ist ein Begriff, den die Soziologen Gerd-Günter Voss und Hans J. Pongratz im Jahr 1998 geprägt haben.[133] Bereits damals ging es um die Frage, wie angesichts der sich wandelnden Anforderungen an die Unternehmen eine Flexibilisierung der Arbeit aussehen könnte. Nur war damals das Change-Tempo noch vergleichsweise gering.

Der Arbeitskraftunternehmer ist eine Art Zwischending zwischen einem Unternehmer und dem klassisch angestellten Arbeitnehmer. Typisch für ihn ist, dass er seine Ware »Arbeitskraft« wie ein Unternehmer verkauft. Diese Situation ist Freiberuflern und Selbstständigen nur zu vertraut. Doch unter der Annahme, dass flexible Arbeitsformen zur Normalität werden, wird bei diesem Szenario jeder Mitarbeiter im Sinne des Arbeitskraftunternehmers unterwegs sein müssen, damit er noch einen »Job« hat.

Diese neue Art zu arbeiten hat natürlich Folgen für alle Beteiligten. Die Identifikation mit den Firmen sinkt. Im Vordergrund steht die Arbeit selbst. Der Arbeitnehmer hat dann die besondere Verantwortung, sich selbst kontinuierlich beruflich weiterzuentwickeln und an die Marktanforderungen anzupassen. Wer das nicht kann bzw. keine guten Referenzen und Qualifikationen anzubieten hat, fliegt schnell wieder raus oder wird gar nicht erst »gebucht«.

Nun ist anzunehmen, dass die wenigsten Beschäftigten sich permanent in einer unsicheren Jobsituation aufhalten wollen. Denn entgegen früheren Unkenrufen über die jungen Generationen lässt sich inzwischen sagen, dass sie gesicherte Arbeitsverhältnisse mit unbefristeten Verträgen bevorzugen.[134] Folglich hat die Aussicht auf ein Arbeitskraftunternehmer-Modell eine starke stressauslösende Komponente für den Arbeitnehmer. Der Arbeitskraftunternehmer hat nicht nur den ständigen Anpassungsdruck im Genick, sondern leidet unter einer hohen Job-Unsicherheit. Und nicht nur das: Bereits heute bringen befristete

Verträge häufig das Risiko mit sich, später in Altersarmut oder Arbeitslosigkeit abzurutschen. Denn wer keine Anstellung findet, arbeitet zwangsläufig weniger und zahlt damit auch weniger in die Rentenkassen ein.[135]

Für die Firmen würde sich aus diesem Szenario vor allem die Notwendigkeit ergeben, schnell passende Arbeitskraftunternehmer zu finden und einzuarbeiten. Angesichts der Vielzahl schon vorhandener Plattformen, die Menschen, Dienstleistungen und Unternehmen gemäß ihrem speziellen Bedarf zusammenbringen, ist allerdings davon auszugehen, dass sich hierfür gut funktionierende Lösungen entwickeln werden. Insofern werden die Firmen mit diesem Ansatz das Change-Tempo sehr wahrscheinlich besser meistern können als mit Vollzeitarbeitnehmern – nicht zuletzt deshalb, weil die Rekrutierung der Mitarbeiter auf diesem Wege global ausgeweitet werden kann und virtuelle Formen der Zusammenarbeit die nötige räumliche Flexibilität ermöglichen.

Sollte dieses Szenario kommen, ist unser Bildungssystem darauf allerdings ganz und gar nicht ausgerichtet. Denn dann müssten in den Lehrplänen neue Kompetenzen verankert werden – etwa wie sich junge Berufstätige als Arbeitskraftunternehmer aufstellen können. Schon an diesem Punkt würde sicherlich sehr schnell eine natürlich Grenze sichtbar werden: Nicht jeder bringt das Zeug mit, als Arbeitskraftunternehmer seinen Weg zu machen. So zeichnet sich am Horizont dieses Szenarios das düstere Bild ab, dass wir als Solidargemeinschaft vermutlich eine große Zahl schlecht gebuchter Arbeitskraftunternehmer finanzieren müssten, die in prekären Verhältnissen leben.

Jetzt kommt die schlechte Nachricht. Beide Szenarien laufen für Sie als Mitarbeiter auf ein und dasselbe Fazit hinaus: Der Verlierer ist der Mitarbeiter, der sich nicht schnell und gut genug anpassen kann und auf Change zu rasch mit Stress und Anpassungserkrankungen reagiert. Wenn auch nur eines dieser beiden Szenarien mehr oder weniger präzise so eintritt, steuern wir sehenden Auges auf eine Change-geschwächte Gesellschaft zu, die an höheren Kranken- und Rentenversicherungskosten laboriert und mit ernsthaften Verteilungsproblemen zu kämpfen hat.

Versuchen wir uns einmal vorzustellen, wie es sich anfühlen würde, wenn sich das Change-Tempo weiterhin rasant erhöht. Kleine Vorwarnung: Schnallen Sie sich lieber an.

Die Reise in einem verrückten Flugzeug

Sie gehen an Bord des Airbus A 320, grüßen die Stewardessen im Eingangsbereich und setzen sich auf Ihren Platz. Sie hören die vertraute Begrüßung des Flugkapitäns. Sie lassen die Sicherheitsunterweisungen über sich ergehen, und kurze Zeit später hebt der Vogel ab.

In Gedanken versunken lesen Sie Ihre Zeitung. – Doch was ist das? Plötzlich spüren Sie einen starken Ruck. Die Maschine wackelt wie ein Papierdrachen im Herbstwind. Die Stewardessen eilen hektisch zu ihren Plätzen. Die Stimme des Kapitäns tönt brüchig durch die Lautsprecher. »Bitte nehmen Sie die Sicherheitshaltung ein.« Schnell beugen Sie sich nach vorne und legen den Kopf auf die Knie. Panik steigt in Ihnen hoch.

»Achtung, wir versuchen jetzt, die Lage zu stabilisieren«, hören Sie gleich darauf aus dem Cockpit. Und Sie merken, wie das Flugzeug auf einmal scharf nach rechts zieht. Es fühlt sich nach einer 90-Grad-Kurve an. Sie spüren Druck auf den Ohren. Hilfe, was ist denn hier los? Der Pilot wird schon wissen, was er tut, oder? Ihre Hände sind feucht. Ihr Herz rast. Ihr Blutdruck sprengt die Skala. Sie versuchen sich Mut zuzusprechen. Alles wird gut.

»Das hat nicht geholfen«, scheppert es wenige Minuten später durch den Lautsprecher. Sie können sich gerade noch an Ihrem Sitznachbarn festkrallen. Denn jetzt geht es unvermittelt scharf nach links. Sie hoffen, dass es genug Spucktüten an Bord gibt. Und dann, wenige Minuten später, schon die nächste Kurve: Noch einmal geht es scharf nach rechts. Es ist wie in diesen Karussells auf den Jahrmärkten, die ständig die Richtung wechseln, dass Ihnen das Genick wehtut.

Der Pilot sagt inzwischen nichts mehr. Macht auch keinen Sinn. Sie als Passagier spüren den Schlingerkurs ja auch so. Sie versuchen sich abzulenken. Blicken aus dem Fenster. Weiße Wölkchen ziehen vorbei. Grelle gelbe Sonnenstrahlen und das weite Blau des Himmels. Idyllisch. Es könnte alles so friedlich sein. Doch es ist der blanke Horror. Das Flugzeug holpert durch die Luft wie auf Eisenbahnschwellen, nur ohne die Schienen. Jetzt ist es endgültig vorbei mit Ihrer Beherrschung. Der Würgereiz überkommt Sie mit aller Macht, und in letzter Sekunde greifen Sie nach dem Tütchen in der Sitztasche vor Ihnen.

Mit tränenden Augen und diesem säuerlichen Geschmack auf der Zunge vernehmen Sie wie durch einen Wattebausch die bebende Stimme einer Stewardess, die in den Innenraum brüllt: »Wir haben ein Problem. Unsere Piloten sind ausgefallen. Wir fliegen nur noch auf Autopilot. Kann jemand übernehmen?«

»Ich«, tönt es von irgendwo hinten. Und Sie sehen, wie ein flippiger Typ an Ihnen vorbei in Richtung Cockpit schlendert, soweit man bei dieser Fluglage von Schlendern sprechen kann. Gelfrisur. Kaum 30. O Gott. Wenn der so fliegt, wie er aussieht … »Das kriege ich schon hin«, tönt der Kerl mit breitem Grinsen und in Messias-Pose an die gesamte Kabine gerichtet, bevor er im Cockpit verschwindet. »Wäre ja gelacht, wenn ich die Kiste nicht heil runterbringe. Kann ja auch nicht groß anders sein als bei einer Cessna mit vier Sitzen.«

Plötzlich erinnern Sie sich, dass Sie irgendwann einmal getauft wurden und trotz Kirchensteuern und all den Geschichten über pädophile Geistliche den Glauben offiziell noch immer nicht abgelegt haben. Na dann: Zeit zu beten.

Ihr Sitznachbar ist nur noch ein wimmernder Haufen Elend und gar nicht mehr ansprechbar. Fünf Minuten später folgt ein neues Kommando vom Kabinenpersonal: »Wir bitten Sie, schnell aufzustehen und die Plätze zu wechseln. Und zwar so, dass Sie gleichmäßig im Flugzeug verteilt sitzen. Hopp, hopp! Wir haben keine Zeit für Diskussionen! Es geht um jede Sekunde!«

Nachdem das gerade geschafft ist, kommt kurz darauf schon wieder eine Durchsage: »Wir bitten die Passagiere der hinteren fünf Reihen, nach vorn zu kommen.« Was bedeutet das nun wieder? Aber hey, gerade nochmal gutgegangen. Sie sitzen nämlich in der sechsten Reihe von hinten.

»Wir bitten um Verständnis für diese Maßnahme«, hören Sie aus dem Lautsprecher. »Leider müssen wir uns jetzt von Ihnen verabschieden.« Und dann beobachten Sie, wie die Passagiere aus den hinteren fünf Reihen, sagen wir, aus dem Flugzeug »gesprungen werden«, damit der Vogel leichter wird und die Chance besteht, mit der verbliebenen Mannschaft noch heil am Zielflughafen anzukommen.

Interessant. Sie wussten bisher gar nicht, welches Spektrum an Gefühlen und Reaktionen der menschliche Körper besitzt. Wenn noch eine Brechtüte da wäre, könnten Sie jetzt reinatmen, um die Hyperventilation zu überwinden, aber die Tüten sind längst ausgegangen.

Und dann passiert erst einmal nicht mehr viel. Über sieben Minuten Ruhe, wie ein Blick auf die Uhr zeigt. Mal abgesehen davon, dass der Pilot zwischendurch noch ein paarmal die Richtung gewechselt hat. Rechts, links, rechts. Der neue Pilot fliegt auch nicht besser als der alte. Irgendwann haben Sie aber aufgehört, die Richtungswechsel zu zählen. Das macht alles sowieso keinen Sinn mehr.

Und dann, endlich, knistert es wieder in der Leitung. »Wir brauchen drei Passagiere, die ab sofort drei unserer Stewardessen ersetzen. Die sind leider in Ohnmacht gefallen und nicht mehr wachzukriegen. Freiwillige bitte vor.«

Natürlich bewegt sich keiner. Wahrscheinlich, weil alle Beine wie Blei haben. Mit rotem Kopf hastet die letzte verbliebene Stewardess durch die Kabine. »Sie und Sie und Sie. Mitkommen. Kostüm an. Finden Sie hier vorne.« Was sie zu tun haben, zeigt sie den »Freiwilligen« anscheinend vorn in der Galley hinter verschlossenem Vorhang. Was soll's – irgendwer muss ja jetzt schnell lernen, wie das Flugzeug im Notfall evakuiert wird.

Das wird aber wohl nicht mehr nötig sein. Da haben die »Freiwilligen« noch mal Schwein gehabt. Denn jetzt scheint es abwärts zu gehen. Ein gutes Zeichen: der Landeanflug. Sie hören diese typischen surrenden Geräusche. Wobei es dieses Mal doch merklich rasanter runtergeht als sonst.

Sie krallen sich in die Sitzlehne, dass die Fingerknöchel weiß werden. Das wird ja immer schneller, schneller, schneller … Sie haben gerade noch Zeit zu denken: »Das war's dann wohl«, bevor das Flugzeug am Boden zerschellt und in Flammen aufgeht.

Das war definitiv die letzte überraschende Wendung in Ihrem Leben.

Sie können Ihren Sitzgurt jetzt wieder öffnen: War alles nur ein böser Traum. Vorerst jedenfalls. Kommen wir für den Moment mal wieder auf den Boden der Tatsachen zurück. Raus aus dem Flugzeugwrack und zurück in die vergleichsweise noch ganz erträgliche Realität. Durchatmen. Und dann: Nachdenken – dieses Mal aus der Vogelperspektive anstatt aus dem Inneren des Flugzeugs.

Stellen Sie sich vor, in den Firmen ginge es so rasant zu wie in dem beschriebenen Flugzeug. Wie würde sich das anfühlen, wenn das Tempo in Ihrem Unternehmen sich noch einmal verdoppelt oder verdreifacht? Malen Sie sich das einmal konkret für Ihren Arbeitsplatz aus. Vor lauter Change-Tempo würden in Ihrer Firma die Stühle und Tische ständig von links nach rechts wandern. Sie müssten die Möbel am Boden festtackern, damit diese gespenstische Wanderung aufhört. Ständig käme eine Durchsage von der Firmenleitung, was jetzt wieder anders läuft, noch bevor Sie die letzte Maßnahme verkraftet haben. Wie würde sich das anfühlen? Wie erginge es Ihnen mit noch mehr Tempo?

Und nun stellen Sie sich vor, wie Ihre Firma mit Karacho auf dem Boden aufschlägt wie jenes Flugzeug, das am Ende nicht die Sonne grüßt, sondern den Boden küsst. Zurück bleibt eine beeindruckende Rauchsäule, die sich über den Trümmern des Change-Wahnsinns ausbreitet. Und am Boden verstreut, so weit das Auge blickt, liegen die Veränderungsleichen. Die Opfer von zu viel und zu schnellem Wandel.

Gibt es überhaupt noch eine Chance, dass wir nicht alle so enden wie die Passagiere in dem verrückten Flugzeug?

6 Über den Wolken: Change von oben

»Du willst dich auf die Stelle als Key Account Manager bewerben? Das ist überhaupt nichts für dich. Lass es bloß bleiben, das kannst du nicht.« Maximilian ist schockiert wie vehement Pete, sein Chef, reagiert.

»Aber ich weiß, dass die Stelle genau auf mich passt. Ich kann mich da langsam mit kleinen Kunden reinarbeiten. Die ist für mich wie gemacht.«

»Du verbaust dir alle Wege«, redet sein Chef ihm ins Gewissen. »Hier bei uns im Unternehmen geht man keinen Schritt zur Seite, sondern nur nach oben. Ich finde es ja gut, dass du dich weiterentwickeln willst, aber doch nicht in die falsche Richtung. Du kannst hier im Finance-Bereich in ein paar Jahren aufsteigen. Vielleicht bist du ja sogar irgendwann mein Nachfolger.«

»Ich verstehe die ganze Aufregung nicht. Es heißt doch immer, es steht einem hier alles offen. Man kann alles machen. Sich weiterentwickeln.« Maximilian hat diese Firmenwerte so oft gehört. Und da war nie die Rede davon gewesen, dass Weiterentwicklung nur Karriere »nach oben« bedeutete.

Er erinnert sich, als wäre es gestern gewesen, wie er in seinen ersten Tagen bei der Firma immer wieder das Mantra „Fördern & Fordern" hörte. Alles begann damit, dass die Chemiefirma, in der er zuvor im Finanzbereich arbeitete aufgrund einer Umstrukturierung Personal abbaute. Ein Riesen-Einschnitt in seinem jungen Berufsleben. Er wollte aus der Not eine Tugend machen und entschied sich, die Abfindung zu nehmen. Er dachte, mit seinen 28 Jahren, einem Marketingstudium und Erfahrungen im Sales Controlling, würde er schnell einen Job im Vertriebs- und Marketingbereich bekommen. Denn das war sein Traum. Doch seine Rechnung ging nicht auf. Nach fast drei Monaten und zig Absagen, bewarb er sich schließlich doch wieder für eine Stelle im Finanzbereich und landete bei einem großen amerikanischen Lebensmittelunternehmen. Der Einstieg war hart. Das Tätigkeitsfeld mit Projektarbeit war großes Neuland für ihn, ebenso die amerikanische Firmenkultur.

Nach ein paar Monaten kam die Ansage von seinem Chef, die ihm unmissverständlich klarmachte, dass er kurz davor war, die Probezeit nicht zu überstehen. Er erinnert sich, wie er nachdachte, was er nun tun könnte und an seine Entscheidung, alles zu versuchen, Vollgas zu geben und sich an die Kultur anzupassen. Nun galt es positiv aufzufallen. Etwas, was ihm eigentlich widerstrebte. So war er nicht. Er machte lieber im Hintergrund solide Arbeit. Doch er wollte in der Firma Fuß fassen und fühlte, er könnte das schaffen. Tatsächlich gelang es ihm. Offenbar hatte er den Leidensdruck gebraucht, um die stillen Reserven zu aktivieren, die ihn die Anpassung an die neue Situation meistern ließen. Von da an hatte er ein gutes Standing in der Firma.

Dann der nächste Hammer: Auflösung des Firmenstandorts. Umzug in ein ganz neues Headquarter in einer großen deutschen Stadt. Schlaflose Nächte, ob er das Angebot seines Chefs annehmen sollte. Seine Tätigkeit würde sich ändern, noch anspruchsvoller, mehr Reiserei. Und Wochenendbeziehung. Der neue Standort war 200 Kilometer von seinem Wohnort entfernt. Er nahm den Change an und entschied sich mitzugehen. Aber auch die neue Tätigkeit hatte einen Pferdefuß. Sein neuer Job war noch stärker geprägt von Aufgaben des Rechnungswesens. Ständig Monatsabschlüsse für die Tochtergesellschaften in den verschiedenen Ländern. Es nervte ihn zunehmend.

Doch unerwartet öffnete sich ein neues Türchen für ihn. Ihm

war die freie Stelle als Key Account Manager im Unternehmen auf-gefallen. Das war die Chance, seinen lange verschütteten Wunsch zu realisieren, in den Bereich Vertrieb oder Marketing zu kommen. Und nun blockiert ihn sein Chef. Von wegen Kultur des Förderns. Maximilian spürt, wie Pete gerade etwas in ihm kaputt macht. Schlagartig wird ihm klar: So möchte ich nicht weiterarbeiten. Ich bin nicht bereit, mich so behandeln zu lassen. Ich will unbedingt diesen Job. Ich weiß, dass er das Richtige für mich ist.

Es ist ein prägender Moment. Maximilian spürt, wie sein Chef gerade etwas in ihm kaputtmacht. Schlagartig wird ihm klar: So möchte ich nicht weiterarbeiten. Ich bin nicht bereit, mich so behandeln zu lassen. Ich will unbedingt diesen Job. Ich weiß, dass er das Richtige für mich ist.

Da mit Pete in dieser Sache kein Staat zu machen ist, holt Maximilian sich anderswo Feedback ein. Ein Kollege scheint ihm dafür hervorragend geeignet zu sein. Er hat ihn in seiner bisherigen Tätigkeit betreut und ist vor kurzem in einem der Länder zum Sales Director befördert worden.

Doch zu Maximilians großer Überraschung hält auch der so gar nichts von seinem Vorhaben. Er solle sich das mal aus dem Kopf schlagen, lässt der Kollege ihn wissen – das wäre nichts für ihn. Er könnte den Finance-Job viel besser. Und überhaupt: Die Arbeit mit kleinen Kunden sei doch so mühsam.

Das doppelte Negativfeedback trifft ihn erst einmal wie ein Fausthieb von Boxerlegende Muhammad Ali. Da liegt er nun, angezählt, am Boden. Er fühlt sich gelähmt. Die Last der Enttäuschung drückt ihn auf die Matte. Und gleichzeitig spürt er diese Wut: Die kennen ihn doch gar nicht richtig! Er spürt, dass der Sales-Job sein Ding ist. Es würde ihm Spaß machen. Er kann das. Mit Sicherheit!

Und so versucht er, die niederschmetternden Gedanken beiseitezuschieben. Innerlich Abstand zur Situation zu bekommen. Was kann er tun? Eine weitere Frage wurmt ihn nicht minder: Woran liegt das nur? Warum blockt sein Chef ihn so ab?

In irgendeinem Moment, den Maximilian nicht genau benennen kann, keimt eine leise Ahnung in ihm auf. Pete hat ihn ins Headquarter geholt, ihm mehr Gehalt gegeben. Er zählt auf seine Leistung. Und wenn er ihn gehen lässt, hätte er eine dicke Baustelle in seiner Abteilung, weil ihm sein Leistungsträger fehlen würde. Pete weiß, dass er sich stets auf Maximilian verlassen kann und dass die Zusammenarbeit mit ihm klappt. Er braucht jemanden an seiner Seite, auf den Verlass ist.

Maximilian durchzuckt es wie ein Griff in die Steckdose. Damit ist der Fall für ihn klar: Die beiden Kollegen verfolgen nur ihre Eigeninteressen. Die wollen gar nicht sehen, was noch in ihm steckt. Völlig aussichtslos, dass er seinen Chef überzeugen könnte.

Also macht Maximilian sich auf die Suche nach einem anderen Weg, um sein Ziel zu erreichen. Seine Möglichkeiten sind noch längst nicht ausgereizt. Und so fasst er einen folgenschweren Entschluss: Er geht mit seinem Anliegen zum Geschäftsführer.

»Ich möchte die Stelle als Key Account Manager. Das ist genau das Richtige für mich. Aber Pete sieht das nicht.«

»Ich finde es gut, dass du dich weiterentwickeln willst. Das ist ein mutiger Schritt, dass du aus deinem Bereich heraus möchtest und was anderes machen willst. Ich schätze das. Das kriegen wir hin. Ich versichere dir, dass du in einem Jahr eine Key-Account-Stelle hast, wenn du es dann noch willst.«

»Wow. Das ist ja super, dass du mich da so unterstützt. Klasse. Ich freue mich riesig.«

Mit diesem Versprechen im Ohr geht Maximilian an seinen Arbeitsplatz zurück. Endlich wieder Licht am Horizont. Die Firmenkultur gilt also doch – es lebt sie nur nicht jeder. Denn Firmeninteressen und Eigeninteressen sind eben nicht immer dasselbe.

Drei Wochen später bittet der Geschäftsführer Maximilian noch einmal zu sich.

»Pass auf. Wir haben deinen Wunsch bei uns im Management besprochen. Wir sehen dich alle auf der Stelle – alle außer Pete. Wir würden dich liebend gern im Vertrieb haben. Du bist der richtige Mann dafür. Wir sind uns hundertprozentig sicher, dass du das kannst. Du kriegst die Stelle gleich.«

Maximilian traut seinen Ohren nicht. Im Nachhinein kann er gar nicht mehr zählen, wie oft er sich bedankt hat. Wie er vor Freude ausgeflippt ist, als er seiner Frau davon am Telefon erzählt. Endlich am Ziel. Nie wieder diese ganzen Zahlen, Monats- und Quartalsberichte.

Doch es gibt auch einen kleinen Wermutstropfen. Denn kurze Zeit später erfährt er über den Buschfunk, dass das Management die Entscheidung zu seinen Gunsten in Petes Abwesenheit gefällt hat. Keine schöne Situation. Er hätte es lieber gesehen, dass sein Chef ihn auch unterstützt.

Doch Maximilian kommt schnell darüber hinweg. Denn er hat eine wichtige Erkenntnis gewonnen: Es ist eben nicht so, dass der eigene Vorgesetzte immer nur das Beste für seinen Mitarbeiter will – auch wenn es die längste Zeit danach aussah. Manchmal will er einfach nur das Beste für sich selbst.

Unbewusst im Oberstübchen

Heute ist Maximilian, inzwischen 32, zufriedener als je zuvor, obwohl er immer noch jedes Wochenende rund 200 Kilometer pendelt. Er ist bestens angekommen. Wie geplant hat er klein angefangen und immer mehr Kunden dazubekommen. Und ein Jahr später hatte er in seinem neuen Bereich die kleinen Kunden bereits hinter sich gelassen und betreute tatsächlich den größten Kunden in Nordeuropa.

Versetzen Sie sich einmal in ihn hinein: Wie hätten Sie auf die Veränderungen reagiert, die Maximilian erlebt hat? Das war schon geballte Ladung Change, was er da innerhalb von drei Jahren mitgemacht hat. Was glauben Sie: Wären Sie daran gewachsen – so wie er? Oder wären Sie in einen inneren Notstand gekommen? Wären Sie womöglich sogar daran kaputtgegangen? Hören Sie einmal ehrlich in sich hinein.

Nehmen wir einmal an, Sie haben schon beim Lesen der Geschichte gedacht: Um Gottes willen, so etwas will ich auf keinen Fall erleben müssen! Das wäre ja der absolute Horror! Das hätte mich total überfordert!

Wenn Sie so gedacht haben, möchte ich Ihnen an dieser Stelle in diesem Buch eine gute Nachricht überbringen – die haben Sie sich nach all dem Change-Horror redlich verdient. Hier kommt sie: Sie haben eine Chance, dem Horror die Kraft zu nehmen. Sie können sich rüsten, um dem zunehmenden Change-Tempo Paroli zu bieten. Es gibt wirksame Erkenntnisse und Strategien, die Sie beachten und lernen können. Vielleicht ahnen Sie schon, warum ich Ihnen zuvor die Geschichte von Maximilian erzählt habe: Er hat intuitiv richtig gehandelt.

Intuition wird oft kleingeredet im Kontext von Arbeit und noch mehr im Kontext von Change, vor allem aber von unserem eigenen Kopf. Doch Intuition ist nicht Schlechtes – ganz im Gegenteil. Sie erwächst und spricht aus dem Unbewussten:

aus der Summe aller Erfahrungen, die Sie in Ihrem Leben schon gemacht haben und die irgendwo in Ihrem Gehirn abgespeichert sind. Aus dem Pool all dessen, was in Ihren bisherigen Lebensjahren zusammengekommen ist, reagiert Ihr Gehirn auf bestimmte Situationen. Das geschieht blitzschnell und ohne dass Sie aktiv darüber nachdenken. Sie glauben fest daran, dass Sie den richtigen Weg vor sich sehen. Daraus erwächst der Mut, es einfach zu tun.

So lief es bei Maximilian. Schlussendlich hat er Glück gehabt: Er hat durch Elternhaus, Erziehung oder Ausbildung das nötige Rüstzeug mitbekommen, um sich in diesem Wandel so selbstbewusst wie erfolgreich seinen Weg zu bahnen. Nicht jeder hat diese Konsequenz ohne äußeren Anschub aus sich selbst heraus; doch jeder kann sie anzapfen.

Der Hintergrund: Wir werden in hohem Maße von Erfahrungen geleitet, die in unserem Unterbewusstsein verankert sind. Gelernte Spielregeln beeinflussen unser Verhalten so lange ungezügelt, bis wir uns dieser innerpsychischen Vorgänge bewusstwerden. Wenn wir darüber nachdenken und Erfahrungen aufarbeiten, die damit verbunden sind, haben wir die Chance, bewusst neue und bessere Spielregeln zu entwickeln, die uns im Leben helfen.

Kurzum: Die Qualität Ihrer Intuition hängt von Ihrem Wissen, Ihren Erfahrungen und Ihren Vorbildern ab. Wer Glück gehabt hat, ist deshalb mit einer hervorragenden Intuition gesegnet. Wer weniger Glück hatte, muss sich manches in dem langen Reflexionsprozess nach und nach erst erarbeiten, den wir Leben nennen.

Und deshalb ist es nicht immer und nicht für jeden die beste Idee, sich auf seine Intuition zu verlassen.

Vor diesem Hintergrund möchte ich Sie nun mit psychologischen Gesetzmäßigkeiten bekanntmachen, die Ihnen helfen, mit dem Change-Tempo und allem, was damit einhergeht, besser zurechtzukommen. Dabei beziehe ich mich auf Faktoren, die sich in der Forschung als wirksam erwiesen haben und die ich selbst immer wieder in meiner Beratungspraxis als nützlich empfunden habe.

Ein Hinweis vorab: Was ich Ihnen damit auf keinen Fall vermitteln möchte, ist, dass Sie zu einem Veränderungs-Chamäleon mutieren sollen. Vielmehr lade ich Sie ein, Ihre Chancen und auch Ihre Grenzen im Umgang mit ständiger Veränderung kennenzulernen und dadurch in Zukunft bewusst entscheiden und agieren zu können anstatt intuitiv.

Bewusst handeln anstatt nur aus dem Bauch heraus

Wenn wir noch einmal in das Beispiel von Maximilian eintauchen, werden Sie erkennen, wie unser Denken einen hohen Einfluss darauf ausübt, was wir aus einer anspruchsvollen Veränderungssituation machen.

Maximilian hat eine bestimmte, immer wiederkehrende Art zu denken an den Tag gelegt – also ein Denkmuster –, die Psychologen die »Gestalterhaltung« nennen. Der negative Gegenpart dazu heißt »Opferhaltung«.[136]

Wie finden Sie heraus, in welcher von beiden Sie stecken? Was ist typisch für diese beiden Grundhaltungen?

»Gestalter« glauben, auch in schwierigen Situationen etwas bewirken zu können. Sie schauen auf ihre Einflussmöglichkeiten. Sie überlegen, was sie selbst aktiv tun können, um ihre Lage positiv zu beeinflussen. Sie sind optimistisch, dass es Lösungswege gibt.

»Opfer« dagegen sehen sich als Gefangene von Herkunft, persönlichen Eigenschaften oder Rahmenbedingungen. Sie glauben, sie können angesichts einer schwierigen Situation nicht viel oder sogar gar nichts ausrichten. Ihnen fällt es schwer, aktiv zu werden und zu handeln. Folglich warten sie ab. Sie grübeln. Sie jammern. Sie schimpfen auf andere, die ihnen das vermeintlich angetan haben. Sie verharren in Hilflosigkeit und trüben Gedanken.

Forschungsergebnisse zeigen, dass sich Gestalter schneller von negativen Gefühlen erholen als Opfer. Indem es ihnen gelingt, rasch wieder in eine positive Gefühlslage zu kommen, haben sie einen besseren Überblick über ihre Lage und erkennen dadurch auch ihre Handlungsoptionen besser. Gestalter sind also keineswegs Menschen, die nur rosa Wolken sehen. Sie reagieren auf kritische Situationen auch emotional und betroffen, doch sie kommen vergleichsweise schnell darüber hinweg.

Maximilian zeichnete sich durch eine gute Selbstwahrnehmung aus. Er horchte immer wieder in sich hinein, was er wirklich wollte. Was sich für ihn rund anfühlte. Und das war in der Tiefe seines Herzens der Weg in Marketing und Vertrieb. Selbst wenn es anfangs nicht gleich klappte, so behielt er dieses Ziel doch im Blick. Und vor allem hatte er eine gute innere Antenne dafür, dass die bisherige Tätigkeit für ihn in die völlig falsche Richtung ging.

Dieses Gespür für sich selbst haben Sie unter dem Stichwort »Kongruenz- bzw. Inkongruenz-Gefühl« bereits als wichtigen Aspekt des Umgangs mit Change kennengelernt. Nicht alles ist entwickelbar; vielmehr ist es entscheidend, dass Sie genau wissen, welche Tätigkeiten Ihnen Spaß machen und was Ihre Stärken sind. Sonst lassen Sie sich auf Veränderungsprozesse ein, die nicht gut enden, nämlich in Demotivation und Selbstzweifeln.

Maximilians Entwicklung zeigt Ihnen, dass Sie nicht zwingend an anhaltendem Veränderungsdruck zerbrechen müssen. Auch wenn der Change Schlag auf Schlag kommt, können Sie den Kopf über Wasser halten.

Doch kann jeder lernen, so zu denken – auch wenn er nicht mit einer Intuition wie der von Maximilian ausgestattet ist? Können auch Opfer zu Gestaltern werden?

Dieser Frage bleiben wir auf den nächsten Seiten weiter auf der Spur. Wie können Sie verhindern, im Treibsand der Opferrolle zu versinken? Manchmal kann ein Anstoß von außen Wunder wirken.

Im Marianengraben der Change-Hölle

»Diesmal schaffen wir es.« Heiko sitzt mit seinen Kollegen bei einer Tasse Kaffee. »Das müsste doch mit dem Teufel zugehen.«

»Ja, wir arbeiten jetzt schon so lange dran, den Europäischen Qualitätspreis zu kriegen. Das muss doch mal klappen. Letztes Jahr waren wir so dicht dran«, pflichtet ihm Lars bei.

Heiko bringt Daumen und Zeigefinger so nah zusammen, dass sie sich fast berühren. »So dicht dran waren wir.«

Seine Kollegen nicken zustimmend. Doch über allen Köpfen schwebt unsichtbar auch ein Hauch von Zweifel: Knapp daneben ist eben auch vorbei.

Heiko arbeitet im Qualitätsmanagement. Seit Jahren investiert sein Team einen Haufen Arbeit in das gemeinsame Ziel, diesen Preis zu erhalten. Denn hinter dem Qualitätspreis steckt ein spezielles Modell, wie ein Unternehmen aufgebaut sein muss, um exzellente Leistungen zu erreichen. Da gibt es sogenannte »Befähiger«, die sich auf Führung, Mitarbeiter, Strategie, Partnerschaften und Ressourcen sowie Prozesse, Produkte und Dienstleistungen beziehen. Wenn ein Unternehmen die Vielzahl von

Kriterien der Befähigung richtig aufgebaut hat, ergeben sich unterm Strich hervorragende Ergebnisse.[137]

Heiko ist für die umfangreichen Bewerbungsunterlagen verantwortlich. Keiner seiner Kollegen kann diese Arbeit leisten, weil alles auf Englisch verfasst sein muss. Ihnen fehlen die Sprachkenntnisse, die er durch mehrere Auslandsaufenthalte erworben hat. Er nimmt seine Aufgabe sehr ernst. Achtet sehr genau darauf, dass alles inhaltlich sauber dargestellt ist und auch das Layout stimmt. Eine Top-Qualität soll die Bewerbung haben, damit dieses Mal nichts schiefgehen kann. Dieses Mal muss es klappen. Die Voraussetzungen sind mehr als gut. Der Abgabetermin steht vor der Tür. Und so sitzt er manchmal sogar bis Mitternacht im Büro, um rechtzeitig fertigzuwerden.

»Diesen Schnupfen habe ich gerade noch gebraucht«, stöhnt Heiko und schnieft lautstark in sein Papiertaschentuch. Seine Nase läuft, als hätte jemand eine Schleuse geöffnet. »Ausgerechnet jetzt. Es gibt noch so viel zu tun bis zum Abgabetermin.« Der Berg Taschentücher im Papierkorb wächst. Er fühlt sich fiebrig und kriegt kaum Luft.

Ich muss weitermachen. Es geht nicht anders. Außer mir kann keiner diese Bewerbungsunterlagen fertigstellen. Der Termin muss eingehalten werden. Wenn nur dieser immense Druck auf den Nebenhöhlen nicht wäre. Als würde jemand mit einem Panzer darauf parken. Doch egal. Er geht krank zur Arbeit und macht weiter. Das Nasenspray ist nun sein wichtigster Begleiter.

Der Schnupfen entwickelt sich zu einer lästigen Nasennebenhöhlenentzündung, die einfach nicht weggeht. Er ist schon mehrfach beim Arzt gewesen. Es kann ja nicht sein, dass er immer wieder Aspirin nimmt, um überhaupt noch klar denken zu können. Er fühlt sich schlaff und abgeschlagen. Eigentlich ist das alles schon schlimm genug. Doch es ist nichts gegen den Hammer, der ihn jetzt trifft. Sein Chef bittet ihn zum Gespräch.

Als Heiko in das winzige Einzelbüro kommt, in das ein Schreibtisch und ein kleiner runder Besprechungstisch gequetscht sind, sitzt da noch jemand außer seinem Chef.

»Hallo, Heiko. Das ist Frau Mersebusch aus der Personalabteilung. Setzen Sie sich bitte.«

Und kaum hat er Platz genommen, fährt sein Chef schon fort. »Ich will es kurz machen. Ich habe eine unangenehme Nachricht für Sie. Das trifft Sie genauso wie mich. Unser Qualitätsteam wird aufgelöst.« Kurz erzählt er von den Hintergründen – einem Firmenzusammenschluss mit Managementwechsel.

Heiko fühlt sich, als hätte der Panzer jetzt auf seinem Brustkorb geparkt. »Und was ist mit der Bewerbung für den Qualitätspreis?«

»Das ist ab sofort vorbei. Da habe ich eine ganz klare Botschaft mit auf den Weg bekommen. Wir sollen für Qualität beim Kunden sorgen. Für solche Sperenzchen wie Qualitätspreise haben wir keine Zeit.«

»Und was jetzt?«, quetscht Heiko mühsam hervor. Die ganze Arbeit umsonst, hämmert es in seinem Kopf.

»Bewerben Sie sich«, kommt die lakonische Antwort seines Chefs.

»Ja, bewerben Sie sich. Am besten außerhalb des Unternehmens. Intern sieht die Stellenlage sehr schlecht aus«, meldet sich schließlich die Personalerin zu Wort.

Erst jetzt beginnt Heiko wirklich zu verstehen, warum auch sie im Raum ist. Es ist nicht nur die Bewerbung um den Preis, die hier gerade ein Ende finden soll.

Diese Szene hat sich bei Heiko eingebrannt: »Da stand ich plötzlich vor dem Nichts«, erzählt er mir später. Noch tiefer geht es nicht mehr runter. Er fühlt sich wie an der tiefsten Stelle der Weltmeere. 11000 Meter unter der Wasseroberfläche mit einem Druck auf seinem Körper, der ihn fast zerbersten lässt. »Die ganze Arbeit für die Tonne. Und man wird plötzlich als junger Mensch nicht mehr gebraucht. Damals war ich 34. Das ist schon eine Zäsur im Leben, wo man sich überlegt, dass das ja nicht alles gewesen sein kann.«

Heiko ärgert sich an diesem Punkt aber auch über sich selbst: »Wenn man den Stuhl vor die Tür gesetzt bekommt, da denkt man, wofür habe ich mich hier aufgerieben? Wofür bin ich krank zur Arbeit gegangen?« Die Nasennebenhöhlenentzündung wird ihn noch einige Jahre lang chronisch begleiten. Lange Zeit nimmt er sogar Kortison. Im Nachhinein ist für ihn klar: Das ist ein Zeichen, dass er zu viel Raubbau mit seinem Körper getrieben hat. Er zahlt einen hohen Tribut dafür, dass er sich bei dem Bewerbungsantrag für den Qualitätspreis so reingehängt hat.

Alles für die Katz. Und was nun?

Nach dem Gespräch mit seinem Chef ist Heiko klar: Er will auf jeden Fall im Unternehmen bleiben. Er macht sich aber auch Sorgen, wie er seine Familie ernähren soll, wenn er im Fall, dass sie ihn doch rausschmeißen, keinen Job findet. Er denkt an seine Tochter, die seine Frau aus erster Ehe mitgebracht hat. Die Kleine ist ihm mittlerweile sehr ans Herz gewachsen. Die Angst steigt in ihm hoch.

Eine Woche später folgt das nächste Gespräch zu dritt. Wieder sein Chef, die Personalerin und er. In diesem winzigen Büro, das eine bedrückende Enge ausstrahlt.

»Haben Sie sich schon extern beworben?«, fragt sein Chef.

»Nein. Aber intern auf ein paar Stellen, die in Frage kommen.«

»Wir haben doch schon im ersten Gespräch klargemacht, dass Sie hier keine Chance haben. Bewerben Sie sich bei anderen Unternehmen. Jetzt kleben Sie hier doch nicht so fest.«

»Ich will aber hierbleiben.« Heiko setzt sich aufrecht auf seinem Stuhl zurecht, um seine Aussage zu untermauern.

»Warum denn bloß?«

»Ich möchte hier im Konzern bleiben, weil ich das Unternehmen sehr attraktiv finde. Ich will nicht weg.«

»Das verstehe ich nicht. Sie verbauen sich ja alle Möglichkeiten! Wieso wollen Sie unbedingt hierbleiben?«

Heiko versucht den genervten Tonfall seines Chefs an sich abprallen zu lassen: »Na ja, das wäre zu schade, wenn ich die Anwartschaft für unser Pensionsprogramm verliere. Mir fehlen nur noch zwei Jahre. Das ist einfach zu attraktiv, als dass ich das jetzt einfach sausen lassen will. Es muss doch auch intern was geben. Das Unternehmen ist doch so groß.«

»Jetzt seien Sie doch nicht so engstirnig«, ereifert sich sein Chef. »Solche Programme sind zwar zur Mitarbeiterbindung gedacht, aber doch nicht um jeden Preis.«

»Wenn Sie möchten, dass ich das Unternehmen verlasse, steht es Ihnen ja frei, mich zu kündigen.«

So mutig diese Worte klingen mögen – Heikos Zukunftsangst wächst. Nachdem er einige interne Vorstellungsgespräche absolviert hat, ist seine Sorge noch größer. Er bekommt »Defizite« fachlicher Natur zurückgespiegelt – nicht ganz überraschend. Zum Teil waren sie ihm irgendwie auch bewusst. Doch dass es so schlimm ist, hat er unterschätzt. Jetzt verbauen sie ihm den Weg. Es sieht nicht gut aus. Wenn es schon intern nicht klappt, wie soll es dann extern erst werden?

Der Schubs von außen

In dieser düsteren Phase bekommt Heiko eine unerwartete E-Mail. Ein ehemaliger Professor aus seinem Betriebswirtschaftsstudium schreibt ihm. Er arbeite nun bei einer anderen Hochschule, für die er einen MBA-Studiengang ganz neu entwickelt hat. Und er frage sich, ob das nichts für Heiko wäre, schreibt der Professor.

Heikos Herz macht einen Sprung, dass die Druckgasfeder des Schreibtischstuhls nur so quietscht. »Das ist es.« Schlagartig lichtet sich der Grauschleier der Hoffnungslosigkeit. »Das kommt genau richtig. Ich wollte doch schon immer den MBA machen.«

Danach geht alles ganz schnell. Er erzählt seiner Frau von der Idee. Ein MBA – Master of Business Administration – würde ihn in seiner beruflichen Kompetenz gut voranbringen. Zum einen aufgrund der Vertiefung seiner Betriebswirtschaftskenntnisse, zum anderen als Trittbrett für Führungsaufgaben. Denn ein MBA vermittelt ganz viel Managementwissen.

Seine Frau unterstützte sein Vorhaben, obwohl das Studium Familienzeit und viel Geld kostet. Doch er steht ja weiter in Lohn und Brot bei seiner Arbeit. Und so bewirbt er sich um einen Studienplatz. Seinem Chef sagt er nichts, denn der hält bekanntermaßen überhaupt nichts von Seminaren oder Weiterbildung. »Learning by doing« ist sein Credo. Eine Förderung konnte er von ihm also nicht erwarten. Und er brauchte auch gar nichts zu wissen, weil Heiko den MBA berufsbegleitend im Fernstudium machen kann. Undercover, sozusagen.

»Juhuuuu!!!«, brüllt Heiko und springt schreiend durch die Wohnung, als hätte er einen Kaktus in der Hose. Unentwegt wedelt er mit dem Schreiben der Hochschule. Hält es seiner Frau unter die Nase. Drückt die Tochter, dass ihr die Luft wegbleibt.

Er hat den Studienplatz bekommen. Und von da an wendet sich das Blatt.

Da er in seiner Arbeit nichts zu tun hat, kann er die Zeit für das Studium nutzen. Dass Heiko plötzlich Student ist, fällt überhaupt niemandem auf. Da zum Fernstudium aber auch ein gewisses Maß an Präsenzunterricht gehört, muss er ein wenig tricksen, damit er jeden Freitag und Samstag zu den Lehrveranstaltungen gehen kann. Das gelingt ihm, indem er Urlaubs- und Gleitzeittage geschickt aufteilt.

Und während Heiko mit frischem Lebensmut vor sich hin studiert, meldet sich plötzlich eine Mitarbeiterin aus der Personalabteilung bei ihm.

»Hallo, Frau Kinkel! Das ist ja schön, von Ihnen zu hören.« Heiko freut sich, die vertraute Stimme zu hören. Die Kollegin aus der Personalabteilung war ihm in der vergangenen Zeit sehr verständnisvoll begegnet und hatte sich wirklich bemüht, ihn im Unternehmen unterzubringen. Sie war das Gegenteil des Personal-Drachens, der den Dreiergesprächen mit seinem Chef beigewohnt hatte.

»Sind Sie immer noch auf der Suche?«

»Allerdings, Frau Kinkel.«

»Ich habe hier was Tolles für Sie. Der Einkauf sucht jemanden, der ein Kontrollsystem aufbaut. Das müsste genau für Sie passen.«

»Ich glaub's ja nicht, wirklich?«

»Doch! Der Einkaufsleiter möchte Sie gerne kennenlernen. Vereinbaren Sie schnell einen Vorstellungstermin. Ihre Chancen stehen wirklich sehr gut.«

Kurze Zeit später hat Heiko tatsächlich den Job in der Tasche, und das MBA-Studium entpuppt sich als wichtiger Schlüssel zu diesem Erfolg, der den Einkaufsleiter endgültig überzeugt. Heiko hat auf die richtige Karte gesetzt. Ein Dreivierteljahr des Hoffens und Bangens ist endlich vorbei. Ein langes, elendes Dreivierteljahr seines Lebens.

Und nicht nur das: Heiko muss nicht mehr undercover studieren. Stattdessen hat er künftig den Freitag frei und kann seine Arbeitszeit von Montag bis Donnerstag ableisten. Damit beginnt für ihn eine intensive, anstrengende Zeit zwischen Arbeit, Studium und Familienleben. Auf wundersame Weise verschwinden etwa zeitgleich seine Probleme mit den verstopften Ohren und der schuppigen Haut.

Spätestens jetzt hat Heiko Gewissheit: Sein Körper hat diesen Weg gewählt, um zu zeigen, dass er den Stress nicht aushielt.

Und nun: ein Happy End.

All das ist inzwischen Jahre her. Doch mit Frau Kinkel, der Personalerin, geht Heiko bis heute ein bis zweimal im Jahr essen. In der Kantine des Unternehmens, in dem sie beide noch immer arbeiten.

Heiko war lange Zeit im Opfer-Modus. Er war gefangen in dem Wunsch, in der Firma zu bleiben, um nicht das attraktive Pensionsprogramm zu verlieren. Zugleich standen seine Chancen für eine neue interne Stelle nicht gut, weil ihm notwendige Kompetenzen fehlten. Er steckte wie in einem Tunnel fest. Er sah rechts und links keinen Ausweg. Er fühlte Hoffnungslosigkeit und Selbstzweifel. Diese Situation belastete ihn schwer.

Es brauchte den ehemaligen Professor auf Akquise-Tour, um ihn aus dem Opfer-Modus zu kicken. Dieser Anstoß von außen war entscheidend. Ihm selbst kam gar nicht der Gedanke, seine Kompetenzlücken zu schließen und sich weiterzubilden, obwohl er in den Vorstellungsgesprächen seine Defizite bemerkte und obwohl der Wunsch nach dem MBA-Studium in ihm schlummerte.

Leider ist es eine typisch menschliche Eigenart, dass wir unter Stress oft den Wald vor lauter Bäumen nicht mehr sehen. Wir sind blind gegenüber unseren Optionen.

Doch in dieser Erkenntnis steckt auch eine wichtige Botschaft: Wenn Sie sich nur diesen Mechanismus vor Augen halten, wächst schon allein damit Ihre Handlungsfreiheit im Sinne der Gestalterhaltung.

Es gibt immer mehr Optionen, als Sie denken

Wenn Sie selbst sich über ihre Optionen nicht im Klaren sind, können Sie mit anderen darüber sprechen. Dafür kommen Menschen in Frage, die Sie schätzen, besonders aber auch solche, die vielleicht ganz anders denken als Sie. Denn Andersdenkende sehen auch Optionen, die Ihnen aus Ihrem Blickwinkel gar nicht in den Sinn kommen. Heiko kam der Zufall zu Hilfe. Doch Sie können dem Zufall durchaus auf die Sprünge helfen, indem Sie Ihr Netzwerk aktivieren und aktiv auf Menschen zugehen, denen Sie vertrauen und denen Sie gute Ideen zutrauen.

Im Tunnel zu sitzen und im Opfer-Modus zu versinken kann jedem passieren. Das ist nicht entscheidend; Sie sind nie in der Opferrolle gefangen! Entscheidend ist, ob Sie vom intuitiven zum bewussten Handeln wechseln können. Intuitiv sitzen Sie in einer so bedrückenden Lage die Situation vielleicht nur aus und harren der Dinge, die da kommen. Wenn Sie dagegen bewusst denken und handeln, sagen Sie zu sich selbst: Ich stecke im Opfermodus, weil ich selbst keine Option sehe, aber das heißt nicht, dass es keine Optionen gibt. Aus der Perspektive anderer sieht die Welt vielleicht ganz anders aus.

Mit diesem Wechsel ins Bewusste schaffen Sie sich selbst das

Sprungbrett, um aktiv zu werden, sich Hilfe zu holen und zu erkunden, wie sich andere in Ihrer Situation verhalten würden.

Holen Sie aktiv Hilfe von anderen ein

In der Psychologie gibt es unzählige Forschungsergebnisse zur sogenannten »sozialen Unterstützung« in schwierigen Situationen. Dabei geht es darum, wie andere Menschen, ob Familie, Freunde, Bekannte, Arbeits- oder Studienkollegen, eine Quelle sein können, um Herausforderungen zu bewältigen. Sei es, dass sie emotional Beistand leisten, anderen Aufgaben abnehmen, uns neue Perspektiven aufzeigen oder Feedback geben. Wer nur ein kleines Netzwerk besitzt, wenig Kontakte hat und die Unterstützung in Krisensituationen auch wenig zufriedenstellend erlebt, hat tatsächlich ein größeres Risiko für psychische Störungen.[138]

Heiko hat sich – wie erwähnt – nicht bewusst aus dem Opfer-Modus herausgesteuert. Er hat Glück gehabt, dass der Impuls von außen kam, als seine Situation schon äußerst verfahren aussah. Dann aber hat er seine Chance erkannt und die Gelegenheit beim Schopf gepackt. Und darauf kommt es an. Sein Beispiel macht deutlich, dass die letzten Karten selten schon alle gespielt sind – nur wir selbst gewinnen leicht diesen Eindruck.

Das Tückische am Opfer-Modus ist, dass dieser aus der eigenen Perspektive heraus so zwingend wirkt wie ein Schraubstock auf ein Stück Balsaholz. Ihre eigene Gedankenwelt zieht Sie in den Abgrund. Sie macht Ihre Sicht eng wie der Blick durch ein zusammengerolltes Papierröhrchen. Aber Sie sind dem Ganzen nicht hilflos ausgeliefert.

Bleibt die Frage: Wie können Sie diese Erkenntnisse bewusst nutzen, wenn um Sie herum der Change-Wahnsinn tobt und Sie tatsächlich den Wald vor lauter Bäumen nicht mehr sehen?

Opfer oder Gestalter? Der Blick vom Kirchturm

Zuerst gilt es sich selbst kennenzulernen: Finden Sie heraus, welcher Ihr (unwillkürlicher) Lieblings-Denkmodus ist, in den Sie blitzschnell automatisch hineinrutschen, wenn es Ihnen an den Kragen geht: Sehen Sie sich als Opfer oder Gestalter?

Zur Erinnerung: Gestalter sind angesichts schwieriger Situationen und Probleme – ob durch Change hervorgerufen oder andere Auslöser – zwar auch emotional betroffen, erholen sich aber schnell und glauben an ihren Einfluss. Sie sind guter Dinge, dass sie hilfreiche Lösungen finden werden. Opfer dagegen fühlen sich hilflos. Sie warten ab, jammern, schimpfen auf andere und geraten so immer tiefer in eine trübe Stimmungslage.

Nutzen Sie die folgenden Leitfragen für Ihre eigene Standortbestimmung:

- Wenn Sie eine schwierige Situation erleben: Was ist Ihr erster Gedanke?
- Wie lange verbleiben Sie in trüber Stimmung und graben sich tiefer ins Problem ein?
- Erzählen Sie Kollegen, Freunden oder in der Familie gerne, wie schlecht es Ihnen gerade geht?
- Wie reagieren Sie spontan auf gut gemeinte Lösungsideen von anderen?
- Wie schätzen Ihre Kollegen, Freunde oder Familienmitglieder Sie ein?

Es wäre ganz normal, dass Sie jetzt einen kleinen Schutzwall um sich aufbauen und sagen: Vielleicht ein bisschen Opferhaltung, aber so schlimm ist es nicht.

Ich weiß: Es ist nicht einfach, selbstkritisch zu sein und bei sich ein Muster zu erkennen, das Sie einschränkt. Versuchen Sie ehrlich mit sich selbst umzugehen. Ist normalerweise Ihr erster Gedanke, dass Sie sowieso nichts machen können? Dann gestehen Sie sich das ein. Fühlen Sie sich vom Schicksal gestraft? Okay, dann ist das eben so. Klagen Sie bei jedem, wie schlimm die Welt und wie unmenschlich Ihre Firma ist? Sie wären nicht allein damit, keine Sorge. Wenn es Ihnen selbst schwerfällt, lassen Sie sich von Menschen Ihres Vertrauens, die ehrlich mit Ihnen umgehen, Ihr typisches Verhalten spiegeln.

Drücken Sie sich nicht um diesen schwierigen Punkt des Prozesses herum. Gehen Sie ihn jetzt an – am besten noch bevor Sie weiterlesen. Denn dieser Schritt ist elementar, damit Sie von den weiteren profitieren können. Aus der Opferrolle kommen Sie nur heraus, wenn Sie sie sich erst einmal eingestehen.

Es ist keine Schande. Denn eines kann ich Ihnen aus Erfahrung sagen: Die meisten Menschen haben von Natur aus einen Hang zur Opferrolle, wenn das Leben oder der Change ihnen übel mitspielt. Schlimm wäre das nur, wenn sich nichts daran ändern ließe. Doch dem ist nicht so. Es kommt nicht darauf an, wie Sie in diesem Punkt bisher aufgestellt sind. Es kommt darauf an, was Sie daraus machen, wenn es drauf ankommt.

Und da kann ich Ihnen aus Erfahrung Mut machen. Sie können lernen, immer mehr und immer erfolgreicher den Gestalter-Modus einzunehmen. Jeder von uns kann das. Ich habe unzählige Menschen aufblühen sehen, nachdem sie sich diesem schwierigen ersten Schritt mutig gestellt hatten.

Und wenn Sie tatsächlich zu der Einschätzung kommen, dass Sie bereits von Natur aus zu den »Gestaltern« gehören, haben Sie auch einen wichtigen Schritt getan. Sie können nämlich ab sofort bewusst auf dieser Erkenntnis aufbauen und sich auf das Feintuning konzentrieren. Das Potential zu haben ist nämlich noch nicht der Erfolg. Vielmehr gilt es nun zu entdecken, was Sie aus der Gestalter-Haltung für sich persönlich herausholen können.

Kommen wir nun zu den Details – ungeachtet der Tatsache, welche der beiden Rollen Sie für sich festgestellt haben.

Wenn Sie in einer schwierigen Situation stecken, gilt es die Kontrolle über Ihr Denken zu übernehmen. Da Denkmuster automatisch ablaufen, gilt es sie zunächst zu unterbrechen. Denn nur dann können Sie sich selbst steuern. Um das zu schaffen, gibt es eine sehr wirksame psychologische Maßnahme, die sich Gedankenstopp[139] nennt. Sie dient dazu, innerlich auf Abstand zum laufenden Geschehen zu gehen und Ihr eigenes Denkmuster aus der Beobachterperspektive anzuschauen. Das ist so ähnlich, als würden Sie aus einer wogenden Menschenmasse auf dem Platz vor einer Kirche heraustreten und auf den Kirchturm hinaufsteigen. Von dort sieht das bunte Treiben unter Ihnen ganz anders aus. Sie können sich alles in Ruhe von oben anschauen.

Wenn Sie aus diesem Abstand heraus sich selbst und Ihr Denken beobachten, können Sie zum Beispiel viel leichter erkennen: »Aha, dieser Typ da unten, der so aussieht wie ich, macht einen ganz schön niedergeschlagenen Eindruck. Offensichtlich befinde ich mich gerade im Tal des Jammerns.«

Dieser Abstand ist besonders wichtig, wenn der Trubel oder das Emotionschaos am größten sind – zum Beispiel, wenn Sie durch einen Change in Aufruhr, Angst, Wut oder Hilflosigkeit geraten sind. Solch ein Change-Schock kann etwa sein, dass Ihr Arbeitsplatz bei einer Umstrukturierung entfällt oder sich Ihre Tätigkeit stark verändert.

Damit Sie leichter verstehen, wie der Gedankenstopp funktioniert, stellen Sie sich zunächst mal vor, wie Sie mit 160 Sachen auf der Autobahn dahinbrausen, die Bäume rechts und links des Weges vorbeihuschen und Sie in diesem Rausch der Geschwindigkeit plötzlich gerade noch auf der rechten Seite den Vorwegweiser wahrnehmen, der Ihnen sagt, dass Sie gleich von der Autobahn abfahren müssen. Sie drücken den Fuß auf das Bremspedal – hoffentlich nicht so heftig, dass das ABS anspringt, aber doch stark genug, dass Sie noch gut die Kurve in die Ausfahrt schaffen.

Wenn Sie im Opfer-Modus unterwegs sind, fährt Ihr Gehirn mit 160 Sachen in diesem gewohnten Denkmuster. Ihr Ausfahrtschild heißt: Gestalter-Modus einnehmen. Nicht Bäume rauschen an Ihnen vorbei, sondern innere Sätze wie: »Ich kann nichts machen.« »Die da oben sind schuld.« »Ich armer Wurm.« Sobald Sie diese Sätze erkennen, ist das wie ein Vorwegweiser. Sie müssen nun dringend auf die Bremse treten. Und das tun Sie, indem Sie innerlich ganz laut »Stopp!« rufen.

Gern auch laut, es sei denn, Sie stehen gerade wirklich in einer Menschenmasse vor einem Kirchturm – das könnte Irritationen hervorrufen. Sie können sich auch vor den Kopf hauen, nur bitte nicht mit Nudelholz. Tun Sie irgendwas, das Sie innerlich weckt und Ihnen hilft, diese ungebremste Fahrt durch die Opfermodus-Gedanken zu unterbrechen. Dieser innere Stopp muss so deutlich sein, als würden Sie einen Stock in eine sich bewegende Fahrradspeiche hineinhalten. Er soll Ihnen helfen, innerlich auf Abstand zu gehen, wie durch den Blick vom Kirchturm.

Mit dem Gedankenstopp ebnen Sie einer realistischen Sicht auf die Dinge den Weg: »Ach schau, dich hat es gerade voll erwischt. Du bist mitten drin im Opfer-Modus. Das kann passieren. Die Situation ist ja auch schwierig. Aber wer sagt denn, dass es so bleiben muss? Du hast die Wahl.«

Und dann können Sie – wie beim Autofahren auch – das Steuer bewusst herumreißen und in die gewünschte Richtung fahren – nämlich in Richtung Gestalter-Modus, in dem Sie sich der Frage widmen können, welche Optionen Sie eigentlich haben.

Setzen Sie den Gedankenstopp ein, um bewusst in den Gestalter-Modus zu steuern

Wenn Sie den Automatismus der Opfer-Denkmuster erst einmal gestoppt haben, ist der Weg frei für eine Reihe hilfreicher Fragen. Dadurch sehen Sie neue Optionen.

Diese Fragen lauten:

- Wie viel Prozent Einfluss habe ich auf meine momentane Situation? Von 0 bis 100 Prozent.
- Worin besteht genau dieser Einfluss? Was kann ich aktiv tun? Was liegt in meinem Handlungsbereich?
- Und wenn es gefühlt nur 5 Prozent sind – wie nutze ich diese? Wie würden andere Menschen diese Freiheitsgrade nutzen? Menschen, die ähnlich sind wie ich? Oder gerade auch Leute, die ganz anders sind?
- Welche vergleichbaren Situationen habe ich schon erlebt, und was hat mir geholfen?
- Welches sind meine wichtigsten Stärken, die mir bisher geholfen haben, schwierige Situationen zu überwinden? Wie können diese mir in diesem Fall helfen?
- Welche Werte und Einstellungen (z. B. Sicherheitsdenken, Status-Wunsch) sorgen dafür, dass ich mich in der Situation gerade gefangen fühle? Was würde mir mehr Luft verschaffen?
- Stellen Sie sich vor, Sie verharren die nächsten Wochen und Monate weiterhin in diesem Opfer-Modus: Wie geht es Ihnen bei diesem Gedanken? Wie wird sich Ihr Zustand entwickeln? Wann ist für Sie die Grenze erreicht, wo Sie sagen, das will ich mir nicht mehr antun? Was würden Sie tun, wenn Sie über die Grenze gekommen sind?
- Welche soziale Unterstützung können Sie nutzen? Wen um Hilfe, Feedback, Rat bitten?
- Wer könnte Ihnen »auf die Schulter« tippen und Ihnen von außen rückmelden, dass Sie im Opfer-Modus festhängen, damit Sie wieder umschalten können?

Schreiben Sie die Antworten auf diese Fragen auf – am besten zusammen mit möglichst vielen Gedanken, die Ihnen dabei kommen. Denn meine Beratungserfahrung zeigt, dass die meisten Menschen zu sehr an der Oberfläche bleiben und sich der besten Impulse und Erkenntnisse berauben, wenn sie die Fragen nur mal kurz im Kopf durchgehen und gleich danach wieder irgendetwas anderes ihre Aufmerksamkeit bindet. Halten Sie Ihre Gedanken fest, damit Sie sich später daran festhalten können.

Hilfreich ist auch, die Antworten zu den Fragen laut auszusprechen und sie einer vertrauten Person zu erzählen. Dann kommen Ihre Gedanken noch besser in den Fluss. Unser Gehirn profitiert davon, wenn wir wichtige Gedanken verbalisieren. Bitten Sie diese Person auch, ganz viel nachzufragen. Je mehr, umso besser – damit Sie wirklich in die Tiefe Ihrer Gedanken vordringen können und auch zur Sprache kommt, was Ihnen vielleicht nicht so leicht über die Lippen geht.

Solche Gespräche erfordern zugegebenermaßen eine gewisse Überwindung. Doch das ist unvermeidlich, denn damit begegnen Sie einem psychologischen Mechanismus, der die Opfer-Haltung so gefährlich macht: Im Opfer-Modus zu sein, ist weniger anstrengend. Sie brauchen sich nicht zu bewegen. Psychologen nennen dieses Phänomen einen Sekundärnutzen. Es ist ein versteckter Nutzen, der nicht direkt ins Auge fällt. In Opfer-Modus leiden Menschen zwar, doch der Gewinn und Nutzen, in diesem Zustand zu bleiben, besteht darin, nicht selbst aktiv werden oder Verantwortung übernehmen zu müssen. Es ist einfach und bequem, darin zu verweilen. Und genau dieser fatale Mechanismus führt dazu, dass Menschen sich trotz Leidensdruck nicht verändern, sondern im Opfer-Modus steckenbleiben.

Wenn Sie diesen heimtückischen psychologischen Mechanismus erst einmal erkannt haben, kann er Ihnen nicht mehr viel anhaben. Dasselbe gilt für die automatisierten Denkmuster, wenn Sie sie einmal unterbrochen haben. Sie können sich bewusst für die Gestalterhaltung entscheiden; und Sie können bewusst auf die Bremse treten, wenn Ihre Gedanken Ihnen nicht guttun.

Wenn Sie die Ausfahrt in Richtung Gestalterhaltung erst mal erwischt haben, gehen Sie ganz automatisch davon aus, dass es mehr Optionen gibt, als Sie bisher dachten. Und wenn Sie diese Optionen erst einmal sehen, werden Sie auch automatisch das Verlangen spüren, ins Handeln zu kommen.

Vielleicht sagen Sie nun: Klingt ja alles gut und schön, aber funktioniert das denn auch wirklich in der Praxis? Und funktioniert es bei jedem? Da stellen Sie wichtige Fragen, die uns zum nächsten und letzten Kapitel dieses Buches führen. Denn die Antwort auf die Leitfrage dieses Buches, nämlich wie viel Change der Mensch denn überhaupt ertragen kann, bin ich Ihnen noch schuldig. Was das Change-Tempo betrifft, sind nämlich auch Gestalter-Typen nicht unkaputtbar. Doch egal, wie hoch das Tempo noch wird: Hilflos ist keiner von uns.

7 Im Einklang mit dem Ich: Die Veränderungs-Balance

»Was machen wir jetzt?« Bernd schaut seine Frau Anita fragend an. Die beiden sitzen in ihrem Wohnzimmer auf dem Sofa. Es ist Samstag. Anita hat ihre Hände liebevoll auf ihrem dicken Bauch liegen. Bald ist es so weit. Sie erwarten ihr erstes Kind. Sie wissen, es wird ein Mädchen.

»Du sagst ja selbst, es macht keinen Spaß mehr. Der alte Spirit ist weg, weil kaum einer deiner alten Chefs und Kollegen mehr dabei ist.«

Die Frage, wie es weitergehen soll, haben die beiden jetzt fast ein Dreivierteljahr hin und her gewälzt, seitdem Bernds Firma ihren Sitz verlagert hat. Seitdem pendelt er wochenweise über 600 Kilometer zum neuen Standort. Das war der letzte Akt einer Kette von Veränderungen. Angefangen mit einer Fusion. Dann Zusammenlegungen von Abteilungen, Entlassungen und Umstrukturierungen. Die neue Stadt mag er auch nicht. Zu hektisch. Zu groß. Der Menschenschlag. Dennoch hat Bernd es nun schon fast ein Jahr lang ausgehalten. Er arbeitet bei einem Tonträgerunternehmen, in früheren Zeiten noch Plattenfirma genannt.

»Ja, das ist nicht mehr meine Firma. Früher vor der Fusion war das eine super Zeit«, schwelgt er. »Da bin ich wirklich noch in die Arbeit gegangen und habe mich gefreut, dass ich meine Zeit mit vielen tollen Leuten verbringe, die ich mag und mit denen das Arbeiten Spaß macht.« Und er erinnert sich an die vielen Konzerte, die er aufgrund seiner Arbeit als Produktmanager besuchen konnte. Und wie er abends mit den Kollegen in Clubs abhing. Jetzt ist die Arbeitsatmosphäre ganz anders. Es ist nicht mehr die eingeschworene Gemeinschaft von früher. Er versucht die trüben Gedanken wegzuschieben wie eine dunkle Gardine.

»Wir haben immer gesagt: Wer sich von uns nach der Geburt um die Kleine kümmert, entscheidet derjenige, der am meisten Spaß in seinem Job hat.« Seine Frau dreht sich zu ihm und schaut ihn an. »Wir haben ein Riesenglück. Jeder von uns verdient etwa gleich viel Geld. Wir können es uns erlauben, das so zu machen. Was meinst du?«

»Du hast recht.« Nach einer kleinen Pause fügt Bernd hinzu: »Ich kann es drehen und wenden, wie ich will. Bei mir ist der Spaß einfach weg. Das wird auch nicht besser über die Zeit. Wenn ich nur unsere Führungskräfte sehe. Die sind vielleicht fachlich gut. Aber Führung haben die nicht drauf. Die sind nur in die Positionen hochgespült worden. Die machen ihren Job wie gehabt und sehen gar nicht, dass sie plötzlich 30 Leute unter sich haben, mit denen sie sich auch mal beschäftigen müssten.«

Er schaut nachdenklich ins Leere. Bernd liebt seinen Beruf. Musik ist seine große Stütze und soweit er zurückdenken kann sein Hobby. Er kann sich nichts Schöneres vorstellen als beruflich etwas mit Musik zu tun zu haben. Der Glamour und der Kontakt zu bekannten Künstlern sind ihm dabei nicht wichtig. Vielen seiner Kollegen schon, wie er weiß. Denen gibt das so viel, dass das alles andere überstrahlt und sie deshalb viel im Job aushalten. Bei ihm ist das nicht so, jedenfalls schon lange nicht mehr.

Das ist schon Wahnsinn, denkt er, wie schnell sich in den vergangenen Jahren seiner Berufstätigkeit die Art und Weise verändert hat, wie die Leute Musik hören. Erst die Compact Disc, dann MP3 und Download von Musikdateien im Internet. Er selbst ist noch mit Musikkassetten und Schallplatten aufgewachsen. Und dann gab es da plötzlich solche Dinge wie Napster, die Tauschbörse, über die sich Nutzer für lau mit Musikdateien versorgten. All das hat die Musikbranche heftig durchgerüttelt und die Umsätze in den Keller getrieben. Denn die Leute waren plötzlich viel weniger bereit, für Musik zu bezahlen. Aufgrund der Urheberrechtsverletzungen, die damit einhergingen, folgten Rechtsstreits, um dem Treiben Einhalt zu gebieten. Und viele Musikfirmen überlebten diesen ganzen Wandel nicht.

Bernd sitzt schweigend da. In seinem Kopf fühlt es sich an wie in einem Flipperspiel, wo die Bälle mal nach links und mal nach rechts über die Spielfläche schießen. Soll er dem Musikgeschäft den Rücken kehren und in Elternzeit gehen? Käme er damit klar? Oder soll er doch lieber versuchen ein anderes Unternehmen zu finden, wo er vielleicht wieder mehr Spaß hätte? Doch es gibt auch die Abmachung mit seiner Frau: Wenn Nachwuchs kommt, soll der entscheiden, der mehr Spaß im Job hat. Das haben sie vor langer Zeit beschlossen. Zu bedenken ist dabei auch, dass ihr Job sicherer ist als seiner.

Wie oft schon hat er diese Gedanken in seinem Kopf hin und her gerollt? Was soll er tun?

Dann geht ein Ruck durch ihn. Er hofft, dass seine Frau mit seinem Vorschlag mitgeht. Denn eigentlich dürfte sie ja entscheiden, da sie sich mit ihrer Arbeit unverändert wohlfühlt: »Du hast deutlich mehr Spaß im Job als ich. Ich möchte gern daheimbleiben, wenn unsere Tochter auf die Welt kommt. Ist das okay für Dich?«

Seine Frau stimmt zu. Als Bernd diese Entscheidung trifft, in Elternzeit zu gehen, ist es das Jahr 2005. Aus heutiger Sicht ein historisches Jahr, weil damals das Video-Portal YouTube ins Netz kam.[140] Damals ahnte noch niemand, welche Bedeutung es vor allem für die Musikindustrie erlangen sollte.

Die nächsten fünf Jahre ist Bernd also nur noch für seine Tochter da. Erst im Jahr 2010 kehrt er in seine heißgeliebte Musikbranche zurück und nimmt seinen Job als Produktmanager in einem anderen Tonträgerunternehmen wieder auf – in kleinen

Schritten. Zuerst freiberuflich und mit wenig Zeitaufwand, dann immer mehr, bis er zweieinhalb Jahre später wieder in eine Fest-anstellung geht.

Gerade zu dieser Zeit beginnt noch einmal ein deutlicher Um-bruch in der veränderungsgeschüttelten Musikindustrie, die zu den ersten Branchen gehörte, die die Digitalisierung voll erfass-te.[141]

Bernd kommt mitten in die dritte Veränderungswelle hinein, als er aus seiner Elternzeit zurückkehrt. Seine Geschichte ist des-halb so spannend für Sie, weil Bernd jemand ist, der heute mit seinen 47 Jahren auf fast 20 Jahre Berufserfahrung als Produkt-manager im Musikgeschäft zurückblickt. Er ermöglicht uns eine Art Langzeitbetrachtung, wie sich das Change-Tempo auf Men-schen auswirkt und wovon es abhängt, wie die Veränderungen sich auf den Einzelnen auswirken. Und es gibt einen weiteren Grund, warum ich die Geschichte von Bernd so spannend finde: Mich hat beeindruckt, wie gut er die ganzen Veränderungspro-zesse nach seinem Wiedereinstieg verkraftet hat. Denn im Jahr 2005, vor seiner Elternzeit, ging es ihm ja nicht so gut in seinem geliebten Beruf. Da war der Spaß weg.

Wie Sie an Bernds Beispiel sehen werden, muss viel Change einen Menschen nicht zwingend kaputtmachen. Ihm ist es ge-lungen, eine gute Balance für sich herzustellen, um mit den stän-digen Veränderungen zurechtzukommen. Ihm geht es bis heute gut in seiner Arbeit, auch wenn er natürlich Höhen und Tiefen im Job erlebt. Und wenn Sie die psychologischen Gesetzmäßig-keiten kennen und nutzen, die ich Ihnen in diesem Kapitel als eine Art Schutzschild an die Hand geben möchte, dann kann das auch Ihnen gelingen.

Zurück zu Bernd!

Die Revolution in seiner Branche, die ich gerade als dritte Verän-derungswelle beschrieben habe, beginnt noch, während Bernds

Tagesgeschäft darin besteht, die vollen Windeln seiner Tochter zu wechseln: im Jahr 2006. Damals gründen die Schweden Daniel Ek und Martin Lorentzon den Musik-Streaming-Dienst Spotify.[142] Ihre Geschäftsidee ist damals radikal neu: Spotify-Nutzer kaufen keine einzelnen Musiktitel mehr, sondern bekommen die Möglichkeit, zig Millionen Titel bedarfsgerecht auf Abruf übers Internet zu hören. Das geht entweder kostenlos mit eingeblendeter Werbung und Funktionseinschränkungen oder werbefrei mit voller Funktionalität der Plattform im kostenpflichtigen Abonnement. Rückenwind für ihre Idee bekommen die Gründer sowohl durch die rapide ansteigende Übertragungsgeschwindigkeit des Internets als auch durch die technologische Entwicklung bei Endgeräten wie Smartphones und Tablets.

Als Bernd im Jahr 2010 wieder in seinen Job eintritt, geht es mit dem Musik-Streaming gerade erst richtig los. Es zeigt sich, dass die Kunden sogar bereit waren, mehr Geld für Streaming auszugeben als im klassischen Tonträgergeschäft. »Früher hat man eine CD mit 12 Songs gekauft und ca. 15 Euro hingelegt«, berichtet mir Bernd heute. »Wer pro Jahr vier bis fünf CDs kaufte, war bereits ein Vielkäufer. Jetzt zahlen die Leute um die 10 Euro im Monat und haben fast alles, was es an Musik gibt. In Summe also 120 Euro im Jahr für Streaming anstatt 75 Euro für CDs.«

Vor dem Wandel zum Streaming war Bernds Arbeit vergleichsweise einfach gewesen. In der »alten Welt« war es darum gegangen, dass Sie als Kunde einen Musiktitel kauften, sprich die CD oder Schallplatte. Um Sie dazu zu bringen, hatte Bernd sich Marketingaktionen wie Anzeigen oder Werbespots ausgedacht und die Kollegen aus dem Vertrieb sowie die Promoter mit entsprechenden Informationen zum Künstler und vielen guten Gründen versorgt, warum ein Titel verkaufsträchtig war. Der Vertrieb hatte dann daran gearbeitet, dass die Musikläden den Titel als CD oder Schallplatte gut platzierten. Die Promoter hatten versucht, dass Radio- und Fernsehstationen den Titel oft spielten. Denn das war früher entscheidend, um Hits zu landen wie »Schnappi, das kleine Krokodil« oder »Axel F.«, Platz 3 bzw. Platz 11 der Jahres-Charts aus dem Jahr 2005.[143] Und je mehr es gelang, über diese verschiedenen Kanäle einen Titel in die Aufmerksamkeit des Kunden zu bringen, umso höher war der Verkaufserfolg dieser Tonträger. An diesem Teil seiner Arbeit als Produktmanager hat sich auch bei seinem Wiedereinstieg im Jahr 2010 grundsätzlich wenig verändert. Bernd muss es nach wie vor schaffen, dass die Titel der von ihm betreuten Künstler ins Blickfeld der Konsumenten kommen. Doch sein Aufgaben-spektrum hat sich deutlich erweitert, und er muss auch viel mehr in verschiedenen Konsumentengruppen und Marketingkanälen denken. Die größte Veränderung in seinem Job ist, dass er Kon-sumenten wie Sie für das Musik-Streaming gewinnen muss. Das heißt, Sie registrieren sich zum Beispiel bei Spotify und laden sich die Spotify-App auf Ihren PC, Ihr Tablet oder Ihr Smart-phone herunter. Und dann können Sie beliebig oft genau die Musik hören, die Ihnen Spaß macht. Doch richtig lohnend wird es für Bernds Unternehmen – und auch die Künstler –, wenn Sie ein zahlender Abonnent sind und Ihre Lieblingstitel in einer Playlist abspeichern, die dann auch ohne Internetzugang auf all Ihren Geräten verfügbar ist. Das ist dann so ähnlich, als hätten Sie sich eine CD in den Schrank gestellt. Im dem Fall ist die Wahrscheinlichkeit auch groß, dass Sie als Konsument den Titel immer wieder und über mehrere Jahre hinweg abspielen. Und jedes Mal, wenn Sie einen Titel mehr als 30 Sekunden anspielen, verdient Bernds Firma an den Lizenzgebühren mit.

Diese neue Welt bringt mit sich, dass Bernd viele Daten ana-lysieren muss, die ihm Streaming-Dienstleister wie Spotify, apple music oder amazon unlimited ständig zur Verfügung stel-len. Auch YouTube ist ein wichtiger Kanal, seit sich die Gesell-schaft für musikalische Aufführungs- und mechanische Vervielfältigungsrechte (GEMA) und YouTube im Jahr 2016 nach langen Rechtsstreits geeinigt haben[144], wie Musiktitel auf YouTube vergütet werden.

Bernd ist also plötzlich auch Datenanalyst: Er sieht zum Beispiel, dass einen bestimmten Track 60 Prozent Frauen und 40 Prozent Männer anhören, vor allem in der Altersgruppe zwischen 16 und 24 Jahren. Jetzt überlegt Bernd, wie er die Altersklasse 30 bis 40 Jahre auch noch erreichen kann und wie er seine Promoter am besten mit überzeugendem Material für die Radiostationen versorgt. »Es ist deutlich analytischer und strategischer geworden. Denn aus den vielen Daten gilt es Schlussfolgerungen zu ziehen, wie Titel gepusht werden können«, berichtet Bernd. Früher habe man dagegen nur Annahmen gehabt und musste sich beim Marketing sehr auf sein Gespür verlassen.

Das Musikgeschäft ist durch die Datentransparenz sehr schnell geworden. Wenn nämlich ein Titel nach drei bis vier Tagen auf Spotify zu wenige Hörer findet, wird er in der Bewertung abgestuft, hat es also schwer, wieder in den Blickpunkt der Aufmerksamkeit zu kommen. »Es zählen nur noch der einzelne Track und die Klicks«, sagt Bernd.

Bernds Tätigkeitsfeld hat sich gegenüber früher also deutlich erweitert. Er beschreibt seine Aufgabe als komplexer, vielfältiger, analytischer und anspruchsvoller. Die Zahl der Künstler, die er betreut, ist dagegen etwa gleich geblieben.

Da nicht alles Knall auf Fall kommt, kann Bernd ganz gut in die neuen Aufgaben hineinwachsen. Doch er weiß, die ganzen Anforderungen sind ein schmaler Grat, auf dem er nur deshalb noch so gut wandelt, weil er eine 80-Prozent-Stelle hat. »Das ist es, was mich davor schützt, auszubrennen. Weil ich ganz genau weiß, wenn ich 100 Prozent hätte, würde ich 120 Prozent arbeiten. Da ich aber 80 Prozent arbeite, bleibe ich auch dabei und versuche durch Freizeit abzugelten, was ich an Überstunden habe.« Für ihn ist dieses Modell möglich, weil seine Frau auch arbeitet.

Seine Tochter hat sehr viel mit Bernds Geheimnis zu tun, warum er mit diesem ganzen Trubel und den vielen Veränderungen relativ entspannt umgeht. Bernd hat mir Folgendes verraten:

»Durch ihre Geburt und die fünf Jahre Auszeit habe ich gesehen, dass das Leben auch ohne mich weitergeht. Die Musikbranche kann ohne mich gut klarkommen, und ich kann auch gut ohne sie klarkommen. Ich habe all das in den fünf Jahren nicht wirklich vermisst. Als ich dann wieder zurück war, habe ich mich dafür aber gefreut, zurück zu sein, wieder ein Teil der Entwicklung zu sein.«

Früher waren sein Job und seine Beziehung das Wichtigste für Bernd. »Der Job hat mich zeitlich komplett vereinnahmt. Zu jedem Konzert, das stattfand, bin ich auch hingegangen. Jetzt mit Kind bin ich in diesen Dingen viel lockerer geworden. Ich muss nicht mehr auf jedes Konzert rennen. Ich lasse Sachen bleiben, die mir keinen Spaß machen.«

Und wenn er das alles so erzählt, klingt das für mich nicht nach Rückzug von der Arbeit, nach Verbiesterung oder gar innerer Kündigung, sondern nach einer Veränderung in seinem Wertesystem. Bernds Sicht darauf, was ihm im Leben wirklich wichtig ist, hat sich gewandelt, oder vielmehr: Es ist ihm in den Jahren mit seiner Tochter erst wirklich klargeworden. Dadurch hat er für sich eine Art inneren Frieden geschlossen und kann dem Businesstreiben gelassener auch mal von außen zusehen, obwohl er wieder ein Teil davon ist.

Was nicht heißt, dass ihn alles völlig kaltlässt. »Es gibt viele Dinge, die mich aufregen und über die ich mich auch mal kurz auskotze, aber ich beruhige mich dann auch wieder und trage das nicht ewig mit mir herum. Warum soll ich mich über Dinge aufregen, die ich nicht verändern kann? Ich kämpfe meine Kämpfe nur dort aus, wo ich eine Chance sehe, dass ich etwas verändern kann. Und dort, wo es absehbar nicht funktionieren wird, lasse ich es bleiben. Das ist so eine Sache, die man mit dem Alter hoffentlich lernt. Und wer es noch nicht gelernt hat, sollte anfangen daran zu arbeiten. Das ist meine Erfahrung: Es ist eine Einstellungssache.«

Eine Frage der Einstellung

Bernd hat ähnlich wie Maximilian im vorherigen Kapitel intuitiv sehr viel richtig gemacht, um mit dem Change-Tempo gut zurechtzukommen. Wie Sie gleich merken werden, hat auch Bernd wesentliche psychologische Prinzipien beachtet, die Sie bereits in diesem Buch kennengelernt haben.

Wenn wir uns also gleich seine Geschichte noch einmal genauer anschauen, dann um die wichtigsten Erkenntnisse, die wir bisher zusammengetragen haben, noch einmal zu vertiefen. Anderseits werden Ihnen mit Bernds Beispiel aber auch noch einige neue Aspekte begegnen. Am Ende werden Sie in der Lage sein, sich für das zunehmende Change-Tempo selbstbestimmt aufstellen zu können.

Betrachten Sie die folgenden Punkte als eine Art Checkliste für Ihren eigenen Umgang mit dem Change.

Bernds wichtigstes Erfolgsgeheimnis ist, dass er ein gutes Gefühl für sich selbst entwickelt hat. Er merkte, dass er durch die ganzen Veränderungen den Spaß an seiner Arbeit verloren hatte. Was in seinem Unternehmen geballt vor sich ging, passte nicht mehr zu ihm, und er hat das gefühlt. Falls Sie dazu neigen, solche inneren Warnzeichen wegzudrücken oder als Blödsinn abzutun, ist es höchste Zeit, innezuhalten und hinzuhören, was Ihnen Ihr

Körper sagt – nennen wir es ruhig »Bauchgefühl«. Manchmal ist es im ersten Moment gar nicht so greifbar, was genau das Bauchgrummeln ausmacht. Umso wichtiger ist, dass Sie dann neugierig in sich hineinhorchen, was genau sie stört. Nur wenn Ihnen das genau klar ist, können Sie wie Bernd den nächsten Schritt tun. Es mag im Alltag viele Dinge geben – an erster Stelle ist es oft der Leistungsdruck –, die uns davon ablenken. Doch wir spüren immer, irgendwie und an irgendetwas, wenn etwas sich nicht mehr richtig anfühlt. Die Frage ist einzig und allein, ob wir die Wahrnehmung auch zulassen.

Seien Sie achtsam für Ihr Gefühl, dass etwas nicht mehr passt

Bernd war also klar, dass er in der bisherigen Weise nicht mehr in dem Tonträgerunternehmen weiterarbeiten wollte. Doch dann kam der innere Konflikt, den die meisten ausfechten, wenn sie die Inkongruenz spüren: Was sollte er tun? Welcher Weg war nun der beste? Nur zu oft passiert es, das Menschen sehr lange in solch einem Konflikt ausharren, weil sie jede Option durchdenken und am Ende jedes Mal irgendein »Ja, aber …« finden, das sie am Ende handlungsunfähig macht. Die Frage, was zu tun ist, wird wieder und wieder durchgekaut – wie ein Kaugummi, aus dem längst der Geschmack raus ist. Bei Bernd hat es ein knappes Dreivierteljahr gedauert, bis er zu einer Entscheidung gefunden hat – das ist vergleichsweise schnell.

Sie können diesen Prozess beschleunigen, indem Sie sich in Ruhe hinsetzen und sich jede Option im Geist vorstellen. Hilfreich ist, dabei die Augen zu schließen. Rechts neben Ihrem Körper schwebt Option 1, links davon Option 2, direkt vor Ihnen Option 3 und so weiter. Platzieren Sie alle Optionen vor Ihrem inneren Auge gut sichtbar um sich herum.

Stellen Sie sich nun vor, wie Sie jede Option auf eine Waagschale legen – möglicherweise in direkter Abwägung gegen eine andere Option. Fragen Sie sich, bei welchen der Optionen sich die Waagschale gefühlsmäßig am stärksten nach unten bewegt. Das erste spontane Gefühl zählt. Sie werden feststellen, dass es fast immer ein schnelles und klares Empfinden dafür gibt – auch wenn man zuvor meinte, die Optionen seien gleichwertig. Der Haken ist oft einfach nur, dass wir uns die betreffende Option nicht erlauben – zum Beispiel, weil sie eine deutliche Veränderung bedeutet. Und vor Veränderungen haben wir Menschen nun mal grundsätzlich Angst. Wir finden dann gute Gründe dagegen. Doch Ihr Gefühls-Seismograph weiß mehr, als Ihnen bewusst ist: Hören Sie auf ihn.

Lösen Sie Entscheidungskonflikte mit dem Bauchgefühl auf ihrer inneren Waage

Bernds letztlich schwerwiegendste Option war, in Elternzeit zu gehen. Nun werden Sie vielleicht einwenden: Das war ja auch leicht für ihn. Er hatte eine Frau, die auch Geld verdiente. Und da haben Sie sicher recht. Doch diese Anfechtung greift letztlich zu kurz: Ob die Option leicht ist oder schwierig, darf kein Entscheidungsgrund dafür oder dagegen sein. Entscheidend ist, dass Bernd in die Gestalterhaltung gegangen ist, um für sich die Verantwortung zu übernehmen. Er hat für sich entschieden, dass er nicht bereit ist, die unbefriedigende Situation in seiner Firma einfach hinzunehmen. Er verweigerte sich der Opferhaltung und nahm stattdessen aktiv Einfluss. Gewiss: Wenn er der alleinige Brötchenverdiener gewesen wäre, hätte er sicherlich nach anderen Optionen Ausschau gehalten. Doch letztlich kommt es darauf an, dass er die Verantwortung für sich und seine Gefühlslage übernommen hat. Und bedenken Sie: Zu dem damaligen Zeitpunkt war die Musik für ihn fast das Wichtigste auf der Welt. Leichtgefallen ist ihm der vorübergehende Ausstieg keinesfalls. Er hat eine bewusste Entscheidung getroffen.

Glück hatte Bernd eher in einem anderen Punkt: Er bekam keinen Gegenwind von Familienmitgliedern, Freunden, Kollegen oder dem eigenen Chef. Vielleicht haben Sie das schon erlebt: Sie haben für sich eine Entscheidung getroffen und sprechen darüber. Doch statt Ermutigung und Unterstützung bricht eine Welle von »Ja, aber …« und gut gemeinten Empfehlungen über Sie herein. Manchmal geht das bis hin zu massiven Einwirkungen, dass Sie das auf keinen Fall so machen sollten, weil das schlimme Folgen haben wird: »Hast du dir das auch gut überlegt? Abhauen ist doch keine Lösung! Also ich würde mich das nicht trauen!«

Auf diese Weise übt unser Umfeld sozialen Druck auf uns aus. Besonders dann, wenn Ihr geplantes Vorhaben für Ihre Mitmenschen mit einschneidenden Veränderungen einhergeht. In dem Moment droht Ihnen das Risiko, dass Sie um des lieben Friedens willen Ihr eigenes Gefühl verleugnen und Ihren Vorsatz fallen lassen. Und schon sind Sie im Opfer-Modus gelandet.

In der Gestalterhaltung bleiben Sie, wenn Sie solche Abwehrreaktionen als normal ansehen, einkalkulieren und sich vorab dafür wappnen. Lassen Sie sich nicht auf inhaltliche Diskussionen ein, sondern betrachten Sie Abwehrreaktionen als das, was dahintersteckt: Angst, weil persönliche Bedürfnisse anderer durch Ihr Verhalten nicht erfüllt werden.[145] Doch diese Bedürfnisse sind nicht Ihre Bedürfnisse. Und Sie sind zuerst dafür verantwortlich, dass Ihre Bedürfnisse erfüllt sind. Nur so können Sie nämlich auch zukünftig innerhalb der Gemeinschaft mit diesen Menschen funktionieren.

Bleiben Sie gelassen, und gehen Sie mit den Menschen in den Dialog, die unmittelbar von Ihrem Vorhaben betroffen sind. Fragen Sie nach, welche Sorgen der andere genau hat. Wovor hat er Angst? Welche Nachteile befürchtet er für sich selbst? Was ist das Schlimmste für ihn? Indem Sie nachfragen, fühlt sich Ihr Gegenüber verstanden, und die Abwehr lässt nach. Auf diese Weise schaffen Sie es auch, dass nicht mehr die ganze Aufmerksamkeit auf Ihnen liegt. Machen Sie dann aber auch transparent, wie es Ihnen persönlich geht und dass Ihre Gedanken nicht einfach nur einer Laune entspringen. Verdeutlichen Sie, was sehr wahrscheinlich passieren würde, wenn Sie Ihr inneres Gefühl ignorieren.

Richten Sie dann das Gespräch in eine lösungsorientierte Richtung. Zeigen Sie eine Lösung auf, die auch die Sorgen des anderen aufgreift, vor allem aber auch Ihr Gefühl berücksichtigt. Stellen Sie Fragen wie: »Wie können wir vorgehen, um beides unter einen Hut zu bringen?« »Wie könnte aus deiner Sicht ein Weg aussehen?« »Welche Lösungsmöglichkeiten fallen uns ein?«

Gerade wenn es Ihre Frau oder Ihren Mann betrifft, kann solch ein Gespräch durchaus anspruchsvoll sein und der Lösungsprozess eine Zeitlang dauern. Bei Bernd und seiner Frau war der Entscheidungsprozess ja keineswegs auf das anfangs dargestellte Gespräch beschränkt, sondern hat insgesamt ein Dreivierteljahr gebraucht.

Gehen Sie in die Gestalterhaltung, und übernehmen Sie Verantwortung für sich und Ihre Bedürfnisse

Wie wir schon festgestellt haben, ist es manchmal gar nicht so einfach, in diese Haltung zu kommen, wenn Sie vom Change-Karussell ohne Unterlass querbeschleunigt werden. Oft fühlt sich die Lage unveränderbar an, und Sie sehen beim besten Willen keine Einflussmöglichkeiten. Die Situation zieht Sie in einen Sog, und es scheint, als müssten Sie in der kräuselnden Veränderungsflut ertrinken. Denken Sie an den Fall von Dunja: Sie funktionierte nur noch, als sie von der Personalabteilung in den Vertrieb wechseln musste. Erst der physische Kollaps sorgte bei ihr für ein Innehalten. Sämtliche Warnzeichen zuvor hatte sie ausgeblendet. So weit dürfen Sie es nicht kommen lassen.

Bernd hat dagegen genau im Blick, wann es für ihn zu viel ist. Er weiß, dass er auf keinen Fall eine Vollzeitstelle ausüben sollte, weil er sonst angesichts des Pensums ausbrennen würde. Und er achtet auch darauf, dass er sich selbst diszipliniert, nicht mehr zu arbeiten, als er aushalten kann. Das ist auch bei ihm nicht immer so gewesen. Vor der Geburt seiner Tochter war er noch auf der Überholspur unterwegs, wenn auch mit viel Spaß im Job durch seine Leidenschaft für die Musik. Seine Arbeit vereinnahmte auch ihn früher komplett, und alles musste immer hundertfünfzigprozentig perfekt laufen. Genau genommen war es dadurch für ihn eher schwieriger als für andere, die ihren Job nur nach Vorschrift machen: Gerade, wenn Sie an Ihrer Arbeit Spaß haben und alles geben wollen, besteht das Risiko, dass Sie noch die irrsinnigste Geschwindigkeit im Change-Karussell glauben aushalten zu müssen.

Viele brennen genau an diesem Anspruch aus: sich immer wieder anzupassen und auch selbst zu optimieren, weil man es ja eigentlich gern tut. Doch dieser Enthusiasmus kann zu einer Gefahr werden. Denken Sie etwa zurück an Theresa aus dem Versicherungsunternehmen: Ihr tat der tägliche Kampf, beim agilen Arbeiten Fuß zu fassen, auf Dauer gar nicht gut, obwohl sie hochgradig veränderungsbereit war.

Um nicht im Veränderungssog zu versinken und den Kopf über Wasser zu halten, ist es wichtig, frühzeitig auf die Bremse zu treten, indem Sie zu sich selbst »Stopp!« sagen. Nutzen Sie die Technik des Gedankenstopps, um die Kontrolle zu behalten und sich so davor zu schützen, in den Opfer-Modus abzutauchen.

Wenn Sie Warnzeichen spüren: Schauen Sie sich Ihre aktuelle Situation aus der Vogelperspektive an. Gehen Sie gedanklich auf den Kirchturm. Die zentralen Fragen lauten: »Was läuft hier eigentlich ab? Kann ich weitermachen wie gehabt, oder bewege ich mich in den roten Bereich hinein? Was braucht es noch, bis meine Grenze erreicht ist?«

Gehen Sie in die Vogelperspektive,
wenn Sie im Change-Karussell den Überblick verlieren

Bei Bernd führte die Selbstbetrachtung dazu, dass er sich eine fünfjährige Auszeit nahm. Das heißt natürlich nicht, dass das auch der beste Weg für Sie ist – und er ist auch nicht für jeden realistisch. Das Beispiel macht aber deutlich, wie nützlich ein gesunder Abstand zum Geschehen ist. Bernds Lernfortschritt durch die Auszeit war, dass die Musikbranche gut ohne ihn klarkam – und er auch gut ohne sie. Dieser Abstand hat ihm nach seinem Wiedereinstieg in den Job geholfen, viele Dinge bei der Arbeit lockerer zu sehen.

Dahinter steht, wie erwähnt, ein Wertewandel. Bei Bernd hat die Geburt seiner Tochter den zentralen Anstoß gegeben. Wenn Sie selbst Eltern sind, kennen Sie vielleicht diese Erfahrung. So ein kleiner Wonneproppen, den Sie sich selbst gewünscht haben, relativiert so manches. Nun kann natürlich nicht der Rat an Sie sein, Kinder in die Welt zu setzen, um das Change-Tempo besser zu managen. Auch ohne Kinder können Sie sich Ihrer Werte mehr bewusst werden und sich die Frage stellen, ob Ihre Prioritäten richtig sortiert sind. Denn Ihre Werte bestimmen Ihr Handeln.

Als Gestalter stellen Sie sich im Change-Sturm die Kardinalfrage: »Was ist mir wirklich wichtig im Leben?« Ergänzende Fragen sind: »Worum geht es mir? Wie wird sich mein Leben entwickeln, wenn ich genauso weitermache wie bisher? Ist es das, was ich wirklich will? Wie wird es sich auswirken, wenn ich die nächsten 1, 2, 5, 10 oder 20 Jahre das Spiel weiter so mitspiele?« Diese Fragen helfen Ihnen, inmitten von herausfordernden Veränderungsprozessen Ihren eigenen Kompass zu finden, der Sie durch die stürmischen Veränderungswogen lotsen hilft. Einen solchen Kompass hatte Maximilian, der mit einer gesunden Hartnäckigkeit schlussendlich seinen Traumjob im Vertrieb realisierte. Es hat seine Zeit gedauert, und er musste dafür kämpfen. Aber sein Ziel war ihm sogar Ärger mit seinem Chef wert – und es hat sich letztlich ausgezahlt.

Ihre Werte sind der Kompass im Change-Sturm

Bernd hat sich zudem eine differenzierte Gestalterhaltung zu eigen gemacht. In folgender Äußerung kommt sie zum Ausdruck: »Ich kämpfe meine Kämpfe nur dort aus, wo ich eine Chance sehe, dass ich etwas verändern kann. Und dort, wo es absehbar nicht funktionieren wird, lasse ich es bleiben.« Im letzteren Fall gelingt es ihm, die nicht beeinflussbaren Dinge zu akzeptieren. Und akzeptieren ist etwas anderes als innerlich zu kündigen. Innere Kündigung bedeutet, in seiner Motivation und Leistung nachzulassen. Akzeptieren bedeutet dagegen, etwas positiv anzunehmen: »Die Dinge sind, wie sie sind.«

Die Akzeptanzschwelle ist natürlich individuell verschieden. Nicht jeder kann von jetzt auf gleich in die Gestalterhaltung wechseln. Die Psychologie kennt hierfür das Beispiel der Trauerarbeit. Studien haben gezeigt, dass Mütter, deren Babys plötzlich und aus unerklärlichen Gründen im Schlaf gestorben waren, besser mit diesem Negativ-Erlebnis klarkamen, wenn sie im ersten Jahr nach dem Tod ihres Kindes die Trauer zugelassen und ausgelebt haben. Anders war dies bei den Müttern mit ausgeprägter Gestalter-Orientierung, die sich gleich wieder in die Umsetzung ihrer Ziele stürzten – nach dem Motto: »Das Leben muss weitergehen.«[146]

Akzeptanz hat also viel damit zu tun, Emotionen zu erkennen und für sich zu verarbeiten. Dies geschieht, indem Sie Ihren Gefühlen von Ärger oder Angst Raum geben. Das bedeutet, diese wahrzunehmen wie eine Wolke, die am Himmel vorbeizieht. Sie brauchen nicht einzugreifen oder zu versuchen, etwas daran zu verändern, sondern es geht erst einmal nur um das Zulassen.

Mit jeder Wolke, die Sie bewusst vorüberziehen lassen, wird die Macht dieser Gefühle etwas schwächer. Anfangs brauchen Sie vielleicht noch Mut, um so vorzugehen, doch Wegdrücken hilft nicht. Das wäre, als wenn Sie einen Ball unter Wasser drücken: Sobald Sie lockerlassen, ploppt er wieder hoch.

Hilfreich ist, sich die Frage zu stellen: »Was ist das Schlimmste daran?« Und dann lassen Sie die Gedanken hochploppen. Erstaunlicherweise bewirkt diese Art des Umgangs mit Gefühlen, dass Fragen sich klären, Gefühle sich verändern und negative Emotionen auch verblassen, die sonst mit ungebremster Kraft in Ihrem Unterbewusstsein aktiv bleiben. Die Verarbeitung kommt in Gang.

Nehmen wir an, Sie gehören zu den Mitarbeitern 50plus. Sie spüren – ähnlich wie Katharina –, dass Ihnen Veränderungen schwerer fallen als früher. Damals hatten Sie eine schnelle Auffassungsgabe, jetzt brauchen Sie viel mehr Zeit oder vergessen Dinge schneller. Jetzt können Sie versuchen, sich das wegzureden, es zu vertuschen oder Ihre grauen Zellen mit Ginkgo-Tropfen zu tunen. Helfen wird das nicht. Vielmehr müssen Sie den Tatsachen ins Auge sehen und sich zugestehen, dass sich Ihre Leistungsfähigkeit ändert, und sich mit Ihren Sorgen und Ängsten befassen. Denn es ist ja ein Einschnitt, wenn Sie merken, dass Sie bei dem ganzen Tempo nicht mehr mithalten können.

Und jedes Mal, wenn Sie Ihren Gefühlen Raum geben oder mit vertrauten Menschen darüber sprechen, tragen Sie eine Schicht von diesem Emotionsberg ab. Wenn es Ihnen dann noch gelingt, sich auf das zu fokussieren, was Sie noch gut können und wo Sie einen wertvollen Beitrag leisten, kann sich eine neue Balance entwickeln.

Ich gebe zu, das ist nicht immer einfach – vor allem, wenn Ihr Umfeld nicht verständnisvoll tickt. Doch zumindest vor sich selbst sollten Sie ehrlich sein können. Denn dann finden Sie auch leichter Wege, um mit der Situation angemessen umzugehen.

Dass dieser Prozess des Akzeptierens funktioniert, erkennen Sie daran, dass Sie nicht immer wieder in trübe Gedanken zurückgehen, dauer-genervt sind, ständig über etwas jammern, verlorenen Möglichkeiten nachtrauern, anderen die Schuld geben oder in einem permanenten Kampfmodus sind, in dem sie gegen belastende Zustände angehen wie einst Don Quixote gegen die Windmühlen. Manchmal braucht es eben Zeit. Bernd zum Beispiel hat den kürzlichen Open-Office-Change bis heute noch nicht ganz akzeptieren können. Zu viel Ärger schwang noch mit, als er mir von der Situation im Großraumbüro berichtete. Doch wirklich schwächen kann ihn das nicht mehr.

Lernen Sie, die nicht beeinflussbaren Dinge zu akzeptieren

Bernds Beispiel zeigt auch, wie wichtig der nächste Schritt ist: eine Balance zwischen Gestalten und Erdulden zu finden. Weder dürfen Sie das Gestalten übertreiben, noch das Erdulden, weil in beiden Fällen negative Folgen drohen. Eine übertriebene Gestalterhaltung mit ständiger Selbstoptimierung ist genauso wenig erstrebenswert wie eine Opferhaltung, die Sie zum Gefangenen im Job werden lässt.

Entscheidend ist, dass Sie für sich selbst eine Antenne entwickeln, um passend zum Ausmaß und dem Tempo von Change-Prozessen Ihren eigenen Weg zu finden und diesen dann auch konsequent zu gehen. Lassen Sie sich nicht von hohen Chef-Erwartungen oder Beraterparolen irritieren, die Sie in eine übertriebene Gestalterhaltung hineinmanövrieren wollen, ganz nach dem Motto: »Alles ist machbar. Wo ein Wille ist, ist auch ein Weg. Du kannst alles lernen, wenn du nur willst.« Fehlt nur noch: »Tschakka!« Wenn Sie diesem Druck nachgeben, werden Sie zum Opfer des Baumarktprinzips der Personalentwicklung. Die Folge: Sie fühlen sich permanent falsch, weil Sie den Ansprüchen nicht genügen.

Finden Sie Ihren Weg, und lassen Sie nicht nach dem Baumarktprinzip an sich herumbasteln

Alle die Regeln, die Sie bisher gelesen haben, sind Einstellungen im Umgang mit dem Veränderungstempo und dem damit verbundenen Anpassungsdruck. Einstellungen sind wie ein Farbfilter auf einem Kameraobjektiv. Je nachdem, welche Farbe Sie als Filter vorschalten, kommt mal die eine und mal die andere Wellenlänge durch. Genauso verhält es sich auch mit Einstellungen, die dafür sorgen, dass bestimmte Informationen eingeblendet und andere ausgeblendet sind. Normalerweise ist uns aber nicht bewusst, wie uns unsere Einstellungen lenken und leiten. Und damit werden wir zum Spielball unseres eigenen Unterbewussten. Der Trick ist, die Kontrolle zu übernehmen. Wenn Sie bewusst beginnen, Einstellungen zu entwickeln, die Ihnen helfen, mit Veränderungsprozessen gut zurechtzukommen, übernehmen Sie das Steuer und werden auf kurz oder lang mit sich im Einklang sein.

Wie sich das anfühlt, zeigt Bernds Äußerung: »Der Job ist nicht mehr alles für mich. Was soll mir denn schon passieren? Ich verbiege mich nicht.« In dieser Haltung steckt Souveränität und Kraft. Damit will ich nicht sagen, dass Sie Bernds Denkmuster übernehmen. Vielmehr möchte ich Sie ermutigen, Ihre eigenen Einstellungen genauer kennenzulernen und sich darüber klar zu werden, ob diese Sie beschränken oder ob sie Ihnen Kraft, Energie und Freiheit schenken. Denn Einstellungen, die beengen und einschränken, tun uns nicht gut.

Kraftquellen im Change: Was andere über den Wandel denken

Nachdem wir die entscheidenden Schritte im Laufe eines Wandel-Prozesses nun einmal durchexerziert haben, möchte ich Ihnen gern ein paar Impulse geben, welche hilfreichen Einstellungen anderen dabei geholfen haben, mit Change-Prozessen und sogenannten »Brüchen« im Berufsleben besser zurechtzukommen. Die folgenden Beispiele stammen aus Gesprächen, die ich mit Change-Betroffenen geführt habe.

Eine Mitarbeiterin aus der Buchhaltung eines Schutzbekleidungsherstellers, Anfang 50, die schon eine Insolvenz hinter sich und auch im neuen Job schon viel Veränderung erlebt hat, beschreibt sich so: »Ich bin von Haus aus ein optimistischer Mensch. Bei mir ist das Glas immer halbvoll anstatt halbleer. Irgendwie geht es doch immer weiter – auch wenn es in der Firma irgendwann mal nicht mehr weitergehen sollte. Ich finde auch wieder was anderes. Ich bin aber auch Realist genug, um zu wissen, dass es nicht immer nur bergauf gehen kann. Irgendwann kommt in irgendeiner Form wieder mal ein Knall. Und dann muss man aufstehen und weiterlaufen.«

Der Mitarbeiter einer Versicherung nimmt Veränderungen nicht einfach hin: »Wenn eine unerwartete Situation eintritt, gehe ich gern erstmal ins Gespräch. Da kann es dann gern auch zur Sache gehen, sonst bringt das ja nichts. Ich halte mit meiner Meinung dann auch nicht hinterm Berg – selbst wenn ich weiß, dass andere Beteiligte sie vielleicht nicht unbedingt teilen. Genauso muss ich ja auch nicht alles akzeptieren, was mir vorgesetzt wird. Es wäre doch schade, wenn ich mich zurückhalte und dadurch vielleicht manche Chance verwirke. Ich bedaure es immer, wenn andere einfach den Mund halten und nur hinter vorgehaltener Hand jammern.«

Ein Mitarbeiter aus einer Werbeagentur hat schon einige Wechsel in seinem Leben hinter sich, und für ihn ist klar, »dass ich mich nicht für jemanden verbiege. Wenn es klar gegen meine Werte und meine Überzeugungen geht, ist das etwas, was ich nicht mittragen kann.« Da nimmt er lieber in Kauf, zu kündigen und auch mal eine Zeitlang kleine Brötchen zu backen. »Ich habe mal ein halbes Jahr lang als Übergangslösung einen Job als LKW-Fahrer und Packer für ein Möbelhaus gemacht. Das war eine tolle Erfahrung. Ich glaube, das war eine der schönsten Zeiten meines Berufslebens, obwohl es schwere körperliche Arbeit war. Ganz anders als in der Agentur – und allein das hat es schon spannend gemacht.« Sein Motto: »Bei jeder Veränderung bleibt immer was Positives hängen. Jede Veränderung bringt was Tolles mit sich.« Diese Fokussierung auf das Gute, Schöne hat er im Laufe seiner Karriere immer weiter vertieft.

Eine Angestellte, die schon Jahrzehnte in der Industrie arbeitet und die ganze Bandbreite von Change und Umstrukturierungen hinter sich hat, hat ebenfalls ihre eigene Maxime entwickelt: »Hinterher fühlt es sich in der Regel besser an als vorher. Der Prozess ist immer hart. Man weiß ja vorher nicht, wie es ausgeht.« Doch die Ungewissheit ist für sie nicht so schlimm, weil sie einen Rat ihres ersten Chefs verinnerlicht hat: »Ihr müsst im Grunde eure Kündigung immer in der Tasche haben. Das macht euch innerlich frei.« Seitdem hat sie immer einen Plan B in der Tasche. Sie weiß jederzeit, was sie tun würde, wenn sie morgen ihren aktuellen Job verlieren würde. »Der Plan B schenkt mir Freiheit. Denn wenn ich mich abhängig von den Bewegungen des Unternehmens mache, fühlt sich das nicht gut an.«

Schließlich möchte ich noch die Haltung einer Mitarbeiterin aus der Lohn- und Gehaltsabrechnung erwähnen, die ebenfalls schon einige Umstrukturierungen, Aufgabenerweiterungen und

Auslagerungen durchgestanden hat: »Ich lebe die Einstellung, es kommt, wie es kommen soll.« Bei dieser Haltung schwingt eine Art höherer Sinn oder eine höhere Macht mit, die sie akzeptiert. Und das nimmt ihr den Druck.

Wenn Sie die verschiedenen Aussagen all dieser Menschen betrachten, dann wird deutlich, dass es nicht die eine zwingende Haltung in Change-Prozessen gibt. Wie unterschiedliche Menschen ein und denselben Change wahrnehmen, hängt von ihrer inneren Einstellung ab. Dem einen hilft eine Art Glaube, dem anderen positive Erfahrungen, und wieder anderen ein konkreter Plan. Sie haben also – wie bei der Kamera – die Wahl, welchen Filter Sie vorschalten.

Doch was sagt die Forschung zu der Frage, welche Kompetenzen Menschen helfen, Change zu bewältigen? Bevor wir die Antworten darauf beleuchten, betrachten wir zunächst einmal, welche Eigenschaften es sind, die uns im Change schaden, wenn wir sie nicht kontrollieren.

Vier Eigenschaften, die Change blockieren

Wenn wir über »die Persönlichkeit« eines Menschen sprechen, unterstellen wir dabei, dass es bestimmte Eigenschaften in uns gibt, die relativ stabil sind und zu charakteristischen Verhaltensweisen führen. In der Persönlichkeitspsychologie gibt es eine Vielzahl von Sichtweisen, wie und in welchem Alter sich unsere Persönlichkeit ausprägt und irgendwann auch fixiert hat. Auf ähnliche Weise wird der Einfluss genetischer Faktoren oder Umwelteinflüsse auf die Persönlichkeitsentwicklung betrachtet. Für den Umgang mit Change bedeutsam ist vor allem die Frage, inwiefern sich bestimmte Persönlichkeitsmerkmale noch verändern lassen oder ob Sie lernen müssen, damit zu leben.

Es gibt einen Forscher, der sich speziell mit der Frage aus-einandergesetzt hat, warum manche Menschen Abwehr gegen-über Veränderung zeigen, auch wenn sie davon im Prinzip keine Nachteile haben. Laut Shaul Oreg von der Hebrew University of Jerusalem ist der Grund für blockierendes Verhalten eine spezielle Persönlichkeitseigenschaft, die sich aus vier Faktoren zusammensetzt. Diese lauten:

- Bedürfnis nach Routine,
- emotionale Reaktionsweise,
- Kurzzeit-Denken und
- geistige Rigidität.[147]

Was bedeuten nun diese Aspekte im Detail? Und was heißt es für Sie, wenn Sie sich in dieser Beschreibung wiederfinden?

Bedürfnis nach Routine: Es gibt Menschen, für die Routine und Stabilität besonders wichtig sind. Sie brauchen keine Abwechs-lung und Veränderung. Vielmehr geht es ihnen am besten, wenn sie in ihren gewohnten Bahnen bleiben können.

Ich muss bei diesem Faktor immer an jemanden denken, der jeden Tag auf dem gleichen Weg in sein Büro fährt. Sich immer zur gleichen Zeit eine Tasse Kaffee holt. Bei dem die Stifte stets an derselben Stelle liegen und bei dem man die Uhr danach stel-len kann, wann er Feierabend macht. Wenn Sie bei so jemandem die Blume auf dem Schreibtisch von links nach rechts stellen, ist Holland in Not. Und das meine ich nicht spöttisch, sondern mit aller Ernsthaftigkeit. Dieser Mensch mag keine Überraschungen oder Änderungen. Sie fügen ihm Leid zu.

Emotionale Reaktionsweise: Dieser Aspekt beschreibt, wie Men-schen darauf reagieren, wenn sie mit einem Change-Prozess kon-frontiert werden. Sie geraten dann in Anspannung und Stress.

Um zu verstehen, wie sich das genau ausdrückt, können Sie sich am besten die Situation vor Augen führen, wie ein Geschäftsführer Umstrukturierungen ankündigt. Menschen mit diesem Reaktionsmuster würden sofort das Schlimmste denken. Sie wären überfordert. Ihr Blutdruck würde in ungeahnte Höhen schießen. Sie kämen aus dem Gleichgewicht. Sie würden sich sofort auf der Abschussliste sehen und in ihrer Vorstellung bereits unter der Brücke hausen.

Kurzzeit-Denken: Dieser Faktor fasst zusammen, dass sich Ihr Blick sofort auf die unbequemen bzw. nachteiligen Effekte einer Veränderung richtet, selbst wenn sie langfristig gesehen Vorteile mit sich bringt. Das hat viel damit zu tun, dass Menschen, auf die das zutrifft, nicht so gut mit den ganzen Anpassungserfordernissen zurechtkommen, die der Wandel kurzfristig mit sich bringt. Sei es ein Mehr an Arbeit oder die Notwendigkeit, sich in neue Aufgaben und Prozesse hineinzudenken oder etwas Neues dazuzulernen. Ihnen ist das alles einfach zu viel.

Nehmen wir als Beispiel die »Elektronische Akte«, die im Zuge der Digitalisierung gerade viele Firmen einführen. Am Ende vereinfacht sie die Prozesse, doch am Anfang müssen Sie sich von der gewohnten Arbeit mit Papier lösen und dazu notwendige Software-Programme lernen. Wer so tickt, sieht nur den Berg an Arbeit, der mit der Umstellung einhergeht. Es fällt diesen Menschen schwer, diese Phase als Durchgangsstadium zu sehen und sich mit dem Nutzen, der dann kommt, bei Laune zu halten.

Geistige Rigidität: Hierbei geht es um eine starre Sicht auf die Dinge. Sie verbleiben in Ihrem Weltbild, auch wenn es gute Gründe gibt, sich davon zu lösen. Man könnte es eine Art Engstirnigkeit oder auch geistige Unbeweglichkeit nennen, die dafür sorgt, dass neue Impulse nicht durchdringen.

Mit dieser Rigidität habe ich auch immer mal wieder in meiner Arbeit als Trainer zu tun. Der Trend zu demokratischer, weniger hierarchischer Führung etwa fördert diese Eigenschaft bei vielen Menschen zu Tage. Immer wieder gibt es Teilnehmer, die jahrelang autoritär geführt haben und darauf beharren, dass es anders nicht geht. Mit der neuen Führung auf Augenhöhe, befürchten sie, würden ihnen die Mitarbeiter auf der Nase herumtanzen. Diese Menschen sind auch nicht empfänglich dafür, dass es anderen Kollegen durchaus gelingt, sich in Richtung des neuen Führungsstils zu verändern und trotzdem als Respektperson anerkannt zu sein.

Falls Sie sich in einem oder mehreren der genannten Faktoren wiedererkannt haben, können wir davon ausgehen, dass Sie im Grunde eine tiefe Abneigung gegen Change haben. Wenn Sie es dabei einfach bewenden lassen, ist das Thema Change für Sie von vornherein durch: Geht nicht, mach ich nicht, will ich nicht. Und damit tun Sie sich natürlich keinen Gefallen. Die Forscherin Sarah Turgut und ihre Kollegen von der Universität Heidelberg haben im Rahmen einer Studie festgestellt, dass Persönlichkeiten mit diesen Facetten ein hohes Risiko für emotionale Erschöpfung in sich tragen – also anfällig für einen Burnout sind. Ihnen hilft es natürlich nicht, sich dem Change einfach zu verweigern, denn Change ist heute unausweichlich. Dieses Risiko betrifft den »normalen« Mitarbeiter noch stärker als Führungskräfte. Letztere sind nach Feststellung der Studienautoren trotz höherer Anforderungen und Verantwortung weniger betroffen, weil sie selbst aktiv in die Veränderungsprozesse eingebunden sind. Dadurch empfinden sie sich nicht so sehr als Spielball wie die Mitarbeiter, die üblicherweise weniger informiert und eingebunden sind.[148]

Wenn Sie zu dieser Gruppe von Menschen gehören, fällt Ihnen der Change vielleicht besonders schwer. Doch natürlich wollen auch Sie nicht sehenden Auges in die emotionale Erschöpfung steuern. Was können Sie tun?

Zunächst einmal ist es wichtig, dass Sie Ihr »Handicap« kennen. Dann können Sie Ihre Reaktionen nämlich besser einordnen. Sie wissen, dass Sie einfach auf diese spezielle Weise »ticken«. Entlasten Sie sich. Gewiss spüren Sie sowieso, wie schwer Sie sich tun – jetzt haben Sie eine Erklärung dafür. Change fällt Ihnen einfach nur schwerer als anderen. Und mit dieser Erkenntnis können Sie aktiv arbeiten.

Entlasten Sie sich: Sie ticken bei Change einfach anders

Was können Sie noch tun?

Ein neuer Mensch werden Sie gewiss nicht. Doch auch Sie haben die Chance zur Persönlichkeitsentwicklung – Ihr Leben ist nicht zementiert. Machen Sie sich das klar.

Oft ist der Grund für eine rigide Haltung Angst. Sie fühlen sich nicht mehr als Frau oder Herr der Lage. Das ist ein Merkmal der Opferhaltung. Sie haben Angst, sich auf andere Blickwinkel einzulassen, die vielleicht am eigenen Selbstbild rütteln und eine Auseinandersetzung mit sich selbst erfordern. Die Verweigerung ist im Grund also eine Art Selbstschutz.

Auch wenn es schwerfällt: Befassen Sie sich mit diesem Gefühl der Angst. Das fällt Ihnen leichter, wenn Sie die positive Funktion Ihrer Angst sehen: Sie will Sie schützen.

Stellen Sie sich vor, die Angst wäre ein kleines Kind. Was würden Sie mit einem Kind machen, das zu Ihnen kommt und sagt: »Ich habe Angst«? Wahrscheinlich würden Sie das Kind beruhigen. Auf Ihren Schoß setzen. Und Sie würden Fragen stellen wie: Wovor hast du eigentlich Angst? Was hat die Angst ausgelöst? Sie würden versuchen, diffuse, nicht greifbare Ängste zu konkretisieren, um so Lösungen dafür zu finden.

Wie bei diesem Kind ist es auch mit der Change-Angst: Sie machen innerlich zu und verschließen sich für andere Meinungen und Sichtweisen, solange Sie in der diffusen Angst verbleiben. Fragen Sie sich: Wovor fürchte ich mich genau? Was jagt mir Angst ein? Womit bin ich überfordert? Warum mache ich dicht?

Ihre eigenen Antworten darauf mögen erst einmal vage ausfallen: »Ich habe Angst, weil ich nicht weiß, was aus mir wird.« In diesem Fall fragen Sie freundlich bei sich nach: Was ist das Schlimmste, das dir passieren kann? Wie schnell wird das deiner Meinung nach passieren? Was ängstigt dich daran besonders?« Je ehrlicher und konkreter Sie mit sich selbst sind, umso besser finden Sie Ansatzpunkte, um mit Ihren Ängsten umzugehen. Und wenn Sie selbst nicht weiterwissen, fragen Sie andere um Rat oder suchen sich professionelle Hilfe. Wenn es Ihnen wirklich schlechtgeht, können das psychologische Knowhow und die Erfahrung eines Profis Ihnen mögliche Sackgassen und Irrwege ersparen. Es ist nicht einfach, eigene Ängste zu analysieren und abzubauen. Doch das heißt nicht, dass Sie diesem Prozess ausweichen dürfen. Nehmen Sie die Angst ernst. Stellen Sie sich ihr. Nur dadurch verliert sie ihren Schrecken.

Falls Sie zu denen gehören, denen schon bei der Vorstellung, zu einem Psychologen zu gehen, mulmig wird, sind Sie in breiter Gesellschaft. In unserer Gesellschaft ist es ganz normal, den Klempner zu holen, wenn Sie einen Rohrbruch haben, einen Juristen zu konsultieren, wenn Sie Stress mit dem Vermieter haben, zur Werkstatt zu fahren, wenn Ihr Auto seine Marotten hat, oder zum Arzt zu gehen, wenn Sie körperlich krank sind. Nur eines ist nicht normal: sich von einem Psychologen beraten zu lassen und Unterstützung zu holen, der sich als Spezialist mit Themen wie Umgang mit Ängsten oder Konflikten auskennt.

Ich gebe zu, es ist leichter, über einen quietschenden Keilriemen zu sprechen als über Ängste. Doch genau deshalb ist es eben kein Zeichen von Schwäche, sich seinen Ängsten mit oder ohne professionelle Unterstützung zu stellen. Vielmehr ist es ein Hinweis, dass Sie die Gestalterhaltung eingenommen haben.

Stellen Sie sich Ihrer Angst, damit Sie konstruktive Bewältigungsstrategien entwickeln können

Sie können also eine ganze Menge tun, wenn der Change zuschlägt und Ihnen zu schaffen macht.

Alles beginnt damit, dass Sie auf sich selbst hören und sich nicht in den Opfer-Modus hineinziehen lassen. Die Technik des Gedankenstopps und der Blick aus der Vogelperspektive vom Kirchturm helfen Ihnen, Abstand zum Change-Geschehen herzustellen und dadurch besser Ihren Weg zu finden. Ihre persönlichen Werte sind dabei der Kompass im Change-Sturm.

Machen Sie sich klar, welch wichtigen Einfluss Ihre Einstellungen im Umgang mit Change Prozessen haben. Hilfreich sind Einstellungen, die Energien freisetzen und Optionen eröffnen helfen. Diese Einstellungen können ganz unterschiedlich sein, wie die Beispiele anderer Change-Betroffener zeigen. Der gemeinsame Nenner aller diese Einstellungen ist die Gestalterhaltung.

Und schlussendlich sind Sie auch Persönlichkeitsmerkmalen, die bei Veränderungen hinderlich sind, nicht hilflos ausgeliefert. Ins Gestalten kommen Sie, indem Sie sich mit Ihren dahinterliegenden Ängsten auseinandersetzen und Bewältigungsstrategien entwickeln.

Zusammengefasst sind Ihre Einstellungen das A und O eines erfolgreichen Umgangs mit dem zunehmenden Change-Tempo. Daher möchte ich Ihnen nun vier Einstellungen vorstellen, die eine Art Schutzfaktor bei Change-Prozessen darstellen. Der Forscher Shaul Oreg und seine Kollegen haben diese Eigenschaften durch die Auswertung von 79 Studien aus fast 60 Jahren psychologischer Forschung identifiziert – sie sind wissenschaftlich also bestens belegt. Und ich bin sicher: Sie werden auch Ihnen eine Stütze sein.

Vier Einstellungen, die beim Change helfen

Wenn Sie gleich die Essenz aus allen Studien lesen, werden Sie merken, wie sich langsam der Kreis schließt. Die gefundenen Einstellungen runden nämlich das Bild der Gestalterhaltung ab, das in diesem Buch immer wieder zentral war. Zur Erinnerung: Gestalter glauben, auch in schwierigen Situationen etwas bewirken zu können. Sie schauen auf ihre Einflussmöglichkeiten. Sie überlegen, was sie selbst aktiv tun können, um ihre Lage positiv zu beeinflussen. Sie sind optimistisch, dass es Lösungswege gibt.

Die folgenden vier Einstellungen haben die Forscher als Bestandteile der Gestalterhaltung identifiziert:

- Internale Kontrollüberzeugung,
- Selbstwirksamkeit,
- Optimismus und
- proaktives Handeln.

Fangen wir mit der internalen Kontrollüberzeugung an. Wer über diese Eigenschaft verfügt, ist der Meinung, dass er die Ereignisse in seinem Leben beeinflussen kann. Er fühlt sich selbst für sein Schicksal verantwortlich. Für diese Menschen gilt das Sprichwort: Jeder ist seines Glückes Schmied. Das Gegenstück dazu ist eine externale Kontrollüberzeugung. In diesem Fall glauben Sie, dass äußere Umstände, andere Menschen und höhere Mächte oder Zufälle die Ursache für alles sind, was Ihnen widerfährt.

Die Forschung zeigt, dass Menschen mit einer internalen Kontrollüberzeugung weniger psychische Beschwerden haben, zufriedener im Job sind und auch besser mit der Unsicherheit zurechtkommen, die sich ergibt, wenn sie sich an neue Situationen anpassen müssen. In Summe fühlen sie sich wohler und sind weniger gestresst. Und das liegt daran, dass sie glauben, Einfluss nehmen zu können. Das ist ein wesentlicher Schutzfaktor der Psyche im Zuge von Veränderungen.

Das Spannende daran ist: Es geht dabei nicht einmal um objektive Kontrolle. Vielmehr reicht der persönliche, subjektive Eindruck, Herr der Lage zu sein.

Solch eine Kontrollüberzeugung entwickelt sich, genauso wie die anderen Einstellungen, durch eigene Lebenserfahrungen, Vorbilder und Erziehung. Das heißt, wenn Sie sich heute eher als Spielball sehen und den Eindruck haben, Sie könnten nichts an ihrer Situation ändern und müssten alles hinnehmen, dann besteht der wichtigste Schritt für Sie darin, bewusst nach Ihren Einflussmöglichkeiten Ausschau zu halten. Hilfreich ist auch, andere Menschen zu fragen, wie sie Ihren Einfluss in der jeweiligen Situation einschätzen.

Wie bereits dargestellt, gibt es mehr Einflussmöglichkeiten, als wir im ersten Moment denken. Oft beschränken wir uns selbst, nach dem Motto: Das kann ich doch nicht machen. Oder: Das geht doch nicht. Durch dieses Wenn und Aber verbauen wir uns unsere eigenen Einflussmöglichkeiten. Wenn wir erst einmal anfangen, darüber nachzudenken, kommen wir früher oder später darauf, welche Optionen im Verborgenen schlummern, die wir nur nicht gesehen haben oder nicht zu denken wagten.

Wie viel und welchen Einfluss können Sie nehmen,
um im Change-Tempo gut zurechtzukommen?
Mit welchen Einstellungen schränken Sie sich ein?

Die zweite Haltung betrifft die eigene Selbstwirksamkeit. Sie vertrauen auf sich und ihre Fähigkeiten und glauben, mögliche Hindernisse und Schwierigkeiten aufgrund Ihrer eigenen Fähigkeiten überwinden zu können. Diese Einstellung hilft Menschen den Studien zufolge dabei, sich auf Change-Prozesse besser einlassen und Veränderungen leichter annehmen zu können. Auch sind sie besser in der Lage, sich an neue Anforderungen anzupassen.

In Change-Prozessen läuft selten alles rund. Selbstwirksame Menschen halten sich trotz Schlingern auf Kurs, indem sie sich den Sinn und das Ziel eines Veränderungsprozesses vergegenwärtigen. Deshalb nehmen sie auftretende Schwierigkeiten nicht so tragisch und können sich auch damit abfinden, dass es manchmal etwas dauert, bis sie mit neuen Anforderungen zurechtkommen. Sie glauben weiter daran: Ich schaffe das schon.

Vertrauen in sich selbst entsteht durch positive Erfahrungen. Sie können Ihr Selbstwirksamkeitsempfinden trainieren, indem Sie bewusst registrieren, was Ihnen alles gut gelingt und welche Veränderungen Sie in der Vergangenheit schon bewältigt haben. So wird Ihnen der Pool Ihrer Fähigkeiten deutlich. Das gibt Ihnen Kraft und Handlungsenergie.

Was ist der Pool an Fähigkeiten, den Sie in sich tragen?
Wo und wie können Sie diesen beim Change-Tempo nutzen?

Die dritte Haltung betrifft den Optimismus. Menschen mit einer positiven Grundstimmung sind offener für betriebliche Veränderungsprozesse und tun sich leichter, die damit verbundenen Anforderungen zu bewältigen. Demgegenüber erwarten pessimistische Menschen eher negative Auswirkungen durch den Change, stehen unter stärkerer Anspannung in ihrem Job und zeigen psychische Beschwerden.[149]

Die jahrzehntelange Optimismus-Forschung von Martin

Seligman hat gezeigt: Optimismus bedeutet keineswegs, mit rosaroter Brille durch die Welt zu laufen und sich alles schönzureden. Vielmehr ist für Optimisten kennzeichnend, dass sie negative Erlebnisse und Erfahrungen als etwas einordnen, was zwar mal passiert, aber kein grundsätzliches Problem darstellt.[150,151] Wenn ein Optimist zum Beispiel im Rahmen eines Change-Prozesses seinen Job verliert, dann würde er das als etwas Punktuelles ansehen und sagen: Ich habe hier nicht mehr reingepasst. Das heißt aber nicht, dass ich schlecht bin. Der Optimist denkt also im Grundsatz, dass es für ihn im Leben schon gut laufen wird.

Der Pessimist würde eher sagen: Immer passiert mir so etwas. Die hatten mich eh auf dem Kieker. Jedes Ereignis bestätigt ihn in der Haltung, dass er es grundsätzlich schwer im Leben hat. Ständig erwartet er Frustration, Benachteiligung und Fehlschläge. Das Problem des Pessimisten ist, dass er generalisiert und die guten und hoffnungsstiftenden Informationen ausblendet. Er weist ein starkes Schwarzweiß-Denken auf. Und bezieht auch fälschlicherweise alles auf sich selbst. Es gelingt ihm nicht, die Welt differenziert wahrzunehmen und damit auch sein persönliches Selbstwertgefühl in einem guten Zustand zu halten.

Optimismus hängt übrigens eng mit dem eigenen Kontroll- und Selbstwirksamkeitserleben zusammen. Denn wenn Sie an Ihren Einfluss und an Ihre Fähigkeiten glauben, können Sie auch hoffnungsvoller mit schwierigen Situationen umgehen.

Suchen Sie gezielt nach positiven Sichtweisen auf negative Change-Erfahrungen, um Ihren Optimismus zu stärken

Ausgehend von neueren Befunden hat Shaul Oreg in seiner eigenen Forschung einen vierten bedeutenden Aspekt ausfindig gemacht: Proaktivität. Typischerweise werden Mitarbeiter in

Firmen als Opfer gesehen, weil sie von der Firmenleitung einen Veränderungsprozess verordnet bekommen und gezwungenermaßen darauf reagieren müssen.

Menschen mit einer proaktiven Change-Haltung warten gerade nicht passiv ab, was mit ihnen geschieht. Sie starten von sich aus Handlungen, die ihnen und ihrem Unternehmen bei der Bewältigung der Veränderung helfen. Sie gehen los und beschaffen sich fehlende Informationen, versuchen Feedback zu bekommen, wie sich ihre Arbeitsrolle ändert, oder schauen schon mal, welche Fähigkeiten sie unter den neuen Bedingungen benötigen und wie Sie diese entwickeln können. Sie ergreifen also die Initiative, denken zukunftsgerichtet und versuchen die Situation zu verbessern.

Die proaktive Haltung hat zur Folge, dass Chefs diese Mitarbeiter positiv wahrnehmen und ihnen mehr Lob und Unterstützung geben. Manchmal kann es aber auch sein, dass Vorgesetzte davon genervt sind. Es gilt hier also das richtige Maß zu finden und den eigenen Chef nicht rechts zu überholen.[152,153,154] Proaktiv zu handeln heißt nicht, sich in ein besseres Licht zu rücken, sondern lösungsorientiert ins Handeln zu kommen.

Was können Sie proaktiv tun, um das Change-Tempo besser zu meistern?

Im Zusammenspiel nehmen die vier erwähnten Haltungen großen Einfluss darauf, wie Sie auf einen Change-Prozess reagieren und wie Sie damit zurechtkommen. Wenn Sie sich also auf Ihre Einflussmöglichkeiten und Ihre Fähigkeiten besinnen und in optimistischer und proaktiver Haltung Ihren Weg bahnen, kommen Sie mit Kraft und Energie ins Handeln. Und damit sind Sie nicht mehr in einer Opfer- oder Gefangenenhaltung, sondern im Gestalter-Modus.

Sie können also durchaus lernen, nützliche Haltungen im

Umgang mit Change-Prozessen einzunehmen. Erwarten Sie aber bitte nicht, dass Sie bei schwierigen Change-Situationen ab sofort mit einem Fingerschnipp in diese Haltungen umschalten können. Die grundlegende Veränderung von Einstellungen ist meistens ein längerer Prozess. Es lohnt sich aber auf jeden Fall für Sie, daran zu arbeiten: Der Change wird einen großen Teil seines Schreckens verlieren.

Es gibt allerdings ein tückisches Denkmuster, das Ihre Bemühungen boykottieren kann, wenn Sie ihm ahnungslos auf den Leim gehen: das sogenannte »False-Hope-Syndrom«. Nach meiner Einschätzung ist das False-Hope-Syndrom ein zentraler Grund, warum Experten zufolge zwischen 60 und 70 Prozent aller Change-Prozesse scheitern.[155] Wenn Sie es kennen, können Sie besser verstehen, warum Change manchmal so holprig abläuft, und können sich vor überzogenen Erwartungen schützen.

Vorsicht Falle: Das False-Hope-Syndrom

Im Eifer der ganzen betrieblichen Veränderungsprozesse blenden Unternehmen gern das Kleingedruckte in den Allgemeinen Geschäftsbedingungen des Gehirns aus: Veränderung und damit der Umbau von Nervenzell-Verschaltungen kostet Zeit und Kraft.

Viele Geschäftsführungen würden liebend gern die Gesetze der kleinen grauen Zellen außer Kraft setzen. Veränderung soll nämlich schnell gehen. Super schnell. Und wenn es vor lauter Schnelligkeit dann nicht klappt, wird gleich der nächste Change-Prozess aufgesetzt, damit es endlich vorwärtsgeht. Und wenn es dann wieder nicht klappt, gleich nochmal von vorn …

Wenn Mitarbeiter das erleben, liegt es natürlich nahe, die Schuld bei der Führung zu suchen – und oft mag das zumindest teilweise auch stimmen. Doch wenn wir ehrlich sind, haben die meisten von uns diesen Wunsch eigentlich auch. Am liebsten hätten wir Lernen und Veränderung auf Knopfdruck, wenn es denn schon sein muss. Nicht nur die Führung, auch wir selbst sind im Change oft ungeduldig.

Und von diesem Wunschtraum der schnellen Veränderung lebt eine ganze Industrie von Weiterbildnern und Beratern, die Ihnen das Blaue vom Himmel versprechen. Doch der Reihe nach.

Die Psychologen Janet Polivy und Peter Herman von der Universität Toronto haben für falsche Hoffnungen darüber, wie Veränderung funktioniert, den Begriff »False-Hope-Syndrom« geprägt.[156,157] Paradoxerweise ist dieses Denkmuster von unrealistischen Erwartungen auch gleichzeitig der Grund, warum wir uns überhaupt auf ein Veränderungsziel einlassen: Wir hoffen, dass dadurch alles besser wird, und das schnell. Nur leider erfüllt Change diese Erwartung nicht immer. Oft verlieren wir vielmehr Zeit, Geld und Nerven, ohne dass sich etwas zum Positiven ändert.

Ich möchte Ihnen an einem Beispiel zeigen, welche falschen Hoffnungen oder Erwartungshaltungen das False-Hope-Syndrom ausmachen. Am Anfang steht immer ein Veränderungsthema.

Peter aus dem Einkauf hat durch eine Umstrukturierung mehr Verantwortung bekommen und muss künftig mit wichtigen Lieferanten verhandeln. Er wird daran gemessen, wie gut er es schafft, Kosten im Unternehmen einzusparen. Sein Bonus hängt davon ab. Also sucht ihm die Personalentwicklung ein Seminar zum Thema Verhandlung heraus.

Typisch in dieser Phase ist nach Polivy und Herman, dass Menschen eine Veränderung mit hohen Erwartungen und großen Hoffnungen beginnen. Hier gibt es vier ganz spezifische unrealistische Erwartungen: Diese betreffen

- den Nutzen,
- das Ausmaß,
- das Tempo und
- die Leichtigkeit der *Veränderung.*

Je wichtiger ein Veränderungsziel ist, desto bunter malen sich Menschen den Nutzen und das Ausmaß des gewünschten Ergebnisses aus.

Herr Müller schwelgt schon in Gedanken an seinen Bonus. Von dem Seminar erwartet er sich Tricks und Kniffe, mit denen er die härtesten Gesprächspartner am Verhandlungstisch knacken kann. Er sieht sich im Geiste schon feilschen wie Dagobert Duck. Endlich wird er sich die Urlaube leisten können, die ihm bisher versagt waren. Vielleicht wird er sogar Chef-Einkäufer. Change muss nicht immer schlecht sein, denkt er.

Die Erwartungen schießen also oft in den Himmel. Doch damit nicht genug: Darüber hinaus glauben Menschen an diesem Punkt oft auch, dass die gewünschte Veränderung einfach und schnell geht. Seminaranbieter machen sich diese Wunschträume durch schillernde Ausschreibungen zunutze: »Lernen Sie an nur einem Tag, richtig zu verhandeln.«

Bullshit – wenn Sie sich klarmachen, dass Gewohnheiten in unserem Gehirn stabile Datenautobahnen sind. Diese gut trainierte Verdrahtung im Oberstübchen lösen Sie nicht mal eben durch einen Tag Seminar auf. Ein neues Verhaltensmuster im Gehirn zu bahnen, ist etwa so, als wenn Sie mit der Machete einen Pfad durch den Amazonas-Dschungel schlagen: harte Arbeit. Und wenn Sie nicht dranbleiben, wächst alles schnell wieder zu. Doch die Botschaft »einfach und schnell« ist Wasser auf die Mühle der Hoffenden. Darauf baut die Weiterbildungsindustrie ihr ganzes Marketing auf. Machen Sie sich mal den Spaß, und lesen Sie bewusst die Titel und Beschreibungen von Seminaren, Ratgeber-Büchern oder Selbstlernmedien zu Veränderungsthemen. Da steht nie in fetten Lettern: dauert Zeit, ist mühsam, und Sie haben Millimeterarbeit vor sich. Denn wenn ein Coach das schreiben würde, wäre er bald pleite.

Die False-Hope-Botschaften fallen auf guten Nährboden. Das zeigt sich daran, wie oft Unternehmen ihre Mitarbeiter zu ein- oder zweitägigen Seminaren und Trainings schicken. Die sind nämlich mit über 60 Prozent das beliebteste Weiterbildungsformat, und die Schulung sozialer Kompetenzen wie Führung, Teambildung, Kommunikation, Konfliktmanagement, Verkauf oder Selbstführung ist das Top-Thema. Das belegen die Ergebnisse der ManagerSeminare-Trendstudie Weiterbildungsszene Deutschland [158]2015. Die Studie zeigt auch einen Trend zur Verkürzung der Seminar- und Trainingsdauer auf. Rund 17 Prozent der Trainings sind bereits kürzer als einen Tag. Das Prinzip »quick and dirty« greift in der Weiterbildung um sich wie eine Grippeepidemie.

Glauben Sie bloß nicht diesen Quatsch. Auch wenn Sie in Change-Not sind und enormen Druck spüren, schnell in neue Aufgaben und Rollen hineinzuwachsen: Veränderung ist immer ein Prozess. Und jeder, der Ihnen etwas anderes vorgaukelt, macht Ihnen etwas vor. Sie können nicht mit der Brechzangel Ihre Gehirnwindungen neu verlegen wie ein Sanitärinstallateur die Rohre im Badezimmer.

Die rosarote False-Hope-Brille hat gravierende Folgen. Auch wenn es vielleicht sogar anfänglich kleine Fortschritte bei Veränderungsbemühungen gibt – der Misserfolg kommt bestimmt.

Einkäufer Müller nimmt sich zwar nach dem Seminar noch vor, seinen Verhandlungspartnern mehr Fragen zu stellen, um deren Position zu ergründen, wie er es in dem eintägigen Seminar gelernt hat. Auch will er sich auf Gespräche schriftlich vorbereiten, sodass er eine klare Strategie vor Augen hat. Und er will für sich Minimal- und Maximalziele definieren, damit er bessere Verhandlungsspielräume bekommt.

Mit diesen guten Vorsätzen kehrt er zurück in seinen Arbeitsalltag. In der ersten Woche bekommt er es noch hin, sich die Zeit für die Gesprächsvorbereitung zu nehmen. Doch sein Arbeitsalltag ist eng getaktet. Und so schleicht sich nach und nach die Gewohnheit ein, dass er sich nur noch kurz vor dem Verhandlungsgespräch ein paar Gedanken macht. Schließlich fällt auch das noch weg, und er geht wieder wie eh und je weitgehend unvorbereitet in den Gesprächstermin hinein.

Im Gespräch stellt er anfangs zwar ein paar Fragen, merkt aber nicht, dass er an der Oberfläche bleibt und zu schnell in die eigene Argumentation kommt. Er bräuchte Feedback, um das zu erkennen und sich zu verbessern. So denkt er: Ich habe doch Fragen gestellt, warum bin ich nicht erfolgreicher? Also lässt er das Fragenstellen bald wieder sein.

Hinzu kommt, dass er zwischendurch recht dominante Verhandlungspartner am Tisch hat. Er müsste die Gesprächsführung übernehmen, erinnert sich auch noch an das Rollenspiel im Seminar hierzu – aber irgendwie kommt er nicht so richtig zum Zug. Er macht sich selbst Vorwürfe, weil er die Umsetzung des Gelernten nicht schafft.

Auf kurz oder lang flachen Müllers Vorsätze ab. Er fällt zunehmend wieder in sein altes Muster zurück. Und nach gar nicht langer Zeit ist wieder alles beim Alten. Gepaart mit Enttäuschung und einem angeschlagenen Selbstwertgefühl.

Hinterher finden sich immer alle möglichen Erklärungen, warum eine Veränderung nicht funktioniert hat: Die einen klagen über fehlende Selbstdisziplin. Andere wiederum geben dem Trainer die Schuld, dessen Training anscheinend nicht praxistauglich war. Das Lieblingsargument aber ist die fehlende Zeit im Tagesgeschäft. All diese Erklärungen tragen erheblich dazu bei, dass wir uns auf immer neue Veränderungen einlassen, oft immer und immer wieder zum selben Thema. Wieder ein Seminar buchen, noch ein Buch lesen. Eine Schleife nach der anderen drehen. Zeit verlieren. Geld verbrennen. Nur eines tun wir nicht, solange wir im False-Hope-Syndrom gefangen sind: der Tatsache ins Auge sehen, dass unsere falschen Erwartungen der Fehler im System sind.

Stellen wir uns einmal vor, die Geschäftsführungen und mit ihnen die Personalentwicklung im Unternehmen würden aufhören, nach dem False-Hope-Prinzip zu arbeiten. Was würde dann passieren?

Einkäufer Müller schlägt die Seminarbeschreibung auf und liest: »Sie wollen lernen, besser zu verhandeln? Dann richten Sie sich auf einen Trainingsprozess von mindestens einem Jahr ein. Es wird für Sie anstrengend werden. Denn Sie werden viel üben und Zeit aufwenden müssen.«

Müllers Gefühlsbarometer würde in den höchsten Tönen Unlust funken. Genau der gleiche Nullbock wie bei meinem Sohn angesichts eines Hausaufgaben-Bergs. Sein Chef wäre mit ziemlicher Sicherheit auch nicht gerade begeistert. Denn Müller soll ja arbeiten und nicht büffeln. So tickt sie nun mal, die betriebswirtschaftlich geprägte Geschäftsführung: »Das kostet uns alles zu viel Zeit und Ressourcen. Das muss doch auch viel schneller gehen!«

Und genau an diesem Punkt prallen die Fronten aufeinander. Weil nicht sein kann, was nicht sein darf. Wir wollen keine Zeit investieren – und werden für diese Haltung mit Lern- und Veränderungsprozessen belohnt, die tatsächlich keine Zeit brauchen, aber auch nicht wirklich funktionieren. Da beißt sich also die Katze in den Schwanz. Und dabei dreht sie sich so schnell, dass sie den Schwanz kaum noch sieht. Mir ist schon ganz schwummrig im Kopf.

Lassen Sie sich diesen Irrsinn mal auf der Zunge zergehen: Was interessieren uns die Arbeitsweise des Gehirns oder die Gesetze der Lern- und Veränderungspsychologie! Diese Haltung ist genauso unrealistisch wie irgendein anderes Naturgesetz außer Kraft setzen zu wollen. Beim Gravitationsgesetz käme doch keiner auf den Gedanken, die Physik aushebeln zu wollen, nur weil das wünschenswert wäre – weil wir wissen, dass es nicht geht. Aber bei den Gesetzen von Lernen und Veränderung sehen wir das flexibel. Und die Personalentwicklung macht fröhlich mit. Als wären unsere Unternehmen mit Superhelden bevölkert, für die keine Naturgesetze gelten.

Das False-Hope-Syndrom hält sich mit einer Hartnäckigkeit in den Unternehmen wie die Nacktschnecken auf den Salatköpfen in unserem Garten. Dagegen ist kein Kraut gewachsen. Das Schlimme daran ist: Bei all den Maßnahmen, die in falscher Hoffnung auf die Mitarbeiter losgelassen werden, kommt wenig bis gar nichts heraus. Als würden Sie nur einen Krümel Schne-

ckenkorn auf das ganze Beet streuen. Da wächst der Nacktschne-
cke vor Lachen ein Häuschen.

Deshalb möchte ich zwei dringende Warnungen an Sie richten.

Erstens: Lassen Sie sich keine False-Hope-Erwartungen von
Ihrem Unternehmen überstülpen. Wenn Ihnen jemand in schil-
lernden Farben erzählt, wie Sie schnell und einfach und mit dicken Erfolgen durch einen Change-Prozess kommen werden,
sollten bei Ihnen die Alarmglocken läuten, dass der Klöppel
abfällt. Wenn Sie sich nämlich in dieses Fahrwasser begeben,
können Sie nur verlieren. Das Ergebnis wird sein, dass Sie in
die Opferhaltung kommen, weil Sie den Anforderungen ja nicht
genügen können.

Zweitens: Seien Sie geduldig mit sich selbst, wenn Sie die
Impulse anwenden, die ich Ihnen in diesem Buch gegeben habe.
Geben Sie sich Zeit, in kleinen Schritten die erwähnte Gestalterhaltung zu entwickeln. Freuen Sie sich über jeden kleinen
Umsetzungserfolg, und halten Sie sich immer wieder vor Augen,
was Sie schon erreicht haben. Dann kommen Sie auch vorwärts
und behalten Ihre Motivation. Und wenn es mal völlig stockt,
geben Sie nicht auf, sondern holen Sie sich Unterstützung – echte Unterstützung.

Nach all dem, was Sie bisher erfahren haben, sind Sie für das
Change-Tempo theoretisch schon ganz gut gerüstet. Doch ein
entscheidender Baustein fehlt noch. Denn ich bin Ihnen noch die
Antwort auf die Kernfrage dieses Buches schuldig: Wie viel Veränderung hält ein Mensch überhaupt aus?

Das Modell der Veränderungsbalance

Sie können es drehen und wenden, wie Sie wollen: Irgendwann ist bei jedem der Punkt erreicht, an dem zu viele Veränderungen in zu kurzer Zeit in Überforderung umschlagen oder auch das Ausmaß eines einzelnen Change-Prozesses zu viel wird – oder beides auf einmal.

Doch wie erkennen Sie diesen Punkt? Woher wissen Sie, ob bei Ihnen noch alles im grünen Bereich ist oder ob Sie schon auf dem Weg zum Change-Zombie sind?

Mein Modell der Veränderungsbalance bietet Ihnen Orientierung, wenn Sie den Wald vor lauter Bäumen nicht mehr sehen. Es stellt die Zusammenhänge zwischen einzelnen Change-Faktoren dar und zeigt auf, unter welchen Bedingungen Change psychisch und körperlich krank macht. Der Nutzen für Sie besteht darin, dass Sie auf der Basis des Modells bewusst entscheiden können, ob geforderte Anpassungen für Sie noch im machbar sind – oder ob Sie im Sinne der Gestalterhaltung aktiv werden müssen, um Schaden von sich abzuwenden.

Doch nicht nur für Sie als Change-Betroffenen kann das Modell ein wertvoller Gradmesser sein. Mein Wunsch ist, dass nicht nur die Mitarbeiter, sondern auch die Change-Verantwortlichen – wie Management, Vorgesetzte und die Personalentwicklung – dieses Modell nutzen. Denn es kann ihnen dabei helfen, Change-Prozesse so zu gestalten, dass die Beschäftigten in den Firmen in einer gesunden Veränderungsbalance bleiben. Denn das würde den Unternehmen letztlich genauso guttun wie den Mitarbeitern persönlich. Denn die Folgen von Veränderungen, die aus der Balance geraten, sind auch für die Unternehmen und letztlich für den Wirtschaftsstandort deutlich verheerend.

Die folgende Grafik gibt einen visuellen Überblick über die Funktionsweise des Modells:

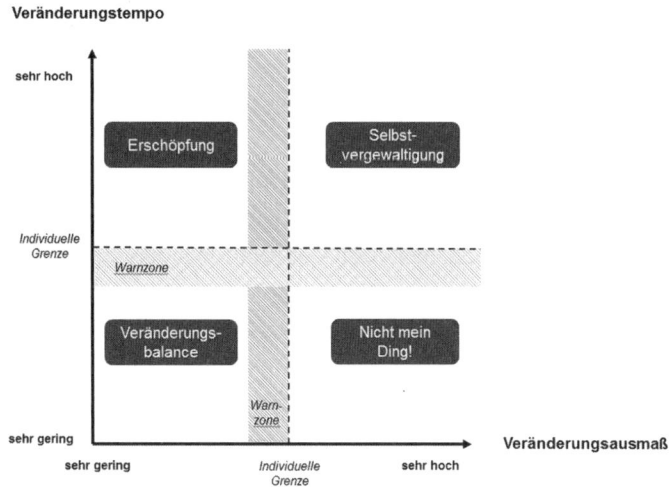

Abbildung: Modell der Veränderungsbalance

Wann nutzen Sie das Modell der Veränderungsbalance?

Wie die Geschichten in diesem Buch gezeigt haben, gibt es immer einen klar identifizierbaren Zeitpunkt, zu dem klar ist, dass ein betrieblicher Change-Prozess in Gang kommt. Meist sind die Details an diesem Punkt noch diffus, doch Sie wissen: Da rollt etwas auf Sie zu.

Betrachten Sie das Modell wie ein Frühwarnsystem. Wenn Sie zum Beispiel in einer Gegend leben, wo Erdbeben passieren können, richten Sie sich idealerweise auch auf einen solchen Ernstfall ein. Sie spielen durch, wie Sie in bestimmten Szenarien am besten reagieren – wohin Sie gehen, was Sie tun müssen, was Sie brauchen. Genauso ist es bei Change-Prozessen. Sie können davon ausgehen, dass mit zunehmender Größe eines Veränderungsprozesses auch entsprechende Auswirkungen auf Sie entstehen.

Hierbei hilft Ihnen die proaktive Haltung. Schätzen Sie mit Hilfe des Modells Ihre Lage ein. Machen Sie sich Gedanken darüber, welche Anpassungserfordernisse im schlechtesten Fall auf Sie zukommen könnten und was das für Sie und Ihr Handeln bedeutet.

Proaktiv sein – Worst-Case-Szenario durchdenken

Früher oder später gibt es Klarheit, in welcher Form Sie sich im Rahmen eines Change-Prozesses verändern müssen. Dann dient Ihnen das Modell dazu, Ihre aktuelle Situation genau zu beleuchten und daraus Schlüsse zu ziehen. Das macht nicht nur zu Beginn eines Change-Prozesses Sinn, sondern auch immer wieder zwischendurch. Machen Sie einen Boxenstopp wie die Autorennfahrer. Fahren Sie mental rechts ran, und prüfen Sie die Lage. Denn die kann sich im Laufe eines Change-Prozesses immer wieder ändern und Ihre anfängliche Einschätzung überholen. Das Modell ist dann wie ein Barometer, mit dem Sie bewusst im Blick halten können, ob die Großwetterlage noch gut für Sie ist.

Boxenstopps einlegen – Modell als Barometer nehmen

Alles in allem bietet das Modell Ihnen eine Reflexionsfläche, um sich im Change jederzeit bewusst zu steuern. Demnach ist es auch ein Tool für die Gestalterhaltung.

Wie nutzen Sie das Modell der Veränderungsbalance?
Im ersten Schritt schauen Sie auf die senkrechte Achse an der »Veränderungstempo« steht. Fragen Sie sich dann:

- Wie viel Tempo erlebe ich gerade?
- Was macht das Tempo genau aus?
- In welchem zeitlichen Abstand muss ich mich auf Veränderungen einstellen?

- Wie schnell wird von mir eine Anpassung an diese Veränderung erwartet?
- Inwiefern ist das Tempo bereits so hoch, dass es mich belastet bzw. grenzwertig ist?

Durch diese Fragen bekommen Sie Klarheit darüber, wie Sie das Tempo wahrnehmen – von sehr gering bis sehr hoch. Hören Sie genau in sich hinein, inwiefern es ein Tempo ist, mit dem Sie noch gut zurechtkommen oder in welchem Ausmaß Sie davon überfordert sind. Entwickeln Sie ein Gespür dafür, woran Sie bei sich selbst merken, dass Sie aus dem »grünen Bereich« in die »Warnzone« übertreten.

Diese Warnzone ist vergleichbar mit dem Übergang vom Strand zum Wasser an einem Meer. Haben Sie gerade erst die erste Zehe im Wasser, stehen Sie schon mit dem ganzen Fuß drin, oder schwappt Ihnen das Wasser bereits bis über die Knie? Die Warnzone beschreibt den Bereich, wo Sie innerlich spüren, dass etwas nicht mehr passt. Hier können auch schon leichte psychische oder körperliche Symptome vorhanden sein, wie ich sie im Zusammenhang mit Anpassungsstörungen in Kapitel 3 beschrieben habe – etwa Verspannungen, Kopfschmerzen, Konzentrationsschwierigkeiten oder erhöhte Reizbarkeit.

Unterschätzen Sie bei der Selbsteinschätzung Ihre Beschwerden nicht: Was Ihnen schnell erscheint, mag manch anderer als gemächlich betrachten, oder umgekehrt – doch es geht hier nur um Sie. Es gibt keine einheitliche Grenze, an der man festmachen könnte, wann die Situation bedrohlich wird; die Reaktionen von Körper und Psyche sind individuell verschieden. Wenn Sie leiden, leiden Sie – auch wenn Ihre Kollegen es vielleicht noch gelassen nehmen.

Falls Sie zu dem Schluss kommen, dass Sie sich noch außerhalb der Warnzone befinden, stellen Sie sich folgende Fragen:

- Was müsste passieren, damit ich mich der Warnzone oder meiner inneren Grenze bedrohlich nähere?
- Inwiefern sind diese Ereignisse zu erwarten? Denn wenn Sie diese Aspekte kennen, können Sie frühzeitig überlegen, wie Sie wirkungsvoll dagegensteuern können.

Sind Sie bereits in der Warnzone angekommen, fragen Sie sich:

- Wie lange befinde ich mich eigentlich schon in diesem Bereich?
- Ist es nur kurzfristig und vorübergehend oder bereits ein Dauerzustand, der vermutlich auch länger anhalten wird?

Falls Sie bereits in Ihrer Warnzone weit vorangeschritten sind, also deutlich ein unangenehm hohes Veränderungstempo wahrnehmen, kommen Sie zunehmend an Ihre individuelle Grenze. Ihnen steht das Wasser quasi schon bis zum Hals. Die Balance, in der Sie sich vor dem Change befanden, fängt merklich an zu kippen. Sie spüren das Ungleichgewicht und Ihren individuellen Mix an psychischen oder körperlichen Folgen sehr klar.

Wenn Sie diese innere Grenze erreicht haben oder sogar schon darüber gegangen sind, fragen Sie sich:

- Wie weit bin ich bereits darüber gegangen?
- Wie lange währt der Zustand schon?
- Welche Auswirkungen merke ich an mir selbst genau?
- Was wird passieren, wenn ich in diesem Zustand bleibe?

Alle diese Fragen zielen darauf ab, dass Sie Ihre Situation genau analysieren und das Bedrohlichkeitspotential bewusst einschätzen. Denn dann können Sie viel gezielter überlegen, mit welchen Handlungen Sie sich wieder in den grünen Bereich zurückbewegen können, in dem das Change-Tempo für Sie ohne negative Auswirkungen auf Gesundheit, Wohlbefinden, Motivation und Leistungsfähigkeit ist.

Zeichnen Sie nun ein Kreuz auf der senkrechten Achse der Grafik ein, wo für Sie das gefühlte Ausmaß an Veränderungstempo liegt, in dem Sie sich derzeit befinden.

Im zweiten Schritt betrachten Sie die waagerechte Achse des Modells, an der »Veränderungsausmaß« steht. Stellen Sie sich dann die folgenden Fragen:

- Wie viel neues Wissen muss ich lernen?
- Wie stark muss ich dafür eigene Werte oder Einstellungen verändern? Wie tiefgreifend sind diese Änderungen? Berühren mich diese in meiner Persönlichkeit, meiner Erziehung, meiner eigenen Biographie?
- Wie viele neue Fertigkeiten muss ich lernen?
- Inwiefern habe ich die erforderlichen neuen Fähigkeiten als Potential in mir? Oder sind Fähigkeiten gefragt, über die ich nur in schwacher Ausprägung verfüge?
- Inwiefern kann ich mir vorstellen, die nötigen Fähigkeiten für die neuen Aufgaben zu entwickeln? Werden diese neuen Aufgaben mir Spaß machen, oder werde ich mich ständig dazu zwingen oder sogar innerlich verbiegen müssen?
- Wie groß ist das Ausmaß an Veränderung aufgrund der Rahmenbedingungen (etwa Standortwechsel, Pendelzeiten)? Sind diese für mich tragbar?

Mit Hilfe dieser Fragen wird Ihnen bewusst, ob die geforderte Anpassungsleistung gefühlt machbar ist und auch zu Ihnen als Mensch passt. Schätzen Sie ein, inwiefern der Veränderungsaufwand ein Ausmaß hat, das sich in Ihrer persönlichen Warnzone befindet, oder sogar bereits jenseits Ihren inneren Grenze liegt.

Wie beim ersten Schritt gehen Sie nun die folgenden Fragen durch, um Ihre Situation genauer zu beleuchten:

- Sie sind außerhalb der Warnzone: Was müsste passieren, damit ich mich der Warnzone oder meiner Grenze bedrohlich nähere? Inwiefern sind diese Ereignisse zu erwarten?
- Sie sind schon in der Warnzone: Wie lange schon? Ist es nur kurzfristig oder bereits ein Dauerzustand, der vermutlich auch länger anhalten wird?
- Sie sind bereits über Ihrer Grenze: Wie lange bin ich schon darüber? Wie wirkt sich das bereits spürbar auf mich aus? Was wird passieren, wenn ich darin verbleibe?

Machen Sie dieses Mal ein Kreuz auf der waagerechten Achse der Grafik, wie Sie das gefühlte Ausmaß der Veränderung zwischen den Polen sehr gering bis sehr hoch einschätzen.

Im dritten Schritt schauen Sie sich nun ihre beiden Einschätzungen für »Veränderungstempo« und »Veränderungsausmaß« in Kombination an. Sie haben ein Kreuz auf die jeweiligen Achsen gesetzt und können nun feststellen, in welchem der vier Quadranten sich die beiden Linien treffen, die Sie von dem jeweiligen Kreuz ausgehend einzeichnen.

- *Veränderungsbalance:* In diesem Feld sind Veränderungstempo und -Ausmaß auf einem angemessenen Level. Sie können die Anpassungsanforderungen, die Ihnen begegnen, gut meistern. Ihnen geht es gut dabei.
- *Erschöpfung:* In dem Feld ist zwar das, was Sie an neuem Wissen oder Fertigkeiten lernen sollen, grundsätzlich machbar und entspricht auch Ihrem Potential, nur ist das alles in der zur Verfügung stehenden Zeit eine Überforderung. Es kommt zu viel auf einmal auf Sie zu, oder die

Erwartungen Ihrer Vorgesetzten sind zu hoch – möglicherweise aufgrund der beschriebenen False-Hope-Problematik. Aus einer zu schnellen Anpassung entsteht Stress. Mit zunehmender Dauer resultieren daraus Erschöpfung oder auch ein Kollaps. Wenn Sie also zu lange in dieser Weise auf der Überholspur der Veränderung bleiben, wird irgendwann einfach Ihr Akku leer sein.

- *Nicht mein Ding!* Hier liegt der Fokus darauf, dass Sie eine Anpassungsleistung bringen müssen, die nicht im Bereich Ihrer Stärken liegt. Sie müssen also etwas leisten, was Sie im Grundsatz nicht gut beherrschen und auch nicht gern machen. Obwohl das Veränderungstempo in diesem Feld eher gemäßigt ist und Sie damit auch Zeit für Schulungen und Übungen haben, kommen Sie nicht auf ein angemessenes Leistungsniveau. Es ist so ähnlich, als wenn Sie einen Klimmzug machen und merken, Sie kommen mit dem Kinn einfach nicht bis zur Stange ran. Sie haben das Gefühl, die Tätigkeit passt nicht zu Ihnen. Es macht einfach keinen Spaß. Sie fühlen sich deplatziert und falsch. Weil Sie trotz Anstrengung und grundsätzlicher Veränderungsbereitschaft nicht so richtig vorwärtskommen, entstehen Selbstzweifel, und die Motivation sinkt auch. Falls dann noch mögliche neue Tätigkeiten gegen Ihre inneren Werte und Einstellungen verstoßen, kommt auch noch das Gefühl hinzu, dass Sie sich verbiegen müssen.

- *Selbstvergewaltigung:* Dieses Feld ist besonders kritisch, da Sie nicht nur angesichts des Change-Tempos auf dem Zahnfleisch kriechen, sondern Sie auch neue Werte, Einstellungen und Fertigkeiten lernen müssen, die Ihnen nicht im Blut liegen oder Ihnen sogar innerlich gegen den Strich gehen. Diesen Zustand kann eigentlich niemand unbeschadet lange aushalten, da der innere Konflikt, den diese Situation beinhaltet, sehr groß ist. Daher ist auch in diesem

Feld das Spektrum an verschiedenen Stresserkrankungen bzw. Anpassungsstörungen die Folge – möglicherweise auch bereits in fortgeschrittener Ausprägung. Wenn dann noch zu allem Überfluss eine übereifrige Personalentwicklung im Spiel ist, regiert das Baumarkt-Prinzip in seiner schlimmsten Form. Sie sind in Gefahr!

Mit dem Modell der Veränderungsbalance haben Sie nun ein Werkzeug in der Hand, mit dem Sie sich im Change jederzeit bewusst einschätzen und steuern können. Das ist ein großer Vorteil. Denn die meisten Menschen reagieren rein intuitiv; wie wir bereits festgehalten haben, ist das nicht immer der beste Weg. Nutzen Sie das Modell von nun an, um Change-Prozesse kritisch zu reflektieren und die Auswirkungen auf sich im Blick zu behalten. Und seien Sie dabei vor allem ehrlich zu sich selbst!

Und vielleicht denkt nun der eine oder andere von Ihnen: Warum ist es eigentlich an mir, mich darum zu kümmern? Hat nicht meine Firma die Verpflichtung, sich um mich als Mitarbeiter zu kümmern? Gibt es da nicht so etwas wie eine Fürsorgepflicht? Und was ist denn eigentlich mit dem ganzen Gerede um die soziale Verantwortung der Firmen?

Warum sollten Unternehmen ihre Mitarbeiter kaputtverändern wollen?

Ich werde diesen Film in meinem Kopf nicht los. Er handelt von The Big Boss. Einem kernigen Manager, der in seinem strahlend weißen Hemd unter feinem schwarzem Zwirn in seinem Büro sitzt, aus dem Fenster auf die prächtige Skyline schaut und gedankenverloren an seinem Kaffee nippt.

Dann regt sich etwas in ihm. Er greift zum Hörer: »Frau Kaiser, kommen Sie mal bitte zu mir rein.« Binnen Sekunden öffnet sich die Tür, und seine zierliche, diensteifrige Assistentin huscht herein. Unter dem Arm trägt sie ein flaches schwarzes Notebook.

»Sagen Sie mal, Frau Kaiser, wie stehen denn die Zahlen?«

Ihr Finger wandert über den Bildschirm des Notebooks, das sie zwischenzeitlich aufgeklappt hat. »Gute Nachricht, Herr Bodenhöfer. In der letzten Woche haben wir uns um zehn Prozent gesteigert.«

The Big Boss nickt ihr zu: »Bravo. Zehn Prozent mehr an Change-Kaputten. Das muss uns erstmal einer nachmachen!« Wir werden immer besser, denkt er bei sich. In diesem Jahr erreiche ich meine Ziele endlich. Letztes Jahr haben die alle mehr ausgehalten, als ich dachte. Endlich greifen die Verbesserungsmaßnahmen.

Seine Assistentin fügt mit strahlender Miene hinzu: »Die Umstrukturierung im Vertrieb hat tatsächlich voll durchgeschlagen. Die Mitarbeiter haben sich auf der Change-Kurve selbst überschlagen. Die neue Strategie hat sie an den Anschlag geführt. In der Hitliste der Change-Kaputten haben wir momentan drei Spitzenreiter, die um den ersten Platz kämpfen.«

»Perfekt. Ein voller Erfolg. Das feudale Wellnesshotel als Prämie hat sich eigentlich jeder von denen verdient. Mal schauen, wer das Rennen um den Premium-Platz in der Reha-Klinik ›Zur ruhigen Linde‹ gewinnt. Tolle Location, sage ich Ihnen. Alles vom Feinsten. Wer da reinkommt, kommt nie wieder raus.« Bodenhöfer ist fast etwas gerührt angesichts dieser erfreulichen Entwicklung im Vertrieb.

Jetzt braucht er aber auch mal ein bisschen Lob. »Na, wie habe ich das gemacht, Frau Kaiser?« Triumphierend dreht er sich mit seinem Chefsessel einmal um die eigene Achse. Seine Augen leuchten wie die eines kleinen Kindes, das zum ersten Mal einen Kuchen aus Sand aus dem Förmchen gedrückt hat.

»Ganz große Klasse!«, ruft Frau Kaiser begeistert. »Und die letzte Aktion – das war schon ein Geniestreich, dass Sie gleich drei Umstrukturierungen in einer Woche auf den Weg gebracht haben, die sich auch noch gegenseitig widersprechen. Und wie Sie dann noch den Firmenteil nach Polen ausgelagert haben. So völlig überraschend. Zack, einfach so aus der Hüfte raus. Sie wussten genau, wie Sie die Produktion an ihrer empfindlichsten Stelle treffen konnten.«

»Chirurgisch präzise, wenn ich so sagen darf. Ein sauberer Schnitt. Ich wundere mich nur, dass unser Einkauf noch nicht langzeitkrank ist, nachdem ich denen jede Woche einen neuen Chef vorgesetzt habe. Bei denen muss doch auch mal was anschlagen. Die sind ja schlimmer als resistente Keime.«

In dem Moment klopft es von außen an der dunklen Nussbaum-Tür.

»Ist Besuch angekündigt?« Die Assistentin schüttelt den Kopf, geht zur Tür und öffnet. Zwei Männer im dunklen Jackett kommen herein, ohne auf eine Aufforderung zu warten, und fragen The Big Boss: »Sind Sie Herr Bodenhöfer?«

»Ja. Und wer sind Sie?«

»Maurer und Kohler. Psychiatrie. Ihr Betriebsrat schickt uns.«

»Geht es dem Einkauf jetzt auf einmal so schlecht?«, wundert sich The Big Boss mit dem Anflug eines hoffnungsvollen Lächelns.

»Nein. Schlecht geht es hier wohl eher Ihnen«, sagt einer der beiden breitschultrigen Männer in väterlichem Tonfall. »Kommen Sie bitte mit.«

»Wieso? Was habe ich denn?«

»Sie leiden ganz offensichtlich am Change-Wahnsinn.«

So, Spaß beiseite: So läuft das bei Ihnen doch wohl nicht wirklich ab, oder, liebe Geschäftsführer und Vorstände? Sie haben doch nicht ernsthaft eine Kennzahl für Change-Kaputte in Ihrem Management-Cockpit und wetten mit anderen Chefs beim Golf, wer bis nächsten Monat mehr Leute kaputtkriegt?

Das kann ich mir nicht vorstellen. Aber stellen Sie sich dafür mal das vor: Von außen wirkt der Change-Wahnsinn auf die

Mitarbeiter manchmal genauso wie in dieser Szene. Haben Sie sich mal die Frage gestellt, wie viele Mitarbeiter Sie mit Ihren Change-Prozessen täglich, monatlich, jährlich aus ihrer Veränderungsbalance schießen und teilweise sogar krankmachen?

Nein? Nicht so direkt?

Dann ist es höchste Zeit, wenn Sie nicht die ganzen negativen Folgen des zunehmenden Veränderungstempos an Ihrem Unternehmen ausprobieren wollen, von denen Sie in diesem Buch lesen konnten. Denn ich habe mir die Geschichten – mit Ausnahme der Reise im verrückten Flugzeug und der Geschichte von Herrn Bodenhöfer – nicht ausgedacht. Sie stammen von echten Change-Betroffenen. Das alles ist real. Das alles geschieht jeden Tag in deutschen Unternehmen. Die Wahrscheinlichkeit, dass ausgerechnet Ihre Mitarbeiter allesamt vollständig davon verschont bleiben, ist denkbar gering. Es sei denn natürlich, bei Ihnen gibt es keinen Change. Und wie wahrscheinlich ist das denn?

Weitaus wahrscheinlicher ist, dass Sie selbst auch irgendwie darunter leiden. Unter dem Change selbst – oder darunter zu beobachten, was er mit manchen Ihrer Mitarbeiter macht.

Ich möchte Sie zu einer einfachen, aber wirkungsvollen Denksportaufgabe einladen. Vielleicht wird sie Ihre Haltung zu Change-Prozessen verändern – und vielleicht auch deren Umsetzung in Ihrem Unternehmen. Nehmen Sie sich bitte ein Blatt DIN-A4-Papier. Malen Sie darauf einen großen Kreis. Und in den Kreis malen Sie für jeden Mitarbeiter, der Ihrer direkten Verantwortung unterstellt ist (in Ihrem Fall also: alles Führungskräfte), einen kleinen Kreis. Nachdem Sie nun ganz viele kleine Kreise in dem großen Kreis haben, sieht das Ganze fast so ähnlich aus wie ein löchriger Schweizer Käse.

Jetzt nehmen Sie sich mein Modell der Veränderungsbalance vor und notieren in jeden Kreis, ob dieser Mitarbeiter sich Ihrer Einschätzung nach angesichts des aktuellen Change-Prozesses im Quadranten »Veränderungsbalance«, »Erschöpfung«, »Nicht mein Ding!« oder »Selbstvergewaltigung« befindet. Notieren Sie auch gleich mit, ob sich Ihr Mitarbeiter Ihrer Beobachtung nach bereits in einem Warnzonenbereich befindet oder sich eventuell sogar jenseits der inneren Schmerzgrenze aufhält.

Sprechen Sie dann mit Ihren Mitarbeitern über das Modell und auch über Ihre Einschätzung. Ermutigen Sie sie zum ehrlichen Austausch. Machen Sie Ihnen Mut, offen zu sein. Denn was nützt es Ihnen, wenn Ihnen ihre besten Leute eines schönen Morgens mit dem Hubschrauber weggeflogen werden – als gefallene Change-Helden.

Fangen Sie an, in den Dialog mit Ihren Mitarbeitern zu gehen. Finden Sie heraus, was es braucht, damit Ihre Leute trotz Marktdruck und nötigem Change-Tempo in Veränderungsbalance bleiben können. Warten Sie nicht zu lange damit. Denn irgendwo rutscht vielleicht genau in diesem Moment wieder einer Ihrer Leute in die Warnzone – oder darüber hinaus.

Und dann bitten Sie Ihre Führungskräfte, genau denselben Prozess mit ihren Mitarbeitern durchzuführen – und immer so weiter, bis zur untersten Hierarchiestufe. Bis für jeden Mitarbeiter klar ist, in welchem Quadranten des Modells er sich befindet und was er braucht, um in Balance zu sein. Auf dass er motiviert und leistungsfreudig seinen Beitrag zum Unternehmenserfolg einbringen und Veränderungsprozesse auch mitgehen kann. Denn das ist es doch schließlich, was Sie sich von Ihren Mitarbeitern wünschen – oder?

Vor meinem geistigen Auge entsteht gerade ein neuer Film. Und in dem geht es um gesundheitsorientierte Change-Prozesse. Um Menschen, die Power für Veränderung haben, weil sich verantwortungsvolle Geschäftsführer und Vorstände für jeden Einzelnen und dessen Veränderungsbalance starkmachen. Nicht aus Altruismus, sondern im Sinne des Unternehmens als Ganzem, als lebendem und atmendem Organismus.

Denn ich kann mir wirklich nicht vorstellen, dass Sie Ihr Unternehmen kaputtverändern wollen.

Natürlich ist mir klar, dass Change-Prozesse nicht immer bilderbuchmäßig ablaufen können. Natürlich geht es nicht ohne Stolpersteine und anstrengende Phasen. Natürlich ist die Veränderung der Märkte auch für Ihr Unternehmen kein Spaziergang über den Ponyhof. Aber Sie können einen Schritt in Richtung einer gesundheitsorientierten Change-Kultur machen, von dem alle profitieren – denn sonst können Sie sich irgendwann auch den Change gleich ganz sparen, weil es nichts mehr zu verändern gibt.

Versprechen Sie mir nur eines: Denken Sie einmal darüber nach.

Warten Sie nicht auf Ihre Firma

In der Veränderungspsychologie gibt es einen weisen Satz: Du kannst andere nicht verändern, sondern nur dich selbst.

Und das ist mein letzter Rat an Sie in diesem Buch: Warten Sie nicht darauf, dass Ihre Firma anfängt, sich Gedanken über Sie zu machen. Natürlich wünsche ich mir für Sie, dass mein Appell ein Umdenken auslöst. Doch eine Garantie gibt es nicht.

Schlussendlich ist auch das ein eigenständiger Veränderungsprozess, wenn ein Unternehmen eine Kultur aufbaut, in der gesundheitsorientierte Change-Prozesse gelebt werden, um beim ständigen Wandel leistungsstark und erfolgreich mitzuhalten. Und wie wir mehrfach festgehalten haben, braucht Veränderung nun mal Zeit. Umso mehr Zeit ist nötig, wenn große Gruppen von Menschen betroffen sind. Hinzu kommt: Damit solche Kulturveränderungen gelingen, braucht es starke Befürworter. Was nötig ist, damit sich im großen Maßstab etwas tut, ist, dass mächtige Fürsprecher auf der Management-Ebene nicht nur über eine neue Welt sprechen, sondern auch ihr eigenes Interesse daran entdecken und genug Durchhaltevermögen besitzen, um die Veränderungen durchzusetzen, die das nach sich zieht.

Wenn Sie gleich das Buch zuklappen, können Sie sicher sein, dass ich auf allen mir zugänglichen Ebenen versuche, für dieses neue Denken der Veränderungsbalance ein Bewusstsein zu schaffen. Denn dieses Buch soll nicht nur den Millionen Change-Betroffenen eine Stimme geben. Ich möchte damit auch aktiv die Botschaft in die Welt tragen, dass es möglich ist, das zunehmende Change-Tempo auf gesunde Weise zu managen. Ich wünsche mir, dass wir alle gemeinsam die Gestalterhaltung einnehmen und an Lösungen arbeiten.

Ich hoffe, es ist mir gelungen, Ihnen Mut zu machen. Sie müssen nicht zum Spielball des Change-Wahnsinns werden. Sie können etwas tun, um nicht in der Mühle des Veränderungstempos zermahlen zu werden. Alles beginnt damit, dass Sie selbst auf sich achten und für sich die Verantwortung übernehmen. Wenn Ihr Unternehmen Sie dabei unterstützt, umso besser. Doch verlassen Sie sich nicht darauf. Übernehmen Sie selbst das Ruder.

Sie wissen nun, dass es anderen ebenso geht wie Ihnen – und vielleicht noch schlimmer. Niemand möchte kaputtverändert werden. Das eint uns.

Ich wünsche Ihnen, dass Sie mit den Impulsen aus den Geschichten in diesem Buch und den Tipps aus der Psychologie Ihren persönlichen, gut ausbalancierten Weg im Change-Tempo finden. Nehmen Sie nicht hin, was Sie kaputtmacht. Halten Sie sich immer vor Augen: Jenseits aller Zwänge ist es am Ende immer Ihre Wahl, wie offen Sie für Impulse sind, in welche Richtung Sie sich verändern und was Sie für sich selbst aus Veränderungen machen. Nur Sie allein können auf Ihre persönliche Veränderungsbalance achten. Das kann Ihnen niemand abnehmen.

Diese Verantwortung für sich zu übernehmen, ist nicht immer einfach. Doch es lohnt sich. Das zeigen mir die Begegnungen mit all den Menschen, die mir viele Jahre lang und auch für dieses Buch ihre persönlichen Change-Geschichten erzählt haben und heute in Veränderungsbalance sind.

Nun ist es an Ihnen. Sie schaffen das!

Und wenn es für Sie wirklich ganz übel kommt und Sie keine Hoffnung mehr haben, dass Ihr Unternehmen nach dem nächsten Wandel noch ein Ort sein wird, an dem Sie den Großteil Ihrer wachen Zeit verbringen wollen oder können: Kein Job ist alternativlos. Auch das haben die Geschichten in diesem Buch bewiesen. Ziehen Sie selbstbewusst Ihre persönliche rote Linie, und haben Sie Ihre Exit-Strategie stets in der Tasche. Denn wenn gar nichts mehr geht, bleibt Ihnen als letzte Option immer noch der Befreiungsschlag: Change mich am Arsch!

Nachwort

»Ein Mann, der Herrn K. lange nicht gesehen hatte, begrüßte ihn mit den Worten: ›Sie haben sich gar nicht verändert!‹ ›Oh‹, sagte Herr K. und erbleichte.«[159]

Als Brecht diese Parabel über Herrn Keuner schrieb – irgendwann zwischen 1930 und 1956 –, war das Wort Change-Management noch nicht in aller Munde und kein Gespenst, das in Organisationen Angst verbreitete. Herrn Keuner beängstigte eher das Gegenteil: der Stillstand. Wachsen, reifen, sich entwickeln, das gelingt nur lebendigen Organismen, und es sind Synonyme für Veränderung. Insofern bedeutet sich nicht zu verändern nicht zu leben. Diese Erkenntnis scheint sich dem erbleichenden Herrn Keuner spontan aufzudrängen. Veränderung ist also lebensnotwendig. Auch für Organisationen?

Organisationen ähneln in gewisser Weise Organismen: Sie interagieren mit ihrer Umwelt, bestehen aus Untereinheiten mit spezifischen Aufgaben, und ihre Lebensdauer ist begrenzt. Denken Sie an Nokia. Im Jahr 2007 produzierte Nokia mehr als die Hälfte der weltweit verkauften Mobiltelefone; der Marktanteil von Apple betrug zu diesem Zeitpunkt fünf Prozent.[160] Wenn Sie also damals ein Handy besaßen, war es mit großer Wahrscheinlichkeit von Nokia; Ihr heutiges ist es mit noch größerer Wahrscheinlichkeit nicht. Das Beispiel zeigt viele Dinge auf, von denen in diesem Buch die Rede ist: Die Fähigkeit von Unternehmen, sich heute zu verändern, anzupassen, innovativ zu sein, entscheidet darüber, ob sie morgen noch existieren.

Diese Einsicht hätte auch Herr Keuner schon formulieren können. Neu ist, dass »heute« und »morgen« mittlerweile fast wörtlich zu verstehen sind. Da Organisationen heute auf globalisierten Märkten bestehen müssen, hat sich der Druck, innovativ zu sein, exponentiell verstärkt. Dieser Druck bedeutet Stress, denn die Anforderungen scheinen unablässig zu wachsen und größer zu sein als die zur Verfügung stehenden Ressourcen. Bei den Nokia-Managern löste dieser Druck nagende Angst aus: Aus Archivmaterial und Gesprächen mit damaligen Mitarbeitern lässt sich belegen, dass Angst irgendwann das vorherrschende Gefühl bei Nokia wurde, nur hatten die unterschiedlichen Personengruppen innerhalb des Unternehmens Angst vor unterschiedlichen Dingen.[161] Das Topmanagement geriet zunehmend in Panik angesichts der erstarkenden Konkurrenz von Apple und verstärkte deshalb den Druck auf das Management der unteren Ebenen. Im Gegenzug steigerte sich dort die Angst vor dem Topmanagement, weil man sich nicht traute, der Führung die Wahrheit zu sagen: dass Nokia es trotz aller Anstrengungen nicht schaffen würde, im Wettlauf gegen Apple zu gewinnen, weil die Technologie von Nokia zu veraltet war.

Erschwerend kam hinzu, dass dem Topmanagement die notwendigen technischen Kenntnisse fehlten, um die Botschaften des mittleren Managements richtig zu deuten. Die Aufmerksamkeit der obersten Führungsebene richtete sich also nach außen, die Aufmerksamkeit der unteren Führungsebenen richtete sich auf das Topmanagement, und alle hatten Angst. Der Rest ist Geschichte. Bis 2010 taumelte Nokia, der damalige Mobiltelefon-Gigant, aus diesem Markt heraus, gab die Software-Entwicklung auf und wurde zu einem reinen Hardware-Produzenten.

Viele der in diesem Buch genannten Beispiele erinnern an Nokia: Geschäftsführungen verfallen in hektische Betriebsamkeit auf der Suche nach rettenden Strohhalmen und basteln damit aus Sicht ihrer Mitarbeiter eine Rute, um die Belegschaft anzutreiben. Die Quelle für diesen Aktionismus scheint, ähnlich wie damals bei Nokia, auch Angst zu sein. Angst mobilisiert, bevorzugt zur Flucht. Die Idee von Change-Management ist eine andere: Kreativität und Innovation. Die Emotion, die sich am besten dafür eignet, ist Spaß und Freude.[162] Sogar Ärger kann hilfreich sein, weil er die Motivation erhöht, sich mit einer Sache zu beschäftigen. Angst dagegen forciert den Reflex zu flüchten oder in Schockstarre zu verfallen.

Viele der in diesem Buch beschriebenen Change-Management-Maßnahmen erwecken den Eindruck, als seien sie angstgetriebene Versuche von Geschäftsführungen, das Gefühl von Kontrollverlust zu bekämpfen. Das Privileg der Chefs ist es, Druck nach unten weitergeben können. Das Buch macht jedoch sehr deutlich, dass es letztlich in der Entscheidung jeder und jedes Einzelnen liegt, wie viel Druck sie oder er zu ertragen bereit ist. Sich in die Rolle des Opfers zu ergeben und dort auszuharren, ist langfristig eine Eintrittskarte in die Depression.[163] Axel Koch zeigt eine Reihe von Möglichkeiten auf, um sich selbst davor zu schützen.

Mindestens ebenso wichtig erscheint die andere Frage, die er indirekt aufwirft: Wie kann Change-Management eigentlich gelingen, ohne Arbeitnehmer wie Ballast hin und her zu wuchten oder ganz von Bord zu werfen?

Vor längerer Zeit wurde in den USA ein aufschlussreiches Feldexperiment durchgeführt: In einem Unternehmen mit mehreren Produktionsstandorten mussten aufgrund der schlechten Auftragslage zeitweilig die Gehälter gekürzt und Kurzarbeit eingeführt werden.[164] Als es darum ging, die Belegschaft zu informieren, war das Management bereit, sich auf einen Versuch einzulassen: In einem der betroffenen Werke wurden die Mitarbeiter zusammengerufen und vom stellvertretenden Geschäftsführer kurz und bündig mit den Tatsachen konfrontiert: Gehaltskürzung: 15 Prozent, Zeitdauer: zehn Wochen, Alternative: keine.

In einem zweiten Produktionswerk des Unternehmens entspann sich ein anderes Szenario: Dort wurden die Mitarbeiter zu einer Versammlung mit dem CEO geladen. Dieser nahm sich Zeit, die Situation des Unternehmens und die Entscheidungen der Geschäftsführung zu erklären. Er stand persönlich für Fragen zur Verfügung. Der Verunsicherung der Mitarbeiter begegnete er, indem er Zuversicht signalisierte, dass die Maßnahmen positive Wirkung zeigen würden; dem Ärger der Mitarbeiter begegnete er, indem er sein Bedauern dafür ausdrückte, zu diesen Maßnahmen greifen zu müssen. Das vielleicht wichtigste Signal bestand darin, sich selbst sowie die gesamte Geschäftsführung in die Maßnahmen einzubeziehen und ebenfalls auf 15 Prozent des Gehalts zu verzichten.

In den darauffolgenden Wochen und Monaten wurden in den beiden Werken Mitarbeiter-Befragungen durchgeführt und das Verhalten der Mitarbeiter beobachtet. Insbesondere wurde registriert, wie sich die Diebstahl-Quote entwickelte. Das Ergebnis: In dem Werk, in dem die Mitarbeiter vor vollendete Tatsachen gestellt wurden, ohne dass man ihnen die Beweggründe für die getroffenen Entscheidungen transparent machte, verdreifachte sich die Diebstahl-Quote von drei Prozent auf rund neun Prozent; in dem anderen Werk hingegen erhöhte sie sich ebenfalls, aber deutlich weniger: von drei Prozent auf knapp sechs Prozent. Nachdem die Gehaltskürzungen in beiden Werken aufgehoben waren, näherten sich auch die Diebstahl-Raten in beiden Werken wieder an und kehrten auf das Ausgangsniveau zurück.

Diese Studie zeigt, dass Mitarbeiter bereit sind, Opfer zu bringen, wenn sie mit Respekt behandelt und ihnen die Hintergründe schmerzhafter Maßnahmen erklärt werden. Ist dies nicht der Fall, werden sie nach Wegen suchen, um sich zu entschädigen, sei es durch Diebstahl oder andere für die Organisation kontraproduktive Verhaltensweisen wie Krankschreibung oder »Dienst nach Vorschrift«. Die Studie zeigt darüber hinaus aber auch, dass sich nicht alle Mitarbeiter erreichen lassen und dass manche tatsächlich nicht bereit sind, die Notwendigkeit von Veränderungen anzuerkennen. Führungskräften können diese Mitarbeiter enorme Schwierigkeiten bereiten. In bestimmten Kontexten, wie beispielsweise im öffentlichen Dienst, wo sich aufgrund faktisch unkündbarer Arbeitsverhältnisse Führungskräfte und Mitarbeiter über Jahre und Jahrzehnte hinweg miteinander arrangieren müssen, können Mitarbeiter notwendige Veränderungen förmlich sabotieren. Es gehört zur Wahrheit dazu, auch dies anzusprechen. »Die da oben« sind nicht prinzipiell skrupellos und menschenverachtend – und »die da unten« nicht immer loyal.

Wie können Veränderungsmaßnahmen also gelingen? Die Beispiele in diesem Buch machen deutlich, dass es auch darum geht, die Frage nach dem im Topmanagement vorherrschenden Menschenbild zu klären. Sind Mitarbeiter Ballast oder Ressource? Die Mitarbeiter werden die Antwort kennen, denn auch ohne dass sie in Worte gefasst wird, transportiert sie sich im Verhalten des Managements. Für diese Erkenntnis haben Psychologen den Begriff »Pygmalion-Effekt« geprägt. Zum Beispiel wurden Lehrer über das angebliche Abschneiden ihrer Schüler in einem Intelligenztest informiert, in Wahrheit handelte es sich jedoch um fingierte Testergebnisse.[165] Entscheidend war, dass die Schüler, die die Lehrer für intelligent hielten, nach einiger Zeit tatsächlich bessere Noten erzielten. In einer Art sich selbst erfüllender Prophezeiung hatten die Lehrer dafür gesorgt, dass sich ihre höheren Erwartungen an die angeblich intelligenteren Schüler bewahrheiteten, indem sie sich stärker für sie engagierten, ihnen mehr Zuwendung zuteilwerden ließen und dadurch ihre Leistungen förderten.

Führungskräfte, die ihre Mitarbeiter für kreativ und leistungsstark halten, werden deshalb auf Dauer dafür sorgen, dass diese es tatsächlich sind; zudem werden die Mitarbeiter selbst sich mehr zutrauen und deshalb bessere Arbeit leisten. Diese positive Selbstüberzeugung kann sogar körperliche Leistungsfähigkeit einschließen: Seeleuten, denen man überzeugend versicherte, dass sie nicht seekrank werden würden, wurden es tatsächlich nicht.[166]

Neben der Frage nach der Einstellung zu den Mitarbeitern stellt sich die Frage, wie Führungskräfte mit ihren eigenen Emotionen umgehen. Das Beispiel von Nokia zeigt, wie sehr virulente Ängste das Denken und Handeln bestimmen. Personen, die sich ihrer Emotionen bewusst sind, gelingt es besser, sich nicht blindlings von ihnen leiten zu lassen. Angst wahrzunehmen ist der erste Schritt, sie zu kontrollieren. Mitglieder eines Investment-Clubs, die sich vor einer finanziellen Transaktion ihrer Emotionen bewusst waren, trafen bessere Entscheidungen: Über Wochen hinweg investierten sie jeden Tag im Rahmen eines Börsenspiels in bestimmte Aktien. Bevor sie dies taten, reflektierten sie ihre aktuelle emotionale Verfassung.[167] Je differenzierter sie diese benennen konnten, umso höher ihr Gewinn nach drei Wochen. Es geht also nicht darum, Emotionen zu unterdrücken – sie sind ohnehin da und begleiten all unsere Entscheidungen. Vielmehr geht es darum, sich seiner Emotionen gewahr zu werden. Zu erkennen, dass man Angst hat, heißt bereits, sie zu bewältigen. Die zentrale Frage lautet: Welche Entscheidung würden Sie treffen, wenn Sie keine Angst hätten?

Sich selbst zu reflektieren, macht also klug, wenn auch nicht notwendigerweise mitarbeiterorientiert. Aber diese drei Komponenten – Selbst-Reflektion, transparente Kommunikation und persönliche Opferbereitschaft – werden das Führungsverhalten so beeinflussen, dass die Bereitschaft von Mitarbeitern, sich auf notwendige Veränderungen einzulassen, wächst.

Change-Management kann nur mit den Mitarbeitern gelingen, nicht gegen sie. Genau genommen ist es ganz einfach: Behandeln Sie Ihre Mitarbeiter so, wie Sie selbst behandelt werden wollen.

Prof. Dr. Myriam N. Bechtoldt, EBS Universität für Wirtschaft und Recht

Anmerkungen

1   Mutaree GmbH (Hrsg.): Change-Fitness-Studie 2014/2015
    belegt: Unternehmen sollten Mitarbeiter stärker in Change-Pro-
    zesse einbeziehen, Wiesbaden 2014, http://www.mutaree.com/
    content/change-fitness-studie-20142015-belegt-unternehmen-
    sollten-mitarbeiter-st%C 3 %A4rker-change

2   Bohn, Ursula: Superkräfte oder Superteam? Wie Führungskräfte ihre
    Welt wirklich verändern können, Change Management Studie 2015,
    hrsg. v. Capgemini Deutschland GmbH, Offenbach am Main 2015,
    https://www.capgemini.com/consulting-de/wp-content/uploads/
    sites/32/2017/08/change-management-studie-2015_5.pdf

3   Ebd., S. 12

4   Aronson, E./Akert, R.M./Wilson, T.D.: Sozialpsychologie, 8.,
    aktualisierte Auflage, Pearson (Always Learning), Hallbergmoos
    2014, S. 493 ff.

5   https://www.haufe.de/unternehmensfuehrung/profirma-profes-
    sional/outsourcing-2-vor-und-nachteile-des-outsourcings_idesk_
    PI11444_HI2716802.html

6   http://infobest.de/die-top-outsourcing-lander-2016/

7   https://www.soprasteria.de/docs/librariesprovider33/Studien/
    erfolgsmodell-outsourcing-studie-2013-sopra-steria.
    pdf?sfvrsn = 4

8   Ebd.

9   Siemens streicht 7000 Jobs und schließt Werke in Ostdeutschland,
    manager magazin, 16.11.2017, http://www.manager-magazin.
    de/unternehmen/industrie/siemens-janina-kugel-informiert-
    ueber-stellenstreichungen-a-1178273.html

10 https://www.baua.de/DE/Angebote/Publikationen/Berichte/
    Gd68.pdf?__blob = publicationFile

11 https://www.mckinsey.de/ueber_uns

12 https://www.brandeins.de/wissen/mck-wissen/energie/
    die-kraft-der-zahl/

13 https://www.strom-magazin.de/info/liberalisierung-der-energie-
maerkte/

14 https://www.brandeins.de/wissen/mck-wissen/energie/
die-kraft-der-zahl/

15 http://www.harvardbusinessmanager.de/heft/d-71582013.html

16 https://www.linkedin.com/pulse/%C 3 %BCber-die-sinkende-
halbwertszeit-von-top-managern-h%C 3 %A4ufige-
verf%C 3 %BCrth

17 http://www.harvardbusinessmanager.de/heft/d-71582013.html

18 Casey, G.W.: Leading in a "VUCA" World. Volatility. Uncertainty.
Complexity. Ambiguity, in: Fortune 169 (5)/2014, S. 75

19 Bennett, N./Lemoine, G.J.: What VUCA Really Means for You, in:
Harvard Business Review 92 (1/2)/2014, S. 27

20 Gropp, M.: Autohersteller planen gemeinsam Schnellladenetz für
E-Autos, in: Frankfurter Allgemeine online, 29.11.2016, http://
www.faz.net/aktuell/wirtschaft/elektroautos-autohersteller-
planen-ausbau-von-schnellladenetz-14550448.html

21 Sprockamp, E.: Lünendonk-Liste 2017. Die Top 10 der deutschen
Managementberatungen, Lünendonk & Hossenfelder GmbH,
http://luenendonk.de/pressefeed/luenendonk-liste-2017-die-
top-10-der-deutschen-managementberatungen

22 Odgers Berndtson (Hrsg.): Manager-Barometer 2016/17. Sechste
jährliche Befragung des Odgers Berndtson Executive Panels in
Deutschland, Österreich und der Schweiz, http://www.odgers-
berndtson.com/media/3392/ob_manager_barometer_2016-17.
pdf

23 Bitkom – Bundesverband Informationswirtschaft, Telekommuni-
kation und neue Medien e. V.: Digitalisierung verändert die
gesamte Wirtschaft, https://www.bitkom.org/Presse/Presseinfor-
mation/Digitalisierung-veraendert-die-gesamte-Wirtschaft.html

24 Gloger, S.: New Work in der Praxis. Führe lieber ungewöhnlich,
ManagerSeminare 219/Juni 2016, S. 20–29

25 AUGENHÖHEworks GmbH: AUGENHÖHEwege, http://
augenhoehe-wege.de/

26 Freiberger, H.: Krawatten. Wenn Männer plötzlich oben ohne
arbeiten, Süddeutsche Zeitung online, 12.06.2017, http://www.
sueddeutsche.de/karriere/krawatten-wenn-maenner-ploetzlich-
oben-ohne-arbeiten-1.3539786

27 Slavik, A.: Unternehmenskultur. Lass uns doch »Du« sagen, Süddeutsche Zeitung online, 12.08.2016, http://www.sueddeutsche.de/karriere/unternehmenskultur-lass-uns-doch-du-sagen-1.3118895

28 Hagelüken, A.: Hierarchien im Büro. Zeit, die Befehlskultur abzuschaffen, Süddeutsche Zeitung online, 19.06.2017, http://www.sueddeutsche.de/karriere/hierarchien-im-buero-zeit-die-befehlskultur-abzuschaffen-1.3547469

29 Bittelmeyer, A.: Tschüss, Chef! Führung ohne Führungskräfte, ManagerSeminare 196/Juli 2014), S. 18–23

30 Gloger, A.: Das Ende des Vorgesetzten. Führung 2020, Manager-Seminare 183/Juni 2013, S. 24–30

31 Martens, A.: Macht in Bewegung. Führen ohne Hierarchie, ManagerSeminare 207/Juni 2015, S. 24–30

32 Gloger, S.: Besser ohne Boss. Interview zum Organisationsmodell Holocracy, ManagerSeminare 187/Oktober 2013, S. 72–77

33 Robertson, B.J.: Leading-Edge Organisation: Einführung in Holacracy™, http://www.integralesforum.org/fileadmin/user_upload/images/DIA/Info-Material_Seminare/Leading_Edge_Organisation_-_Holacracy_2007-06__deutsch_01.pdf

34 Gloger, S.: Freiheit nach Plan. Holcracy bei afca, ManagerSeminare 210/September 2015, 66–72

35 Bittelmeyer, A.: Argument schlägt Hierarchie. Organisationsmodell Soziokratie, ManagerSeminare Heft 204/März 2015, 76–80

36 Gloger, S.: Demokratisch, praktisch, gut. New Work bei Traum-Ferienwohnungen, ManagerSeminare Heft 227/Februar 2017, 26–34

37 Jumpertz, S.: Zukunft der Führung. Transparenz total?, Manager-Seminare 223/Oktober 2016, S. 36–44

38 Arnold, H.: Führungskräfte wählen. Fahrplan für agile Führung, ManagerSeminare 228/März 2017, S. 36–41

39 Eisenberg, J.: CEO Marc Stoffel erneut demokratisch gewählt. Mitarbeiter von Haufe-umantis stimmen über Management und Unternehmensstrategie ab. Haufe. Freiburg 2015, http://presse.haufe.de/pressemitteilungen/detail/article/ceo-marc-stoffel-erneut-demokratisch-gewaehlt/

40 Rotzinger, J./Stoffel, M.: Gelebte Demokratie, in: Harvard Business Manager Juli 2015

41 Jumpertz, S.: Mandat zur Mitgestaltung. Führungskräftewahl bei der Telekom, ManagerSeminare 233/August 2017, S. 48–54

42 Rüdiger, A.: Aufstieg, Krisen und Skandale. Die Geschichte der Telekom, Computerwoche online, 18.01.2016, https://www.computerwoche.de/a/die-geschichte-der-telekom,2490227

43 Taranczewski, N.: Skillset für die neue Arbeitswelt. Metafähigkeiten der Führung, ManagerSeminare 232/Juli 2017, S. 28–34

44 Fromme, H./Ritzer, U.: Allianz will 700 Stellen in drei Jahren abbauen, Süddeutsche Zeitung online, 22. 07.2017, http://www.sueddeutsche.de/wirtschaft/versicherung-allianz-will-stellen-in-drei-jahren-abbauen-1.3555845

45 Ebd.

46 Seibel, K.: Mehr als 5500 Bankfilialen stehen vor dem Aus, Welt online, 13.06.2012, http://www.welt.de/finanzen/article106589826/Mehr-als-5500-Bankfilialen-stehen-vor-dem-Aus.html

47 Mitsis, K.: Banken schließen. 13600 Filialen schließen: Deutschland droht jetzt das große Bankensterben, Focus online, 22.07.2017, http://www.focus.de/finanzen/banken/banken-schliessen-10-000-filialen-schliessen-das-bankensterben-in-deutschland-geht-in-die-naechste-runde_id_5752812.html

48 Durch die Digitalisierung werden Millionen Jobs in Deutschland wegfallen, Mitteldeutsche Zeitung online, 29.04.17, https://www.mz-web.de/wirtschaft/arbeit-durch-die-digitalisierung-werden-millionen-jobs-in-deutschland-wegfallen-26814704

49 Frey, C.B./Osborne, M.A.: The future of employment: How susceptible are jobs to computerisation?, in: Technological Forecasting and Social Change, Vol. 114/2017, S. 254–280, https://econpapers.repec.org/article/eeetefoso/v_3a114_3ay_3a2017_3ai_3ac_3ap_3a254-280.htm

50 Fromme, H./Ritzer, U.: Allianz will 700 Stellen in drei Jahren abbauen, Süddeutsche Zeitung online, 22. 07.2017, http://www.sueddeutsche.de/wirtschaft/versicherung-allianz-will-stellen-in-drei-jahren-abbauen-1.3555845

51 Institut für Arbeitsmarkt- und Berufsforschung der Bundesagentur für Arbeit (Hrsg.): Job-Futuromat, https://job-futuromat.ard.de/

52 Werner, K.: Künstliche Intelligenz. Eine Maschine gegen die Depression, Süddeutsche Zeitung online, 23.03.2017, http://

www.sueddeutsche.de/digital/kuenstliche-intelligenz-eine-maschine-gegen-die-depression-1.3431873

53 Dörner, S.: Droht mit Digitalisierung jedem zweiten Job das Aus?, Welt online, 11.01.2016, https://www.welt.de/wirtschaft/ webwelt/article150856398/Droht-mit-Digitalisierung-jedem-zweiten-Job-das-Aus.html

54 Gergs, H.-J.: Change the Change. Update fürs Veränderungs-management, ManagerSeminare 230/Mai 2017, S. 42–48

55 Reimann, S.: »Ihr lernt, wir wachsen.« Personalentwicklung bei adidas, in: ManagerSeminare 208/Juli 2015, S. 62–66

56 Reimann, S.: Lernen für die Arbeitswelt 4.0. Wo ist die digitale Lernkultur, in: ManagerSeminare 217/April, S. 76–82

57 Grote, S.: Der flexible Mitarbeiter, 2., unveränderte Auflage, Utz, Herbert (Münchner Beiträge zur Wirtschafts- und Sozialpsycho-logie), München 2016, S. 48

58 https://www.fortbildung-bw.de/buendnis-fuer-lebenslanges-lernen/

59 Lambers, Sarah: Kompetenzmangel. HR-Manager vermissen Soft Skills bei Bewerbern, in: ManagerSeminare 227/Februar 2017, S. 9

60 http://www.planet-wissen.de/natur/forschung/evolutions-forschung/wiecharlesdarwinrevolutionaerundgentleman100.html

61 http://www.sueddeutsche.de/wissen/serie-jahre-darwin-dar-wins-schwieriges-erbe-1.471556

62 https://www.helles-koepfchen.de/geschichte-der-evolution/ urmenschen-homo-erectus-neandertaler-und-homo-sapiens.html

63 Zimbardo, P.G./Gerrig, R.J./Graf R.(Hrsg.): Psychologie. 16., aktualisierte Aufl., [Nachdr.], Pearson-Studium (ps Psychologie), München 2007, S. 67–68

64 Mutare/Pein: Stressempfinden. Change-Projekte belasten Mitarbeiter, in: ManagerSeminare 234, September 2017, S. 6

65 Bohsem, Guido: Gesundheits-Apps – Wenn die Kasse die Schritte zählt, Süddeutsche Zeitung online, 07.08.2016, http://www. sueddeutsche.de/politik/gesundheits-apps-wenn-die-kasse-die-schritte-zaehlt-1.3111777

66 Dostert, Elisabeth: Digitale Gesundheit. Downloads gegen den Schmerz, Süddeutsche Zeitung online, 10.08.2017, http://www. sueddeutsche.de/wirtschaft/2.220/digitale-gesundheit-down-loads-gegen-den-schmerz-1.3623540

67   Ebd.

68   https://www.bitkom.org/Presse/Presseinformation/Fast-jeder-Zweite-nutzt-Gesundheits-Apps.html

69   http://www.wiwo.de/erfolg/management/tracking-app-fuer-fuehrungskraefte-das-sagen-management-coaches-ueber-die-app/13328758-2.html

70   https://www.startupvalley.news/de/leada-assistenzsystem-fuer-fuehrungskraefte/

71   http://www.leada.de/de/about/

72   http://www.pharmazeutische-zeitung.de/index.php?id = 41240

73   http://www.zeit.de/2015/35/hirndoping-neuro-enhancer-medikament-konzentration

74   http://www.sueddeutsche.de/karriere/neuro-enhancement-leeres-versprechen-1.2671720

75   http://www.sueddeutsche.de/wissen/auf-dem-weg-in-die-cyborg-aera-1.2408741

76   http://www.faz.net/aktuell/gesellschaft/gesundheit/kampf-gegen-die-sucht-crystal-meth-wird-volksdroge-13032468.html

77   https://www.welt.de/regionales/hamburg/article147776323/Gefaehrliche-Gier-nach-dem-Besser-Laenger-Geiler-Effekt.html

78   https://www.haufe.de/personal/hr-management/agilitaet/definition-agilitaet-als-hoechste-form-der-anpassungsfaehigkeit_80_378520.html

79   Buckmann, M.: Vodafone: Veränderungsfähigkeit statt Change-Projekte, in: changement! Juli/August 2017, S. 6–10

80   https://www.neurologen-und-psychiater-im-netz.org/psychiatrie-psychosomatik-psychotherapie/erkrankungen/anpassungsstoerungen/was-sind-anpassungsstoerungen/

81   Kauffeld. S.: Arbeits-, Organisations- und Personalpsychologie. Heidelberg 2011, S. 233

82   https://www.neurologen-und-psychiater-im-netz.org/psychiatrie-psychosomatik-psychotherapie/stoerungen-erkrankungen/anpassungsstoerungen/symptome-stoerungsbild/

83   http://www.zeit.de/karriere/beruf/2011-10/unternehmen-wandel-mitarbeiter-gesundheit

84   http://www.apa.org/news/press/releases/2017/05/employee-stress.aspx

85 http://www.apaexcellence.org/assets/general/2017-work-and-wellbeing-survey-results.pdf

86 https://cardinalatwork.stanford.edu/faculty-staff-help-center/resources/work-related/organizational-change-stress

87 Vgl. Sedlacek, B.: DGFP Studie: Psychische Beanspruchung von Mitarbeitern und Führungskräften. Hg. v. Deutsche Gesellschaft für Personalführung e.V. Düsseldorf 2011, S. 25

88 http://www.wetter-center.de/blog/?p = 695

89 Aon-Hewitt-Studie zu unmotivierten Mitarbeitern. „Gefangene am Arbeitsplatz" trüben das Arbeitsklima, Aon Hewitt GmbH, Mülheim a.d. Ruhr, 24.11.2016, http://www.aon.com/germany/ueber-aon/presse/aon_hewitt_studie_zu_unmotivierten_mitarbeitern.jsp

90 http://www.sueddeutsche.de/wirtschaft/privatisierung-in-deutschland-lieber-staat-als-privat-1.711088

91 Niemann, Martina: Der konzernweite Arbeitsmarkt der Deutschen Bahn AG. Alternativen zur Arbeitslosigkeit schaffen, in: Personal-führung 5/2003

92 https://www.impulse.de/recht-steuern/rechtsratgeber/betriebs-bedingte-kuendigung/3537076.html

93 Kirsch/Gernot: Die Organisation der Arbeitsvermittlung auf inter-nen Arbeitsmärkten. Modelle, Praxis, Gestaltungsempfehlungen, Edition Hans-Böckler-Stiftung Arbeit und Soziales, Hans-Böckler-Stiftung 2010, S. 256

94 http://psyga.info/psychische-gesundheit/daten-und-fakten/

95 https://www.dak.de/dak/download/gesundheitsre-port-2017-1885298.pdf

96 https://www.aok.de/inhalt/fehlzeiten-report-2016/

97 Knieps, F./Pfaff, H. (Hrsg.): BKK Gesundheitsreport 2016, Medizi-nisch Wissenschaftliche Verlagsgesellschaft 2016, S. 47

98 Deutsche Rentenversicherung: Rentenversicherung in Zeitreihen 2016, S. 111

99 Deutsche Rentenversicherung: Positionspapier zur Bedeutung psychischer Erkrankungen 2014, S. 24

100 Bruch, H/Menges, J.I.: Wege aus der Beschleunigungsfalle, in: Harvard Business Manager 2010

101 http://www.focus.de/finanzen/boerse/siemens-eon-volkswagen-deutsche-bank-ist-ihr-arbeitgeber-auch-dabei-welche-konzerne-2017-stellen-abbauen_id_6282743.html

102 Zorn, M.L./Norman, P.M./Butler, F.C./Bhussar, M.S.: Cure or curse. Does downsizing increase the likelihood of bankruptcy?, in: Journal of Business Research 76, 2017, S. 24–33

103 Schulte, D.: Therapiemotivation. Widerstände analysieren, Therapieziele klären, Motivation fördern, Hogrefe, Göttingen/ Bern/Wien/Paris 2015, S. 46–48

104 Gloger, A.: Die Weiterbildungsminis kommen. Lerntrend Kürze, in: ManagerSeminare 132, März 2009, S. 56–61

105 Müsseler, Jochen (Hrsg.): Allgemeine Psychologie. Berlin, Heidelberg 2008, S. 247

106 Furtner, M. R./Sachse, P.: Self-Leadership-Training – Wirksamkeitsprüfung mit qualitativ-quantitativer Methodenkombination, in: Wirtschaftspsychologie aktuell, Heft 2, S. 102–112

107 Vgl. z. B. Pacher, A.: Entwicklung und Förderung von selbst gesteuertem Lernen in Blended-Learning-Umgebungen. Eine Interventionsstudie zum Vergleich von Lernstrategietraining und Lerntagebuch, Waxmann 2009

108 Graf, N./Gramß, D./Heister, M.: Gebrauchsanweisung lebenslangen Lernens. Vodafone Stiftung, Düsseldorf 2016

109 Hüther, G.: Bedienungsanleitung für ein menschliches Gehirn, 12., unveränderte Auflage, Vandenhoeck & Ruprecht, Göttingen 2016, S. 11

110 Richtlinie des Gemeinsamen Bundesausschusses über die Verordnung von Hilfsmitteln in der vertragsärztlichen Versorgung, Stand: 17.02.2017, https://www.g-ba.de/downloads/62-492-1352/HilfsM-RL_2016-11-24_iK-2017-02-17.pdf

111 http://de.wikipedia.org/wiki/Was_nicht_passt,_wird_passend_gemacht_%28Fernsehserie%29

112 Zimbardo, P.G./Gerrig, R.J./Graf, R (Hrsg.): Psychologie. 16., aktualisierte Aufl., [Nachdr.], Pearson-Studium (ps Psychologie), München 2007, S. 508-509

113 Asendorpf, J.: Persönlichkeitspsychologie – für Bachelor, 2., überarbeitete und aktualisierte Auflage, Springer-Verlag, Berlin/ Heidelberg 2011, S. 14–15

114 http://www.wiwo.de/erfolg/beruf/change-management-veraenderung-laesst-mitarbeiter-abwandern/13946584.html

115 Roßnagel, C.S.: Mythos „alter" Mitarbeiter. Lernkompetenz jenseits der 40?!, Beltz PVU, Weinheim 2008, S. 32–33

116 http://www.tagesspiegel.de/wirtschaft/karriere/arbeitsmarkt-generation-50plus-weiterbildung-ist-besser-als-fruehrente/1691862.html

117 Peters, N.: Mit Volldampf ins letzte Drittel. Personalentwicklung 50plus, in: ManagerSeminare 198/September 2014, S. 68–72

118 http://www.sueddeutsche.de/karriere/aok-studie-arbeitsaus-faelle-wegen-psychischer-erkrankung-nehmen-drastisch-zu-1.3666577

119 Peters, N.: Mit Volldampf ins letzte Drittel. Personalentwicklung 50plus, in: ManagerSeminare 198/September 2014, S. 68–72

120 Ng, T.W.H./Feldman, D.C.: Evaluating Six Common Stereotypes About Older Workers with Meta-Analytical Data, in: Personnel Psychology 65 (4)/2012, S. 821–858.

121 https://www.welt.de/wirtschaft/article165132931/Der-schlei-chende-Abstieg-des-Standorts-Deutschland.html

122 http://www.ecei11.eu/

123 https://www.welt.de/wirtschaft/article165132931/Der-schlei-chende-Abstieg-des-Standorts-Deutschland.html

124 Bruch, H./Menges, J.I.: Wege aus der Beschleunigungsfalle, in: Harvard Business Manager Mai 2010

125 http://www.sueddeutsche.de/gesundheit/ecstasy-bunte-auf-putschmittel-mit-toedlichem-risiko-1.1803971

126 Eichhorst, W/Tobsch, V.: Flexible Arbeitswelten. Bericht an die Expertenkommission „Arbeits- und Lebensperspektiven in Deutschland". Bertelsmann Stiftung. Gütersloh 2014, https://www.bertelsmann-stiftung.de/fileadmin/files/BSt/Publikatio-nen/GrauePublikationen/GP_Flexible_Arbeitswelten.pdf.

127 https://www.bpb.de/politik/innenpolitik/arbeitsmarktpoli-tik/178192/normalarbeitsverhaeltnis?p = all

128 https://rtlnext.rtl.de/cms/immer-mehr-befristete-arbeitsver-traege-fast-jeder-zweite-bekommt-nur-eine-befristete-stelle-4125566.html

129 http://www.tagesspiegel.de/wirtschaft/arbeitsrecht-wie-oft-kann-ein-vertrag-befristet-werden/12805296.html

130 http://edoc.sub.uni-hamburg.de/informatik/volltex-te/2011/165/pdf/bac_scheidweiler.pdf, S. 4

131 http://www.harvardbusinessmanager.de/heft/artikel/a-658914.html

132 https://www.springerprofessional.de/management---fuehrung/
wie-netzwerkorganisationen-arbeiten/6600784

133 Voß, G.G./Pongratz, H.J.: Der Arbeitskraftunternehmer. Eine neue
Grundform der Ware Arbeitskraft?, http://ggv-webinfo.de/
wp-content/uploads/2016/05/AKUKZfSS-Original-neu-forma-
tiert-mit-Abb-1.pdf

134 Bedürftig, D.: Was Generation Z vom Berufsleben erwartet, Welt
online, 06.03.2016, https://www.welt.de/wirtschaft/karriere/
bildung/article152993066/Was-Generation-Z-vom-Berufsleben-
erwartet.html

135 Immer mehr befristete Arbeitsverträge: Fast jeder Zweite bekommt nur eine befristete Stelle, RTL Next, 06.09.2017, https://
rtlnext.rtl.de/cms/immer-mehr-befristete-arbeitsvertraege-fast-
jeder-zweite-bekommt-nur-eine-befristete-stelle-4125566.html

136 Martens, J.U.: Einstellungen erkennen, beeinflussen und nachhaltig verändern. Von der Kunst, das Leben aktiv zu gestalten,
W. Kohlhammer, Stuttgart 2009, S. 81

137 http://www.efqm.ch/kriterienmodell.html

138 Fydrich, T./Sommer, G./Brähler, E.: F-SozU. Fragebogen zur
Sozialen Unterstützung, Hogrefe, Göttingen 2007

139 Fliegel, Steffen: Verhaltenstherapeutische Standardmethoden. Ein
Übungsbuch, 4. Aufl., Beltz, Weinheim 1998, S. 82

140 http://www.iptv-anbieter.info/artikel/youtube/youtube-report-
teil1.html

141 http://www.deutschlandfunk.de/geschichte-der-digitalen-musik-
von-der-cd-zum-streaming.772.de.html?dram:article_id = 330057

142 https://de.wikipedia.org/wiki/Spotify

143 http://www.chartsurfer.de/musik/single-charts-deutschland/
jahrescharts/hits-2005-2x1.html

144 https://www.gema.de/aktuelles/gema_unterzeichnet_vertrag_
mit_youtube_meilenstein_fuer_eine_faire_verguetung_der_
musikurheber_im_d/

145 Lerner, H.G./Rinne, O.: Wohin mit meiner Wut? Neue Bezie-
hungsmuster für Frauen, 6. Aufl. Fischer Taschenbuch Verlag,
Frankfurt a. M. 2008, S. 90

146 Martens, J.U.: Einstellungen erkennen, beeinflussen und nachhaltig verändern. Von der Kunst, das Leben aktiv zu gestalten,
W. Kohlhammer, Stuttgart 2009, S. 106

147 Oreg, S.: Resistance to change. Developing an individual diffe-
     rences measure, in: Journal of Applied Psychology 88 (4)/2003,
     S. 680–693

148 Turgut, S./Michel, A./Rothenhöfer, L.M./Sonntag, K.: Disposi-
     tional resistance to change and emotional exhaustion. Moderating
     effects at the work-unit level, in: European Journal of Work and
     Organizational Psychology 25 (5)/2016, S. 735–750

149 Oreg, S./Vakola, M./Armenakis, A.: Change Recipients' Reactions
     to Organizational Change. A 60 Year Review of Quantitative
     Studies, in: The Journal of Applied Behavioral Science 47
     (4)/2011, S. 461–524

150 Martens, J.U.: Einstellungen erkennen, beeinflussen und nach-
     haltig verändern. Von der Kunst, das Leben aktiv zu gestalten, W.
     Kohlhammer, Stuttgart 2009, S. 110–112

151 Seligman, Martin E. P.: Learned Optimism: Ho to Change Your
     Mind an Your Life, Vintage, New York 2006

152 Oreg, S./Bartunek, J./Lee, G./Do, B.: An affect-based model of
     recipients' responses to organizational change events, in: Academy
     of Managment Review, Juni 2016

153 Oreg, S./Bartunek, J.M./Lee, G.: A model of recipients' change
     proactivity, in: Academy of Management Proceedings 2014, S. 83

154 Oreg, S./Vakola, M./Armenakis, A.: Change Recipients' Reactions
     to Organizational Change. A 60 Year Review of Quantitative
     Studies, in: The Journal of Applied Behavioral Science 47
     (4)/2011, S. 461–524

155 http://www.harvardbusinessmanager.de/blogs/a-898305.html

156 Polivy, J.: The false hope syndrome. Unrealistic expectations of
     self-change, in: International Journal Of Obesity (25)/2001,
     S. 80–84

157 Polivy, J./Herman, C.P.: If at first you don't succeed. False hopes of
     self-change, in: American Psychologist 57 (9)/2001, S. 677–689

158 Graf, J.: WeiterbildungsSzene Deutschland. Themen und Trends in
     Training, Beratung, Coaching, ManagerSeminare, Bonn 2015,
     S. 22 u. S. 28.

159 Brecht, B.: Geschichten von Herrn Keuner, Suhrkamp, Frankfurt
     1971

160 https://www.gartner.com/newsroom/id/910112

161 Vuori, T/Huy, Q.N.: Distributed attention and shared emotions in

the innovation process – How Nokia lost the smartphone battle, Administrative Science Quarterly 61/2007, S. 923–940

162 Baas, M./De Dreu, C.K.W./Nijstad, B.A.: A meta-analysis of 25 years of mood-creativity research: hedonic tone, activation, or regulatory focus? Psychological Bulletin 134/2008, S. 779–806

163 Peterson, C./Seligman, M.E.P.: Causal explanations as a risk factor for depression: theory and evidence", Psychological Review 91/1984, S. 347–374

164 Greenberg, J.: Employee theft as a reaction to underpayment inequity: the hidden cost of pay cuts, Journal of Applied Psychology 75/1990, S. 561–568

165 Rist, R.C.: Student social class and teacher expectations: the self-fulfilling prophecy in ghetto education, Harvard Educational Review 70/2000, S. 266–301

166 Eden, D.: Self-fulfilling prophecies in organizations, in: J. Greenberg (Hrsg.): Organizational Behavior: the state of the science, 2. Aufl., Lawrence Erlbaum, Mahwah/New Jersey 2003, S. 91–122

167 Seo, M.-G./Feldman Barratt, L.: Being emotional during decision making – good or bad? An empirical investigation, Academy of Management Journal 50/2007, S. 923–940

Alle Online-Quellen wurden zuletzt am 17.11.2017 überprüft.

René Borbonus

Respekt

Wie Sie Ansehen bei Freund
und Feind gewinnen

Gebunden mit Schutzumschlag.
Auch als E-Book erhältlich.
www.econ.de

Die Wiederentdeckung einer vergessenen Tugend

Egoismus und Intoleranz greifen in unserer Gesellschaft zunehmend um sich. Ob im Kampf um den
Arbeitsplatz oder bei familiären Auseinandersetzungen – immer mehr Menschen verfolgen rücksichtslos
die eigenen Interessen. Doch wer beruflich und privat
langfristig etwas erreichen will, der muss seinen Mitmenschen mit Respekt begegnen.

Der Kommunikationsexperte René Borbonus zeigt, wie
man mit Selbstbeherrschung, Konfliktfähigkeit und
Überzeugungskraft auch in schwierigen Situationen
besteht. Nur wer lernt, mit anderen respektvoll umzugehen, wird am Ende selbst Respekt und Anerkennung
gewinnen – und so leichter seine Ziele erreichen.

Econ